ものと人間の文化史 174

豆

前田和美

法政大学出版局

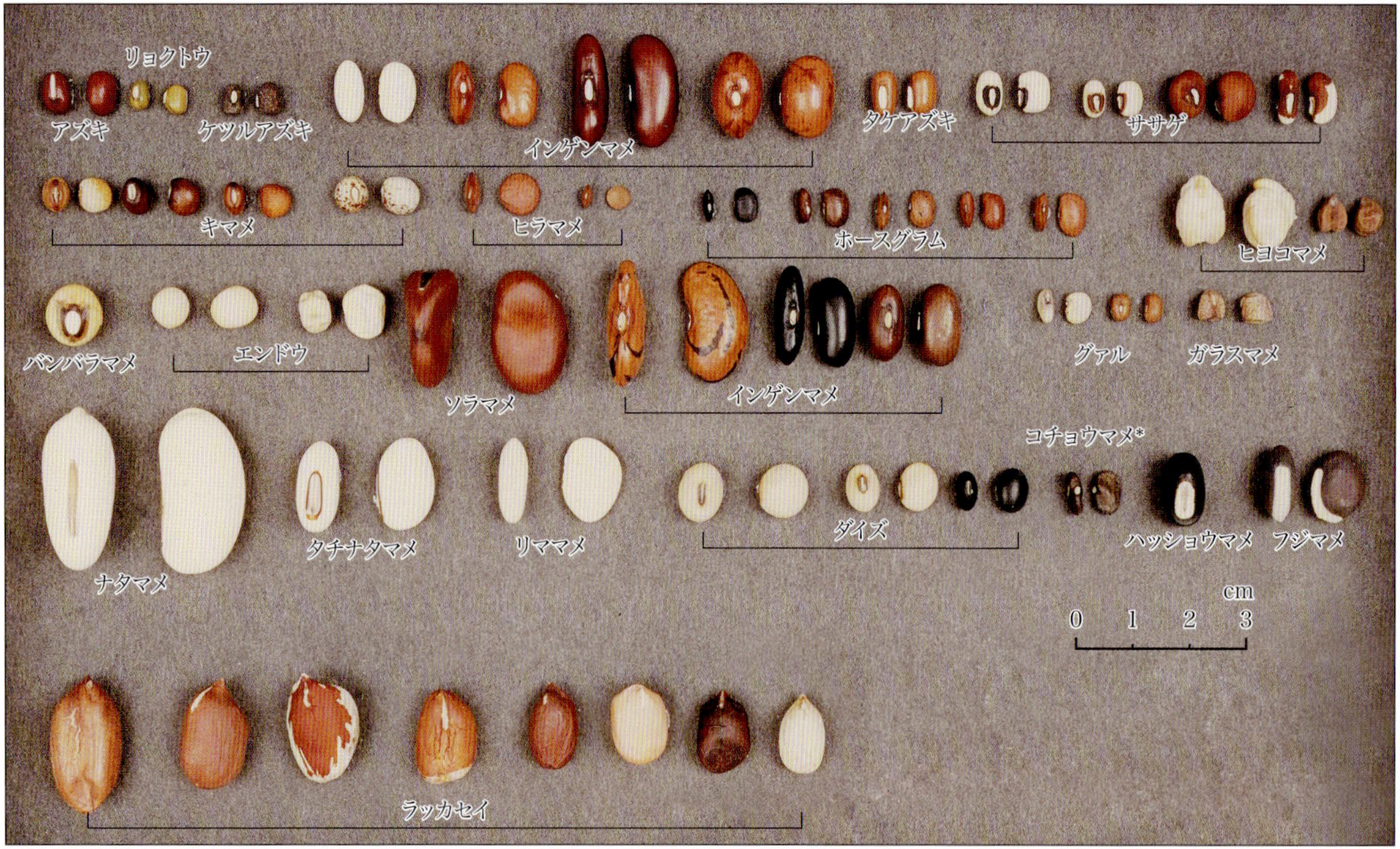

主なマメ栽培種の子実——種，品種による変異（*非食用・コメ飯着色用）

主要な食用マメ類の種子の形態

(前田原図)

1. アズキ
2. リョクトウ
3. ケツルアズキ
4. タケアズキ
5. モスビーン
6. キマメ
7. グアル
8. ダイズ
9. ホースグラム
10. エンドウ
11. ソラマメ
12. ハッショウマメ
13. フジマメ
14. ヒラマメ
15. ガラスマメ
16. ヒヨコマメ
17. ナタマメ
18. タチナタマメ
19. ササゲ
20. バンバラマメ
21. インゲンマメ
22. リママメ
23. ラッカセイ

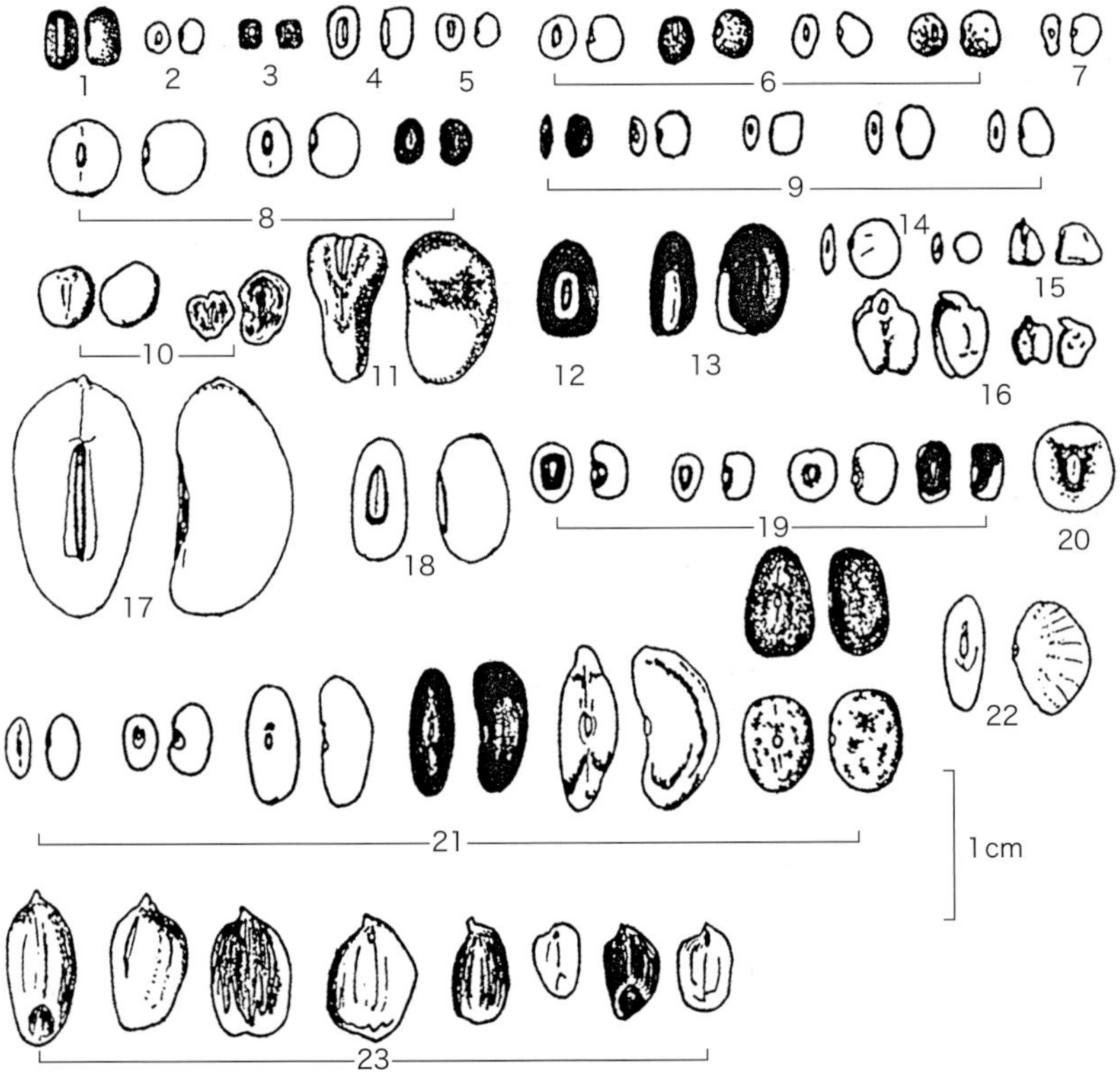

まえがき

顕花植物群の中で、キク科、ラン科と並んで、地球上でもっとも優勢な繁栄を示すマメの仲間（マメ科）の数は、約二万種といわれ、野草や、木本の観賞植物として私たちに身近で親しい種も多い。それらの中で、世界各地で古くから食用に供されてきたマメは約八〇種といわれるが、経済的に重要とされる栽培種は三〇種余りである。わが国内外で、これらのマメについて個々の歴史や植物学、栽培技術、流通、レシピなどについて書かれた書物は多いが、食物や作物としての「マメと人間とのかかわり」について、文化史の視点から書かれた書物は意外にも少ない。本書は、旧著『マメと人間――その一万年の歴史』（一九八七年）の復刊として書き直すことを編集者から勧められたが、約半世紀にわたり筆者の研究対象であったラッカセイの類書がなかったので、「ものと人間の文化史」シリーズの一冊として、『落花生』（二〇一一年）を先に上梓する機会を与えて頂いた。本書は、旧著の上梓から二〇余年になるが、その間の自然科学の寄与が大きい考古植物学分野をはじめとして、新しい文献によってほぼ全体を書き替えた。

筆者は、旧著で、「農学の重要な一部門であり、広く人間の衣食住の素材を生産するための技術学、すなわち栽培学の基礎部門の一つである私の専門の作物学の書物では、作物の側からの記述は詳しいが、それらを生み、育て、そして栽培し、利用する人間の側から文化史的にみるという視野が欠けていたように思われる。……〈植物学から胃袋まで〉と私なりに拡大解釈すると、その関係領域は、考古学、文化人類学、民俗学、歴史学、言語学、地理学、はては栄養学までもが関わってくる」と述べた。そして、「専門外の領域まではみ出して、マメの復権をはかろうとして、身の程も知らずに執筆を決めた」と書いた。この気持ちは、『落花生』でも、また、本書でも変わっていない。近年、「Bioculture——生物文化学」という新しい概念の研究領域が提案されているが、たまたま、これまで「Bean」という植物の種の同定が問題になっていた「ソラマメのタブー」とピタゴラスの死との関係について、筆者が意図した自然科学と人文科学の領域にまたがる再検証が行われている（カッツら 一九七九、ニューキルク 二〇〇三）（第八章）。

わが国で歴史が神話の時代にまでさかのぼるダイズは、アズキとともに農耕の民俗や信仰など、日本人の精神生活とも深く結び付いてきた。しかし、今日では、毎日の食卓にのぼるダイズ食品の原料の九割近くは米国産で、ダイズ畑が姿を消した。東アジアの中国で生まれて「畑の肉」と呼ばれたダイズは、東南アジアに伝わって人々のタンパク質栄養を大きく支えてきたが、ダイズ嫌いだったインドが、近年、一躍、世界の「五大ダイズ生産国」に仲間入りした。南米大陸にも大産地が出来て、「エダマメ」が英語になるなど、ダイズはグローバルな食物、そして商品作物になったが、FAOの生産統計では、ラッカセイとともに「マメ」ではなく、「油料種子作物」に区分されており、大きくその性格を変えた（第五章）。「マメ」を主食のように食べている地域もあるのに、マイナーな食物と考えられて、「緑の革命」はマメではついに起こらなかった。

このような「植物」そして「作物」としてのマメについて、本書第一章では、野生のマメの栽培化と作物としての進化を中心にその概要を述べた。また、ラッカセイを含むマメの呼称——総称と地方名および種族名——における類似と差異、その語源について述べた。これは、独自のマメを栽培化しなかった東南アジアのマレー語圏地域で、ダイズとラッカセイが受容されて発達、拡散する過程での中国とインド・イスラム文化の影響や、各語族による極めて多様な呼称の数とその地理的広がりの考察（第六章）につながる。

世界の農耕起源の地、「肥沃な三日月」――近東・西南アジアについて、マメを含む「創始者作物《ファウンダークロップ》」を生んだ地域として触れた（第二章）が、「マメの国」インドについては、第三章で、「ヴェーダ」やサンスクリット語などの古代文献に文字として現れる「マメ」の呼称に関する新しい考証による見解を紹介した。アフリカ大陸については、前著『落花生』で、西アフリカの英仏植民地時代のラッカセイ栽培の歴史的背景を述べたが、本書では、ササゲと二、三の伝統的なマメについて述べた（第四章）。

第五章では、東アジアのマメについて、ダイズと、日本起源の可能性も出てきているアズキについて、最近大きく進歩している考古植物学知見によって、中国と日本における栽培化と、栽培の歴史について述べた。また、イネ作の近代化でわが国では忘れられようとしている、伝統的な農民の知恵であった「畦マメ」作り、銘柄品種の「丹波黒大豆」と「丹波大納言小豆」の来歴を記録としてまとめた。そして、一九七〇年代に「縄文農耕」論争で話題になった「緑豆」は、今日では野生のヤブツルアズキと考えられているが、江戸時代まで空白がある「リョクトウ」の江戸農書と中国農書での記述を比較、検証した。また、京都府宇治の黄檗山萬福寺に伝わる「隠元豆」（フジマメ）の由来について述べた。

新大陸については、ラッカセイは前著にゆずり、近年、また話題になっている「コロンブス以前」の新旧両大陸間の栽培植物の伝播と、いわゆる「コロンブス交換」、そして、「コスモポリタン」のマメ、「インゲンマメ」に代表される「Beans」について触れた（第七章）。

第八章では、精神生活におけるマメについて、節分行事の「マメ」撒きに通ずるギリシャ、ローマ時代の「ソラマメ信仰とタブー」、「マメ」の種の同定と「巨木のモチーフ」からの英国民話「ジャックと豆の茎（木）」の作物学的考察、そして、「身体装飾とマメ」など、わが国で論考が少ないテーマを取り上げた。

第九章では、わが国には、種子が一九五〇年代に伝わっていたが、元祖が欧州で捏造された「ミイラのコムギ」である、虚構「ツタンカーメンのエンドウ」の話が復活して種子が学校関係者を通じて全国に広がり、一九八〇年代から一大ブームになったことについて述べた。それには、理科教育で、科学よりもロマンを重視した教師たちと、有力マス・メディアが大きな役割を果たしたが、筆者はすでに、ハワード・カーター発掘のツタンカーメン王墳墓の副葬品にはエンドウはなかったことなどを、多くの文献で検証してその虚構を指摘した（前田 二〇〇三）が、本書では、改めてこのブームの教育社会学的意味を考え、沈黙してきた専門家や関係識者の責任について問題提起した。

そして、第十章では、まず、多様な形で毎日の食卓に上っている「マメ食」のルーツを、今日でも採集・狩猟で生きているオーストラリアやアフリカの先住民たちの食べ方から探った。そして、現代まで、乾燥すると硬く、有害成分も含むマメをどのように前処理や加工を行って食べてきたかについて述べた。また、タンパク質に富む木本種のマメ子実の発酵食品としての利用、グルメの対極にあるマメが主役になっている「精進料理」――インドのベジタリアン食、また、世界的に消費が広がっているマメの「もやし」の起源と呼称について考察した。

なお、資料として、世界各地のマメ料理関係参考書を、引用文献の末尾に挙げておいた。

二〇一五年五月

前田和美

目次

第一章　「マメ」——野生から栽培へ

一　マメ科植物とその進化

世界の全栽培植物（一六七科、約二三〇〇種）のうちで最も多いのは、イネ科（三五九種、全体の一五・六%）で、次いで多いのが、マメ科（三二三種、一四%）で、以下、バラ科（一五四種、六・七%）、ナス科（二〇〇種、四・四%）、キク科（七五種、三・四%）と続いている。だが、主要な食用作物としての数では、マメ類は、穀類の二倍もある。(1)

マメ科で食用に供されている種は、野生種や木本種も含めると八〇種を超える。食料としては、単位面積あたりの熱量生産量では穀類やイモ類が優っているが、「濃縮されたタンパク質」ともいわれるマメの乾燥子実のタンパク質含量は、穀類の二〜三倍もあって動物性食品に匹敵し、タンパク質収量でははるかに高く、必須アミノ酸の補完という機能をもっている。トウモロコシの栄養価を高めるのに貢献した、高タンパク質遺伝子「オパーク2」の発見（一九六三年）は、メソアメリカでトウモロコシが栽培化されてから数千年以上も経ってからだったが、インディオたちは、インゲンマメとトウモロコシの混作で、タンパク質を補完することを発明していた。

だが、イースト入りのコムギのパンを最高の食物だとする西欧人には、「コムギ」を「主食」穀類に分類して、モンスーン・アジアの「コメ」は、「ポリッジ」（カユ）として食べるもので、「主食」穀類とは認めないという認識があって、マメや、雑穀（ミレット）、そして、イモなどは、「マイナー」な食べ物だとする偏見があった。マメは、子実の種皮が厚くて硬い、消化が悪い、約一〇〇種類もの有害成分を含む[2]（第八章・表Ⅷ―２）などの欠点がある。だが、オーストラリア先住民のアボリジニや、アフリカの採集・狩猟民のように、試行錯誤を繰り返して、野生の植物の中から無毒の種を見分ける方法を学習し、加熱や水晒しなどの前処理、挽き割りや粉末、さらに、「もやし」にして食べるなどの工夫で、問題を解決して、食べ物としてのマメの価値を高めてきた（第十章）。私たちは、このような野生のマメ科植物についての知識や、食べ方の知恵が失われないうちに、彼らから学んでおく必要がある。[3~6]

マメ科植物は、バラ科にもっとも近縁で、世界で約七〇〇属、約一万八〇〇〇種が知られ、顕花植物の中で、キク科とラン科に次ぐ優勢なグループである。今から約一億三〇〇〇万年前ごろの中生代白亜紀に、現在よりも大きく広がっていた熱帯地域を中心に発生したが、木本種が多いジャケツイバラ亜科と、ネムノキ（オジギソウ）亜科、そして、ジャケツイバラ亜科から進化した草本種が多いマメ亜科との三グループに分けられる（図Ⅰ―１）。食用として重要なマメは、マメ科の中で最も進化したマメ亜科に属する草本種がほとんどで、その莢や子実は、大小、種皮の色や斑紋、「へそ」の形など、その形状が極めて変異に富むが、主な子実用の栽培種の数は三〇種あまりである。

約一万年前ごろ、最後の氷期とされるヴェルム氷期の末期に、地球の寒冷化で熱帯圏が収縮して今日のような熱帯圏の広がりになるまでに、寒さへの抵抗性の大きさに応じてマメ科植物の種の分布が変化し、ほぼ赤道と並行する、現在の三亜科の分布が出来上がったと考えられている。低温に対する適応力が大き

表I－1　マメ科植物の地理的分布（Norris 1958）

	熱帯―亜熱帯地方		温帯地方		合　計	
	属	種	属	種	属	種
ジャケツイバラ亜科	89	988	7	44	96	1,032
オジギソウ亜科	31	1,200	1	141	32	1,341
マメ亜科	176	2,430	141	3,034	317	5,514
合　計	296	4,618	143	3,269	445	7,887

表I－2　マメ科栽培植物の原産地および第二次伝播中心地域別種数と分布割合*
（Zeven *et al*. 1975）

地　　域	全栽培植物	マメ科栽培植物(B)	B/A, %
1. 中国・日本	284	13	4.0
2. インドシナ・インドネシア	303	46	14.2
3. オーストラリア	66	8	2.5
4. インド	152	23	7.1
5. 中央アジア	79	7	2.2
6. 近東	129	21	6.5
7. 地中海地方	221	48	15.0
8. アフリカ	276	42	13.0
9. 欧州・シベリア	229	35	10.8
10. 南アメリカ	250	41	12.7
11. 中央アメリカ・メキシコ	181	23	7.1
12. 北アメリカ	104	10	3.1
世界合計	2274**	323(A)	100.0

* 二次的伝播による地域重複種を含む。鑑賞用植物，林木，下等植物を除く。
**地域未同定の23種が除かれている。

いマメ亜科の種が温帯地域により多く分布するようになったが、熱帯や亜熱帯地方では、温帯地方の冬作のマメが標高一五〇〇メートルを超える高地で栽培されている。家畜の飼料や牧草、緑肥として重要な種も多い。食用として重要な栽培種の七〇%が含まれるインゲンマメのグループ（連）には、ダイズや、インゲンマメ属の四種、そして、ササゲ属の九種が含まれていて、種の分化が高度に進んでいる[4・7〜11]（表I—1〜2、口絵参照）。

　大気中のチッソを固定する働きで農業に大きく貢献している、マメと土壌微生物の根粒菌との「共生」関係のことはよく知られているが、ジャケツイバラ亜科では、根粒形成種が約二五%と少ないのに対して、ネムノキ亜科と、マメ亜科では、そのほとんど、または全部の種が根粒を形成する。根粒菌と宿主のマメとの間には、遺伝的な「種特異性」がある。[6・9]

農業からみて、マメだけでなく、植物、作物としての進化の歴史の中で、異種生物種との「共進化」は、重要な、そして、興味深いテーマである。[13〜21] 人間が、自然の環境を改変して農耕を始めるまでは、野生の植物は、自然生態系の中で、異種生物と競争しながら個体群の平衡を保って種を維持してきた。野生のマメが、荒れ地でまばらに生育することや、低い草丈、種子の暗褐色の色や斑入り模様などは、動物の食害から逃れるためのカムフラージュとも言われている。栽培が始まって、「作物」として同一の種や、変種が大面積に栽培されるようになると、特定の微生物や害虫に抵抗性がない作物は、全滅することも起こった。

人間が、新しい地域で作物の栽培を始めると、そこには、その作物と近縁の野生の植物で進化していた病原菌との新たな「出会い」が待っていた。人間が、ある病原菌の抵抗性遺伝子を作物に導入すると、突然変異を起こした病原菌が、作物に遅れて「再会」して病気を大発生させる。[22]

同様に、人間が穀物の貯蔵を始めると、その環境に適応した昆虫の種が生まれて、「貯穀害虫」と呼ばれた。また、「雑草」と呼ばれる植物は、圃場では、作物より生存力が強く、病気や害虫の誘因にもなって、作物の栽培は「雑草との戦い」でもあった。人間は、病原菌や害虫、雑草を「防除」するために、「農薬」という化学物質によって「殺す」ことも始めた。無農薬で、耕地生態系における昆虫個体群の動態を研究して、「天敵」の昆虫を利用する「総合防除」という試みもあったが、人間の「攻撃」に対して、病原菌や害虫も「進化」して、農薬抵抗性をもつようになるという「悪循環」が起こる。有害生物を殺す「GM(遺伝子組み換え)作物」も創り出されたが、この、いわば「外来の」遺伝子が変異を起こして、利用する人間や環境にどのような影響を及ぼすかは、未知の領域である。

図Ⅰ－1　マメ科の植物三種
a：ハブソウ（ジャケツイバラ亜科・薬用）b：ミズオジギソウ（オジギソウ亜科・水生野菜・タイ，バンコク）c：レンゲソウ（マメ亜科，高知県香美市，2011年4月下旬）

「共進化」に関して、生物種間の相互作用が原因で起きる進化は、双方が進化の主体であるために、一方の種が他方に一方的に適応するという静的関係はあり得ない。一方の種が適応度を上げるように進化すると、他方もそれに対抗するような進化が起きて、その進化が、さらに前者の進化を促すという、際限なき対抗的変化が続くのである[23]。

二　植物の栽培は「ゴミの山」から始まった？

植物栽培の最古のモデルは、「ゴミの山」だとする仮説がある。(24・25) 採集、狩猟で生きていた人間の小集団が、洞穴や野原などで暮らした場所には、食べ物の残渣や排泄物などが残ったが、自然景観の改変と、この「ゴミの山」が、人間と特定の植物種が緊密な関係になる道筋や手段を示唆するという考え方である。この仮説では、「なぜ人間は植物を栽培することを始めたのか」は説明できないが、植物栽培のもっとも初期の形態が、先史時代の「ごみ捨て場」や、「トイレ」の跡から生まれたと考える。(26)

人間が暮らしている環境で、どこにも存在している植物は、種子、果実、さらには栄養体（イモなど）によって繁殖しているが、これらの多くは、それらを食べる人間を含む動物に散布してもらって共進化してきた。人間は、周辺の植生を傷めたり、後からやってくる動物や、植物のための土壌を撹乱したりしたが、雑草が高密度で広がって土壌が肥沃になった。また、「雑草の歴史は人間の歴史である」という言葉(24)があるが、野営地の周辺を人為的に改変させて起こした生態的撹乱が、食料採集者たちが雑草の種に関心を持つきっかけとなって、野生植物の栽培化が始まったとする見解(27)もある。

これらの説に対して、アボら（二〇〇五）(28)は、栽培化する野生種の選択は、初期の栽培民たちの植物とその生態に関する、豊富で正確な知識に基づいており、入手できる数多くの植物資源の中の少数の植物に焦点を絞って行われたと考えている。それには長い試行錯誤の過程が必要だったが、選択された種には、生産力の低いヒラマメや、小集団で散らばって分布する野生のエンドウのように、栽培化が難しかったものがあった。また、ヒヨコマメのように、その栽培化には、激甚な病害からの回避や、高トリプトファン含量という、食べ物として栄養価の高いことなども考慮されていた。これらのことから、「ゴミの山」仮説は受け入れられないと、彼は述べている。

三　マメの高い考古学的遺存率

インド半島部における、新石器〜銅鉄器時代（少なくとも紀元前三〇〇〇年代の早期から中期ごろ）のほぼ全遺跡について、その考古植物学的記録を検証したフッラーら（二〇〇一・二〇〇三・二〇〇六）[29〜31]は、マメが、他の作物の種に比べて、より高い頻度で出土することや、出土が地域に遍在することの理由として、遺体の遺存に必要な種子の炭化に、環境条件だけでなく、収穫法と、食べるための前処理という、マメの利用に結びついた文化的な伝統の二要因が関係していると考えている。

すなわち、マメの収穫後の調製法には、莢の裂開性の難易によって、莢実を強く叩いてから、莢殻と子実を風で飛ばして選別する「脱莢」[*1]型と、「脱莢なし」型とがある（図I—2〜4）。前者では、莢殻の中に種子が残ったまま棄てられたり、燃やされたりすると、土中に遺存する可能性が高くなる。これに対して、自然に莢が弾ける「脱莢なし」型のマメは、子実の回収率が高いので、土中に遺存する子実の量が少ないと考えられる。このことは、「脱莢」型のフジマメやホースグラムと、「脱莢なし」型のササゲ属のマメとで、地域によって子実の出土事例数と出土量が、大きく異なることの説明になる。また、子実を食べる前に火で「焦がす」か、「炒る」かする処理や、不消化のマメを含んだ家畜の糞が燃料に使われることなども種子が炭化して遺る要因になる。マメの遺体の出土事例が僅かでも、栽培が行われていたことが確かな地域では、それはその地域に「マメ」が生育していたという事実を示しており、マメが未熟な莢や、

「芽出し」などの形で食べられていた可能性もある。

（＊1）穀類の穂から籾（もみ・小穂）を分離する「脱穀」〈threshing〉との対比で、〈pod-threshing〉と、〈free-threshing〉を、それぞれ、莢実から子実を分離する「脱莢（莢割り）」、「脱莢（莢割り）なし」と訳した。また、〈hulling〉、〈husking〉、〈shelling〉もマメの「脱莢」を意味するが、穀類では、「籾摺り」になる。

四　「栽培化」でマメの性質はどう変わったか?

①種子の散布

野生の植物は、種を維持するために、出来るだけ多くの種子をつくり、広い範囲に散布しなければならないので、種子の多くが地面に落ちて、収穫者から「逃れる」。だが、突然変異で、莢の非裂開性、あるいは小穂の非脱離性を持つようになったマメや穀類の栽培種は、種子が成熟すると、母体に着生したまま全部が収穫されるのを「待っている」。ヒラマメやエンドウ、そして、コムギやオオムギでは、莢の非裂開性化と、小穂の難脱離性化によって種子の散布範囲が狭くなった。(32)

多くのマメでは、莢実が成熟して乾燥してくると、木化した莢組織の繊維の走向のねじれのストレスが高まり、莢の縫合線に沿って自然に裂開する（図Ⅰ—2）。したがって、裂開し易いマメでは、朝の湿度の高い間に畑を回って莢実を摘む。ヒヨコマメの栽培型は、ほとんど自然裂開しないが、野生型は、熟してからかなり長い間、莢実が植物体に着いているが、最後には裂開して種子を地上に落とす。この性質で、収穫される量が増えて、野生型の考古学的な出土地域の広がりが小さいことの一因になった。農業が進んで、脱莢や、脱穀の作業が機械化され、収穫効率が良くなったが、ロスを減らすために、それぞれの方法に適した脱莢・脱粒性の難易度が求められる。

②種子——子実の大きさ

子実や果実のサイズが大きいことは、収穫量が大きいことを意味するが、栽培という環境条件におかれたことによって起こった変化——「栽培化シンドローム」の様相や、その進み方の速さを知るのに最もわかりやすい特性は、子実の大きさと、先に述べた種子の自然散布性だといわれている。近東地域では、穀類の大粒化は、栽培が始まってから、おそらく五〇〇〜一〇〇〇年ほど経った、まだ原始的だった栽培のころに起こっており、大粒化に先行して穂軸が折れ難くなっているが[32]、マメでは、大粒化は、穀類よりも二〇〇〇〜四〇〇〇年ほど遅かったと考えられている。

リョクトウのように、栽培化の初期のマメは種子の大きさでは野生の祖先種との区別ができず、圃場で、粒の大きい種子の選抜はできなかっただろうという説[29]もある。だが、インド半島中央部、マハラシュトラ州の西ガーツ山脈東側にある、ツジアプール・ガリ遺跡（紀元前二〇〇〇年代後期〜同一〇〇〇年代初期ごろ）から出土したリョクトウ種子の大きさは、野生型から栽培型までの広い変異幅を示し、大部分が栽培型の値の範囲内にあり、大粒化が顕著に進んでいる。

フッラーら（二〇〇六）[29]は、「土を深く耕す」という作業が、大粒性遺伝子の選抜効果をもたらしたかもしれないと述べているが、その仕組みは、次のように考えられる。すなわち、小粒の種子は、浅く播くと、覆土圧が小さいので出芽し易い。だが、深く耕して播かれると、子葉の貯蔵養分量が少なく、幼芽の成長力が弱いので、地表に出るまでに養分を消耗して出芽出来ないものが多くなる。これに対して、大粒性種子の系統は、貯蔵養分が多く、幼芽や幼根の発達も優れていて出芽力が大きく、次代個体数の確保に

図Ⅰ－4　イネもみの風選作業（ミャンマー）

図Ⅰ－2　リョクトウの莢の自然裂開

図Ⅰ－3　インゲンマメの脱莢作業（ケニア）

も有利となる。

③種子の休眠性

種子の休眠は、発芽に適した環境条件が与えられても、ある期間、胚の活動が始まらない状態をいう。その原因は、種子の胚の生理的未熟や、胚以外の組織の機械的抵抗による吸水阻害（硬実）、発芽抑制物質（内生ホルモン）の存在などが知られている。休眠性がほとんどない現代のイネが成熟期に冠水したり、長雨に遭ったりすると、穂全体が発芽して大減収になることがあるが、マメは、開花、結実期間が長いので、休眠の程度が異なる種子が混じっている。この性質で、野生のマメは、環境ストレスや人間を含む動物による食害などから回避して、種を維持した。栽培が始まると、発芽がそろうことが求められて、強い休眠性は次第に淘汰された。種子を長期保存する遺伝子銀行（ジーンバンク）では、低温で人工的に休眠させている。

休眠が弱いリョクトウなどが、成熟期に雨に遭うと莢の中で発芽することがしばしばあるが、この「莢発芽」が、マメを「もやし」にして食べることの発見につながった（第十章）。また、レンゲやクロバーなどの種子は、成熟すると、石のように硬くなって吸水し難くなるが、これを「硬実」とか、「石マメ」などと呼んでいる。近頃では、田植えが近づく晩春のころの風物詩でもあった、あたり一面を紅色の花で埋め尽くすレンゲソウ（ゲンゲ・紫雲英）（図I―1―c）を見ることが少なくなったが、発芽をそろえるために、種子に砂を混ぜて石臼で軽く搗いて、種皮に傷を付ける「砂搗き」をした。

④花芽の形成

植物で、花芽が形成されるのには、種によって異なる一定の日長時間（夜の長さ）や温度、あるいは、両者による刺激が必要で、これらに反応する性質を、「感光（日長反応）性」、および、「感温性」という。マメでも、この性質（生態型）の違いによって種や、栽培品種の地理的、そして地域的な分布ができている。わが国の「夏ダイズ」や「秋ダイズ」など、各地域の作付け時期に適した感温・感光性をもった在来品種の数は、数百にものぼるが、これらの品種を組み合わせて周年栽培も行われてきた。高緯度地域で生まれたダイズ（第五章）が熱帯にまで広がるのには、感光性や感温性の遺伝的変化が必要であった。

⑤草型

植物には、茎の節間が伸びて地面を這う「ほふく性」と、先端が巻きひげになって、触れた相手に巻きつく、「つる性」がある。つる性の植物は、支えになる相手があれば、茎を強くするのに同化産物を多く消費しなくて済むし、受光条件のよい位置に葉を展開して競争には強いが、支えがないと倒れてしまう。したがって、栽培では、支柱の準備に労力とコストが必要になる。わが国でも、背が高いトウモロコシを混作してアズキの倒伏を防ぐ支柱にしたが、メキシコの「ドブラードス」という伝統農法は、同様に、つる性のインゲンマメをトウモロコシと混作するが、トウモロコシの頂部を折り曲げて、雌穂を鳥害や雨から守り、収穫後にはインゲンマメによく光があたるようにする。ネパールでは、トウモロコシの雌穂の下のむだな葉は除いて飼料にするとともに、混作のダイズによく光があたるようにしていた。

イネやコムギで、多収を挙げて「緑の革命」の主役となった品種は、矮《わい》性遺伝子の導入で多肥・密植でも倒伏せず、受光態勢のよい短稈の草型をもっている。生育が長く続く「無限伸育性」のマメの在来品種は、土地の利用や、労力の分散では有利な特性だったが、肥沃な土壌では、倒伏しやすく多収を挙げにくい。今日では、草丈が低く、枝の数が少ない、密植向きの草型と、開花期間が短く、一斉に結実する「有限伸育性」の品種が多くなっている。

⑥子実の栄養価

近東地域で栽培化された「創始者作物」（第二章）の中には、子実が大粒で、栄養価の高いヒヨコマメが含まれていた。最近、子実のトリプトファンとセロトニンが、[*2] ヒヨコマメの栽培化の一要因となったとする説がある。(27) すなわち、遊離態のトリプトファン含量が、野生の祖先種（*Cicer reticulatum*）の五系統では、乾燥子実一グラムあたり、平均〇・三三ミリグラムだったが、二五か国産の栽培種のヒヨコマメでは、平均一・一〇ミリグラムと、大きく増えていた。初期の栽培民たちにとって、ヒヨコマメが、食物の質を高める食料として特別の意味を持っていたのではと考えられている。栽培には広い土地が要ることや、労働時間の対価としての収穫量の多少よりも、栄養成分や、味が優れることのほうが重視されたのではないかと考えると、野生種の分布が少なかったヒヨコマメを、なぜ彼らが栽培化したのか、また、あえて苦労してそれらの栽培を続けたのか、などの疑問の答えにもなる。

（＊2） 必須アミノ酸の一つであるトリプトファンは、脳におけるセロトニン代謝機能を支配することが知られており、脳の働きや行動に何らかの影響を与えていると考えられている。セロトニン（5―ヒドロキシトリプトファン）は、動物体に広く分布する神経伝達物質の一つで、トリプトファンから合成される（岩波『生物学事典』）。新石器時代のような変動期に規模が大きくなった集団の定住環境下における、人間の社会的行動との関係などについても論考がある。[27・34]

⑦子実の形状――「美的要素」も？

東アジアでは、アズキの赤色が精神生活と結びついて尊ばれている（第五章）が、インゲンマメの遺伝子プールの一つである南アメリカの栽培品種で、子実の形や、種皮の色や模様など、一〇〇種類もの極めて多様な変異が見られることについて、次のようなユニークな説がある。

インゲンマメは、近縁のベニバナインゲン（図Ⅶ―6・7）やリママメとともに、その栽培化は、先土器時代（紀元前四〇〇〇～一八〇〇年ごろ）である（第七章）が、調理する土器がないのに、なぜマメを栽培化したのか？　そして、インゲンマメで、種皮の色沢や斑紋などの多様な系統が生まれたのは、その栽培化の初期に、重要な要因として農耕民たちの審美的な感覚、あるいは、美的価値観が働いた結果によるのではないか？　もし、「食べる」ということだけの栽培化圧が働いていたら、このような視覚的形質の多様性は生まれていなかったのではないか？　というのが、デボウク（二〇〇〇）[35]の指摘である。わが国の栽培品種や、輸入されている多くのインゲンマメの仲間の子実でその美しさの一部を見ることができる。

五　マメをどのように栽培してきたか

施肥の技術が発達するまでは、欧州でも、地力維持は三分した耕地の一部を休閑し、冬と夏の穀物作を毎年一定の順序で交代させて作付する「三圃式農法」で行われたが、穀物と、マメ科の「緑肥」作物とのローテーションによって有畜農業が発達した。マメ科植物の「緑肥」効果についての関心が高まるようになったのは、一九世紀になってからのことである。その契機になったのは、マメ科植物には土壌からのチッソのほかに第二のチッソ給源があり、それは、大気中のチッソで、マメと土壌微生物（根粒菌）の共生的な働きによるものであるという、一八八六年のベルリンにおけるヘルリーゲルの大発見の報告であった。これによってマメが「チッソを集める植物」であるということの科学的な認識が生まれたが、わが国でも、約一世紀前に、次のような「緑肥」の原理が述べられている。[36]

「……自然緑肥法とは、自然に山野に生育する植物の茎葉を採りて之を圃地に敷（き）覆（い）、あるいは犂入（鋤きこむ）するものにして、施肥法として洋の東西を問わず最も古来より行われたる方法なり。而て栽培緑肥法とは、特にこの目的に好適せる植物を圃地に栽培し、適当の時期に於いて之を犂入するの方法なり。……ことに荳（マメ）科植物は空気窒素の集積作用を営み緑肥作物として最も適当なる性質を具ふる者なるがため現時に於いては、多くこの種の作物をこの目的に栽培す。故に緑肥法とは、単に荳科植物を普通作物の栽培されざる期間、或は土地を利用して之を栽培し、以て次作物の肥料として犂入するの方法と解釈さるるに至れり……」〔（　）は筆者補注〕

中国では、元代（一三～一四世紀）に、イネ科やマメ科の植物を、緑肥として施用する「苗糞」や、緑肥作物を意味する「草糞」という言葉があった。[10]「立毛休閑」、すなわち、リョクトウなど、マメをばら播きするが、子実は収穫せずに鋤き込むことも行われた。レンゲソウ、ウマゴヤシ、アカツメクサ、スイートクローバー、ダイズ、ハウチワマメ（ルーピン）、ツノクサネム、ベッチ類など多くのマメ科の植物が古くから利用されてきたが、化学肥料の普及とともに姿を消した。

種々の作物を一緒に栽培する「混作」は、農耕の初期の段階で、自然の植生の模倣から生まれたといえるが、混作の畑に行けば、いつでも何らかの食料が収穫できた（図I―5）。やがて、より集約的な「間作」の方式が生まれるが、タンパク質給源食料としてだけでなく、緑肥機能をもったマメを組み合せた間作方式は、今日でも熱帯地域の伝統農業では多く見られる。

図I－5　ヒヨコマメ，エンドウ，カラシナなどの混作（インド，デリー近郊，1976年2月）

中国の東北地方では、六世紀ごろの『斉民要術』の時代には、主食の「穀（アワ）」や、「高粱《コーリャン》（モロコシ）」を夏作する「一年一熟（作）」が原則であった。そして、「夏穀――冬麦」、すなわち、「一年両熟」――二毛作や、「二年三熟」型の作付体系が発達するが、これらに、緑肥機能を持つリョクトウ、アズキ、ダイズなどの夏作のマメが採用されるようになった。地力維持は、作付を休むこと――「休閑」を含めて、「歳易」、または「易田」、すなわち、年ごとに作物または、土地を「易《かえ》る」ことによって行われた。また、収穫前の冬作コムギの畦の肩に、夏作のラッカセイを播く「麦套花生」、すなわち、作付けを套《かさ》ねる、「套作《とうさく》」

農法（つなぎ作）が今日でも行われている。[6・10・37・38]

六　「マメ」の呼称――その構造と語源

（1）マメの呼称

福井（一九七一、一九七二）[39・40]は、エチオピア高地のアフロ・アジア語系に属する五言語族系部族におけるマメや雑穀の呼称について、それらの類似性と差異を調べて、これらの作物がエチオピア土着のものか、あるいは、他の先進地域の農耕文化を受容したものかどうかを考察している。作物の呼称は、言語族により、共通性や、年代、地域、転訛などによる変化が見られるが、それぞれ基本的な総称となる複数の呼称型があり、それに、種子の色などの特徴や、伝播経路などの修飾語が結びついた複合語になっている。例えば、新大陸から伝わった「トウモロコシ」は、セム、クシュ系部族民たちは、アフリカ生まれでなじみの深い「モロコシ」の呼称に修飾語をつけた「海から来たモロコシ」とか、「海岸部のモロコシ」、「アラビアのモロコシ＝輸入されたモロコシ」など、複合語の呼称で呼んでいる。同様に、「インゲンマメ」は、「海から来たササゲ」とか「海岸のササゲ」と呼んでいる。同様の例は、英語の「インディアン・コーン」（トウモロコシ）や、フランス語の「エジプトのムギ」（オオムギ）、「トルコのムギ」や、「スペインのムギ」（トウモロコシ）などに見られる。これらは、〈コーン〉や〈コムギ *blé*〉が、「穀物」や「ムギ」の総称名詞になっている。

「マメ」の例で見ると、中国語や、漢字圏の日本語では、総称名詞の〈豆 *dòu*〉に、子実の性状や由来などを表す修飾語を付けた「大豆」、「小豆」、「蚕（空）豆」、「菜豆」、「胡豆」、「隠元豆」などがある（第五章・表V—3）。タイ語の〈トゥア *tua*〉や、ベトナム語の〈ダウ *dâu*〉も「豆」に由来している。英語では、「マメ」の総称名詞は、〈ビーン〉がほとんどであるが[41]、一般には、「ビーン」というと、「コモンビーン」、すなわち「インゲンマメ」を指す。だが、インゲンマメは、「キドニービーン」（子実の形による）のほか、「ハリコットビーン」、「フィールドビーン」、「フレンチビーン」、「ネーヴィビーン」など、一〇を超す呼称で世界的に流通している（第七章）。

ケイ（一九七九）[41]は、ダイズとラッカセイを除くマメ二七種について、世界の延べ一一四の国や地域の言語による一二七〇例にのぼる現地語名を収集している（表I—3）が、それによると、マメの総称語は、〈ビーン〉（八八例）に次いで、マレー語圏の〈カチャン *katjang*〉と、その転訛語（第六章）[42]（四七例）が多い。このほか、フランス語系の〈*pois*〉（エンドウ・四五例）と、英語系の〈*pea*〉（四〇例）、フランス語系の〈*haricot*〉（インゲンマメ・三四例）、以下、スペイン語系の〈*frijor*〉（インゲンマメ）、および、ビルマ語の〈*pè*〉（各二一例）などが多い。この呼称の数をマメの種類で見ると、ヒヨコマメとササゲを筆頭に、キマメ、フジマメ、インゲンマメなどが多く、これらのマメの栽培、利用の歴史の古さや、地域的な広がりの大きさを反映している。また、国別では、インド関係が一二七例と突出しており、次いで、英国（一一三例）、フランス（九五例）が続き、以下、フィリピン、エチオピア、マレーシア、スペイン、ドイツ、ビルマ（ミャンマー）、そして、インドネシアなどが三〇例以上ある。これらの国々で、自ら栽培化したマメをもつのはインドぐらいだが、インドなど七か国は、のこりの欧州三か国の植民地であった熱帯の国々である。前者は、マメが食料、作物として重要な発展途上の国々であり、後者は、マメを国外から導入して栽培、利用を盛んに行ってきた温帯の先進国である。

表Ⅰ－3　世界の各地域言語によるマメの呼称数（Kay 1979 により作成）(注)

地域・国・言語名	呼称数	地域・国・言語名	呼称数	地域・国・言語名	呼称数	地域・国・言語名	呼称数
アフガニスタン	1	チェコスロバキア	3	ケニア	3	スペイン	36
アフリカ	4	ドミニカ	1	韓国	1	スリランカ	19
アルジェリア	2	オランダ	18	ラテン・アメリカ	5	セントルシア	1
アンゴラ	9	東アフリカ	9	モーリシャス	2	南アフリカ	16
アンテイール	6	エジプト	6	マラガッシー	6	南マメリカ	4
アラビア	27	エチオピア	53	マラウイ	2	東南アジア	1
アルゼンティン	10	フランス	95	マルティニク	6	スーダン	23
アジア	3	ガボン	3	マレーシア	53	スリナム	1
アッサム	4	ドイツ	30	メキシコ	14	スウェーデン	2
オーストラリア	11	ガーナ	2	モロッコ	2	スワヒリ	1
バハマ	1	ギリシャ	12	モシ**	1	タミル	18
バルバドス	4	グラナダ	3	ニクアラグア	1	タンザニア	1
ベルギー	3	グアテマラ	3	ナイジェリア	16	タイ	22
ベンガル	7	グアダルペ	3	北アフリカ	3	トーゴ	2
ベニン	1	グアム	1	パキスタン	1	トリニダード	5
ボンベイ*	1	ガイアナ	2	パラグアイ	1	トルコ	12
ボツワナ	1	ハイチ	3	ペルー	11	ウガンダ	28
ブラジル	10	ハワイ	3	フィリピン	77	イギリス	113
ブルガリア	1	ヒンドゥスタニー	3	ポーランド	2	アメリカ	14
ミャンマー	30	ホンコン	2	ポルトガル	18	ロシア	5
カリブ	3	ハンガリー	10	プエルトリコ	6	ヴェネズエラ	20
中央アフリカ	1	インド	205	パンジャブ	3	ヴェトナム	18
中央アメリカ	4	インドネシア	30	ベニン	2	西アフリカ	3
チリ	2	イラン	2	ローデシア	4	西インド諸島	6
中国	7	イスラエル	14	ルーマニア	1	ユーゴスラビア	2
コロンビア	4	イタリー	29	Rua.***	2	ザイール	14
コスタリカ	3	コートデュボアール	1	エルサルバドル	1	ザムビア	13
キューバ	8	ジャマイカ	4	セネガル	1	ザンジバル	5
キプロス	7	日本	20	ソマリア	5		

(注) 27 種（ダイズ，ラッカセイを除く）　*インド（マハラシュトラ州）　**モシ族（西アフリカ）。***略号不詳。他は原記載による。

（2） ラッカセイの呼称

マメ類の中で、その特異な地下結実性や、網目模様の「殻」でなじみが深いラッカセイの呼称数は、インゲンマメ、ササゲ、エンドウ、ソラマメなどを大きく超えるか、またはそれらに匹敵するくらい多い。前著[(6)]で割愛した、このラッカセイの呼称と語義について補足しておこう。

①「土の中のマメ」

ベトナム語で、ラッカセイの「*au lac*」は、中国語名の、「落花生」、「*lac hoa sinh*」の表音による短縮形とされる。「土豆」や、「地豆」ともいうが、沖縄県では、これを「ジーミー」と読むと聞いたことがある。同じ語義の言葉に由来する呼称は、マレー語圏の「マメ」の総称語に、「タナ（土の）」または、その転訛型「タノ」が結合している「カチャン・タナ」をはじめとして、タイ語の「トゥア・ディン」、クメール（カンボジア）語の「サンダェク・ダイ」、ビルマ語の「ミィアイ・ペ」など、他にも例が多い。インド諸語にも、「マメ」に「土の中にできる」や、「根」が結びついた呼称が多い。

欧州の国々も、新大陸から伝わった「ラッカセイ」を初めて知ったが、「ナッツ」や「マメ」の総称語に「土の中にできる」という語を結びつけて呼んでいる例が多い。

- 「土の中のアーモンド」（英語 *earth-almond*・イタリア語 *mandorla di terra*）
- 「土の中のピスタチオ」（フランス語 *pistache de terre*・イタリア語 *pistacchio di terra*）
- 「地中のヘーゼルナッツ」（フランス語 *noisette de terre*・ハンガリー語 *foldimogyoro*）
- 「土の中のドングリ」（ドイツ語 *erdeichel*）

・「土の中のエンドウ」（英語 *earth pea*・フランス語 *pois de terre*）
・「土の中のヒヨコマメ」（イタリア語 *ceci di terre*）
・「土の中のナッツ」（オランダ語 *aardnoot*・スウェーデン語 *jordnött*・デンマーク語 *jordnød*・アイスランド語 *jarðhneta*）
・「土の中の油を含む種子」（スロヴァキア語 *podzemnica olejna*）

②中南米先住民の呼称

中南米の先住民によるラッカセイの呼称、約四〇例のなかでは、メキシコ・スペイン語（ナワトル語）の「トゥラルカカウェテ」、ペルー・ケチュア語の「インチーク」、ブラジル北部トゥピ－グワラニー語およびアラワク語の「マンドゥヴィ」、そして、スペイン系中南米語の「マニ」がよく知られている。これらの中で、「マニ」を含む、「マンドゥヴィ」系の呼称（八例）の原型は、カリブ海～西インド諸島の先住民であった、アラワク語系のタイノ族の「マヌヴィ」〈*manuvi*〉とされている。アラワク系言語を話す先住民は、カリブから、南米中心部のボリビア、そして、チャコ地方にまで拡散しており、呼称の変異が大きいが、ラッカセイの伝播と変異の拡大に、彼らの寄与が大きかったことをうかがわせる。[43・44]

また、フランス語や、メキシコ・カスティーリャ地方のスペイン語の呼称になっている、ナワトル語起源の「カカウヮテ」は、マヤの言語で「カカオ」を意味する〈カカウヮトル *cacahuatle*〉に由来する。「ナワトル語」は、アステカ王国を築いたアステカ族の言語だが、メキシコ中央部に暮らすナワ族の「古典ナワトル語」の「ラッカセイ」――「トゥラルカカウヮトル」は、「地中のカカオマメ」を意味する。[45]

カカオマメと、ラッカセイの種皮（渋皮）付きの子実は、形や外観が似ているともいえるが、F・B・

ド・サハグンの『ナワトル語辞書』（一五五八～六六）で、メキシコの薬用植物について、「それは根であり、小さくて丸い。種皮は黒色で中が白い。緑色の葉は小さくて丸い」という記述、また、ハイチで、〈マニエス〉と呼ばれる植物の実が、「外観は根のようで、マツの種子に似ており、形だけでなく、甘くておいしいその味は、アーモンドそっくりだ」とあるのは、ともにラッカセイだと考えられている[46～48]。

ところで、スペイン語の〈カカウヮテ〉には、「あばただらけの」の意味がある。このことに関連して、マレー語系のラッカセイの呼称にある「チーナ・チーノ」は、一般に「中国」を意味すると考えられているが、クラポビカス（一九六八・一九六九）[43・44]は、〈*Chino*〉と呼ばれた一八世紀末ごろのメキシコの古い栽培品種があるが、これは、「縮れた」を意味し、莢実の網目の隆起模様によると述べていることが注目される。改めて、スペイン語辞書を見ると、〈*chino, china*〉には、「シナ・中国の」のほかに、「メキシコ・スペイン語。ちぢれ毛」とあった。

図I－6　ラッカセイ（左）とアーモンドの子実

また、核果類の「アーモンド」の子実（図I―6）も、形状がラッカセイの子実とよく似ているが、ポルトガル語のラッカセイ「アメンドイン」は、最初の記載をしたポルトガル人、フェルナン・カルディン（一五八四）が、「（トゥピ族が）アーモンドによく似た果実を〈メンドゥビス〉と呼んでいる」と述べたのが、「アメンドニンス」となり、これが「アメンドア（アーモンド）」に、そして、さらに「アメンドイン」になったとする説がある。

また、サンスクリット語で「ラッカセイ」の「マンダピィ」が、ポルトガル語のラッカセイ、「マンデュヴィ」の借用ではないかとする説に対しては、年代的に疑問とする意見[49]がある。ほかに、インドで、「外国」(とくに英国)を意味する「ヴィラヤティ」、「チーナ」、「マニラ」、「モザンビク」など、地名が結びついた呼称もあるが、「マニラ・コッタイ」については、タミル語で「地中のマメ」を意味する〈*mannal-velli-kottai*〉の誤読とする説[50]がある。

第二章　近東——西南アジアにおけるマメの文化

一　マメのふるさと——「肥沃な三日月」地域

マメ類、穀類、イモ類の組み合わせから、世界におけるそれらの原産地と、第二次の伝播中心地として発達した九地域[1]（図II―1）を示した。これらの地域の中で、旧大陸で最初の人類による農耕の実験が始まったところとして知られているのが、近東の西南アジアで、「肥沃な三日月」と呼ばれている地域だが、「メソポタミア」は、まさにその核となった地域である。

「メソポタミア」とは、「川にはさまれた土地」を意味するが、旧訳聖書『創世記』第二章（一〇〜一四）に、「それはチグリス川とユーフラテス川にのぞみ、ビソン川とギホン川の接する所にあった」（H・H・ハーレイ著『聖書ハンドブック』一九五三年、新教出版社版）とある。「エデンの園」は、メソポタミア南部のデルタ地域が、シュメール語で「平野の頸」を意味する「グ・エディン平野」と呼ばれたことに由来するが、「ノアの大洪水」の後の荒れ地を耕すことを、神が人（アダム）に命じられ、ここに農耕が始まったとしている。約一万年前ごろまでは、ヒュルム氷期の時期であるが、天地創造や、「エデンの園」の物語は、今から数千年前ごろは、現在よりも気温が上昇して裸で暮らせるほど暖かく、木々が豊かに実を結

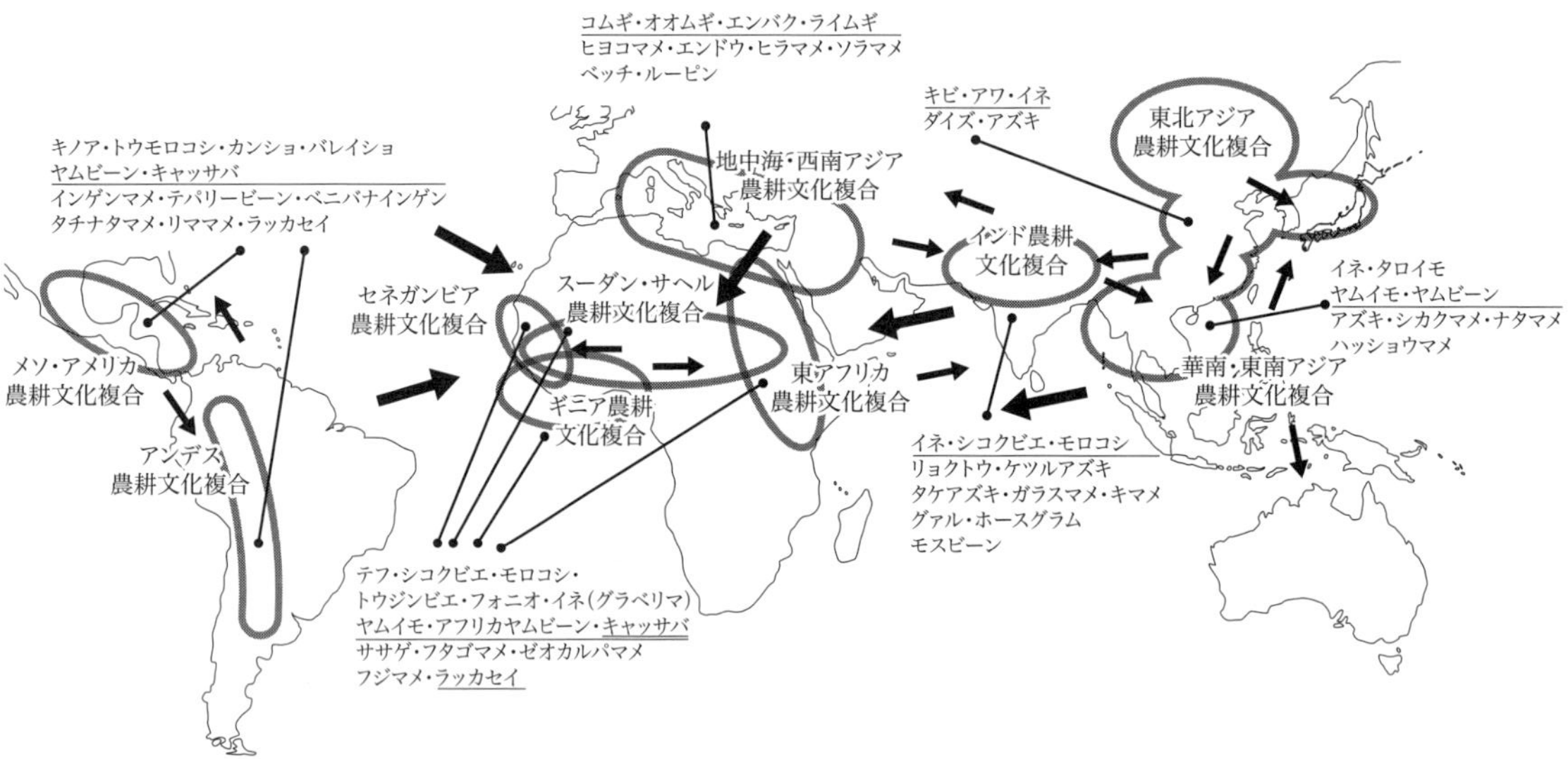

図II－1　世界の農耕文化複合と主な食用作物の原産地，二次的伝播の中心地域

上段：穀類・イモ類　下段：マメ類　下線の作物はアフリカを第２次伝播の中心地として発達したもの。

んだ最適の気候だったことを反映している。(2)

ペルシャ湾の北部沿岸地帯から、イラン西部のチグリス、ユーフラテス両河の流域、そして、アナトリア(トルコのアジア部分)南部、さらに、地中海の東部沿岸——レヴァントの南部地域からシナイ砂漠まで広がる三日月の形をした土地にエジプトも含めた地域を、欧州文明の揺籃の地と考えたブレステッド(一九一六)(3)は、「文明はオリエントで始まり、そして初期の欧州はここにあった」と述べて、初めて「肥沃な三日月」と呼んだ。

第二次大戦後、考古学調査が再開されて、ブレイドウッド(一九四八/一九六七)(4)は、メソポタミア地方から、アナトリア南部に伸びるタウロス山脈山麓地帯、そして、レヴァントのヨルダン河流域(パレスチナ)までを「肥沃な三日月」地域と呼んだが、後に、彼は新しい考古学的知見にもとづいて、エジプトから、弧を描いてパレスチナ、シリア、南部トルコを経て、イランの北部から西北部に至る地域を、「新しい肥沃な三日月」地域と呼んでいる。この区分では、チグリス、ユーフラテス両河流域とナイル河谷は含まれない(図II—2)。

「極東」、そして「中東」との対比から、「肥沃な三日月」地域が注目されるようになったのは、人類による農耕の起源と深いつながりがあったからだが、古代の王たちは、「肥沃な三日月」地域を統治したことはなかったし、その地域が肥沃だとは考えてもいなかったので、「肥沃な三日月」という言葉は知られていなかった。だが、「三日月」のような形にデザインされた広大な地域は、地形的には、およそ均一さからは程遠く、ずっと北寄りのタウロス山脈からザグロス山脈にかけて大きく湾曲してイラン南西部に至る地域は、現在は、砂漠、半砂漠、ステップ(イネ科の草本種を主とする乾燥した草原)が広がり、半乾燥気候で夏は乾燥して暑く、冷涼な冬に三〇〇〜六〇〇ミリメートルの降水量しかない。今もなお進行して

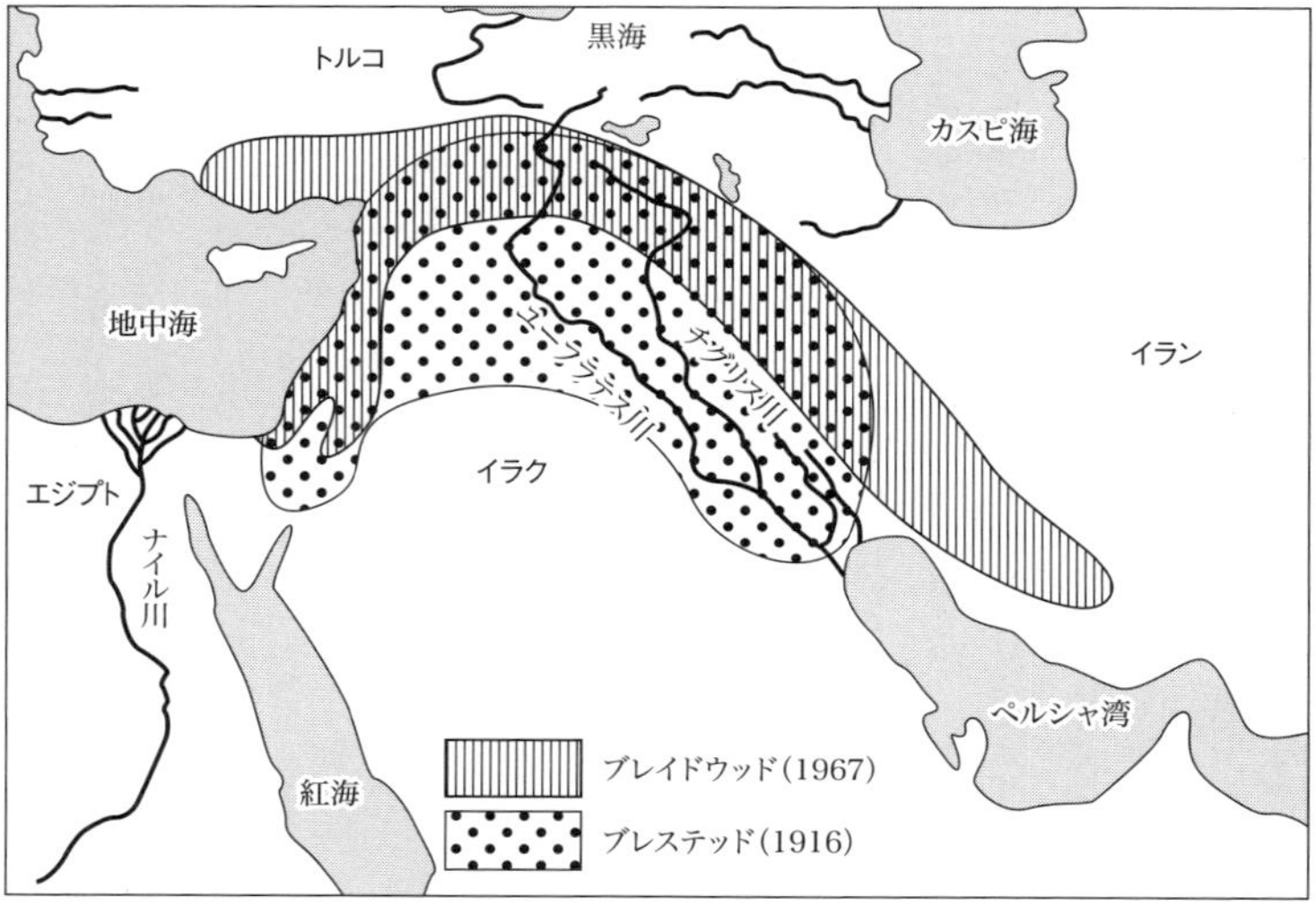

図Ⅱ－２　「肥沃な三日月」地域（ブレイドウッド 1967により作成）

いる、激しい土壌侵食や塩害のために農業には適さず、三〇〇〇メートルを超す高い山々の山麓地帯で天水農業が行われている。

イランのジャルモ（紀元前六七五〇年ごろ）、アリ・コシュ（同七五〇〇年ごろ）、アナトリアのハシラル（同七〇〇〇～五〇〇〇年ごろ）やチャタル・フユック（同五八五〇～五六〇〇年ごろ）など、有名な遺跡から出土する植物遺体の解析で、栽培化によって野生の植物に起こった変化（第一章）の様子が明らかになってきたが、近年、とくに、レヴァントのヨルダン河谷からユーフラテス河中流域にかけての地域で、さらに古い農耕の始まりの様子を示す考古植物学的知見が増えている。[5~12] 野生のムギやマメの栽培化を促進したその大きなきっかけとなったのは、近東からレヴァントにかけての地域で、紀元前一万年ごろ前後に約一〇〇〇年にわたって続いた、「ヤンガー・ドリアス」期の気候の悪化、すなわち、乾燥と寒冷化がもたらした草本性の植物食料資源の不足によるストレスだったとする説がある[13]。

レヴァント地域で栽培化された穀類や、マメ、そして、家畜を伴った初期農耕文化が西ヨーロッパへ波及するのには、アナトリア南部のタウロス山脈の高原地帯が、その中継地域として重要な役割を果たしたことが明らかになっているが、このことは、ヨーロッパにおける農耕の独立起源説の前提条件を否定することになった[14]。

二　野生種の栽培化と「創始者作物」

野生植物の「栽培化」は、人間が栽培を始めてからの長い間に、野生の時の性質の多くが失われていく過程だといえる。人間の側からは、「進化」だが、種子の収穫から保存、そして、播種、さらに、除草や病虫害の防除など、人間による管理がないと、植物は生存できなくなっている。野生型から栽培型への中間段階にある植物を、「雑草型」と呼ぶことがあるが、栽培型の植物と共存して生育し、一緒に収穫され、また、播種されて、世代を更新してきた。栽培種との遺伝的距離が様々な「雑草型」の植物は、栽培種の進化や、品種改良などで、遺伝子の供給源として重要である。

西南アジアの「肥沃な三日月」地域で、農耕の始まりの初期と考えられている新石器時代中期（紀元前一万八六〇〇～七〇〇〇年ごろ）の遺跡では、野生の形質を遺している穀類やマメなどの種子や植物遺体が、「パッケージ」になって出土してくるが、ほかの種に先駆けて栽培、利用が進んだと考えられる、エンマーコムギ、一粒コムギ、六条オオムギなど、ムギ三種、ヒヨコマメ、ヒラマメ、エンドウ、ビターヴェッチ（家畜の飼料にもなる）などマメ四種、そして、アマ（油・繊維用）を加えた八種の出土事例がとくに多

図II－3　ヒヨコマメ（結実中のインド在来種と同小粒の子実。大粒はメキシコ産のガルバンソ）

図II－4　ヒラマメ（小粒はインド在来種，大粒はロシア産）

い。これらは、農耕の始まりの基礎として大きな役割を果たした「創始者作物《ファウンダー・クロップ》」と呼ばれているが、ソラマメを加えて、「創始者作物」を九種とする意見もある。これらの作物は、やがて、欧州、コーカサス、中央アジア、エジプトなどへ大きく広がるが、その特性が優れていたので、これらの地域では、新たに野生型を栽培化する必要がなかった。そして、進んだ栽培技術によって、その生産力を急速に高めていったと考えられている[15〜19]（図II—3・4）。

栽培化が進んだオオムギが、エンマーコムギ、野生コムギなどとともに発見されているが、マメも、それらと同じころのヒラマメが、レヴァントの北部と南部の遺跡で出土している。子実の大きさなど、はっきりした形態的な特徴によってそれらが栽培型だという結論が出ていないが、最近、野生型らしいヒラマメの植物遺体と、子実が数百粒、発見されている。これらは先土器新石器時代A期（紀元前八三〇〇～七六〇〇／七三〇〇年ごろ）のもので、その分布地域が散在していることから、ほかの地域から新しい環境に人間によって持ち込まれたものと考えられている。[5・9・19] また、一万二〇〇〇年前ごろとされる遺跡から出土した、栽培初期のものと考えられるヒヨコマメは、形態的な性状の変異が極めて大きいが、現在、この地域に野生型は分布していないので、これも人間によって意識的に持ち込まれた可能性が高い。

ソラマメは、八八〇〇年前ごろの種子が大量に出土している。子実は、今日の栽培種よりは小さいが、かなり大粒化していて栽培型と考えられている。[20] また、今日みられるような大粒のソラマメの栽培種が現れるのは、ずっと遅く、今から一〇〇〇年前ごろになってからである。[9・12・21]

三　マメの祖先種の生育環境

ヒラマメの野生の祖先種は、草丈が低く、一五センチメートルを超えるものはまれである。トルコからタジキスタン、そして、クリミア半島からイスラエルにかけての地域で、標高が五〇〇～一七〇〇メートルの開けたところや、一部が庇陰されるようなところで発見されているが、石灰岩、玄武岩などに由来する、石混じりの浅い土壌に、おなじマメ科の一年生草本種のヴェッチ類（ソラマメやカラスノエンドウの仲間）、クローバー、ウマゴヤシ、ガラスマメなどといっしょに生育しており、繁殖力が強いイネ科の草本や他の侵入種との競争から逃れている。

ヒヨコマメの野生の祖先種は、トルコ東南部で自生するが、やや分布が少ない。草丈がまれに二〇センチメートルを超えるものもあるが、一般に、草型がほふく性で、石灰岩系の浅い土壌に多く生育している。

エンドウの野生の祖先種は、地中海東部の野生コムギの分布する地域の植生内に自生している。石灰岩、玄武岩系の多孔質溶岩の傾斜地などで多く発見される。マメ類の中では、この野生のエンドウだけが、草丈が〇・七～一メートルにもなり、強勢な生育を示すが、自生する個体数はごく少なく、しばしば一株だけで生育しているものが見られる。これを、エンドウの雑草型とする見解や、その形態的特性が栽培種の系統と類似しているので、栽培型のエンドウがエスケープして野生化したとする説もある[22,23]。

第三章　インドにおけるマメの文化

一　古代インドのマメ

インドのマメの歴史や、農業の現状については、拙著論文(1〜4)のほか、前著(5)でも詳しく述べた。インドは、英国の植民地時代から占めていたラッカセイ生産量の世界で首位の座を、一九九三年ごろから中国に奪われている。だが、それに代わるように、それまでは「マメの国インド」の人々の嗜好には合わないとして、ヒマラヤ山麓地域ぐらいしか栽培がなく、生産統計にも載らなかったダイズの生産が数十倍にも激増し、今やインドは、世界の五大「ソイビーン（ダイズ）・カントリー」に名を連ねている。古代インドの農業と歴史については、多くの文献(6〜12)があるので、それらにゆずる。

北インドのパンジャブは、「リグ・ヴェーダの土地」といわれたが、アーリア人による最古の文献とされる「ヴェーダ」（「補足1」参照）が成立した「ヴェーダ時代」前期の紀元前一五〇〇年ごろから、ウシを飼育し、オオムギを主作物とする、かなり高度な先住民による農耕文化があった。アーリア人は、インダス河の五支流域へ侵入し、先住民を征服して、牧畜を主とした農業も行う生活を始めた。「ヴェーダ時代」の後期（紀元前一〇〇〇〜同六〇〇年ごろ）になると、アーリア人の第二波が、肥沃なガンジス河地方に進出して、先住民との混血民による農耕社会がこの地域に出来上がった。

いまもなお読誦されているという、『ヤジュール・ヴェーダ』の祈禱文がある（コーサンビー一九七〇）(8)。

「牛乳、樹液（＊sap）、精製したバター、蜜、共同食卓での飲食物、耕作、雨、征服、勝利、繁栄……雑穀《クヤヴァ》（＊low grade grain, *kyuyava*）、飢えのないこと、米、大麦、ゴマ、いんげん豆（＊kidney beans）、からすのえんどう（＊vetches）、小麦、ひら豆、きび（＊millet）、野生のきび（＊*Panicum miliaceum, P. frumentaceum*）、野生の米を、願わくはわれに与えよ。犠牲式《ヤジュナ》（＊*yajña*）を施行して繁栄を祈る。また、石、粘土、丘、山、砂、木、金、青銅、錫、鉄、銅、火、水、根、植物、田畠に育つもの、未墾地に生えるもの、畜牛と野生牛を、願わくはわれに与えよ。（犠牲式を施行して繁栄を祈る。）（山崎利男訳。＊原書により筆者補注）

コーサンビーは、この祈禱文は紀元前八〇〇年ごろのもので、『リグ・ヴェーダ』にはみられなかった農業や金属使用の重要性がうかがわれ、鉄器時代にアーリア人が進出してきた時には新しい生産の問題に直面し始めていたが、『リグ・ヴェーダ』の青銅器時代からの先住民は、より豊かな文明をもつ人々から掠奪し、新たな牧草地を見つける機会を得たことに満足していたと述べている。また、食事の質の均衡をはかるために、イネ苗代跡にマメを播いたが、このことから農業の生産効率を高める基本となる、輪作の原理が自然に発見されたとも述べている。先の祈禱文に出てくる、新大陸産の「kidney beans」については、年代から見て、「ヴェーダ」における文字記録の同定の誤りであろう。

古代インドの初期の農業の歴史を知るのには、これまでは、「ヴェーダ」文献に文字による記録として現れる、作物の言語古生物学的研究に多くを頼っていた。しかし、一九三〇年代に、北西部のモヘンジョダロや、ハラッパ遺跡から出土した植物遺体に関する報告が出てから後の二〇年間に、先史時代末期から

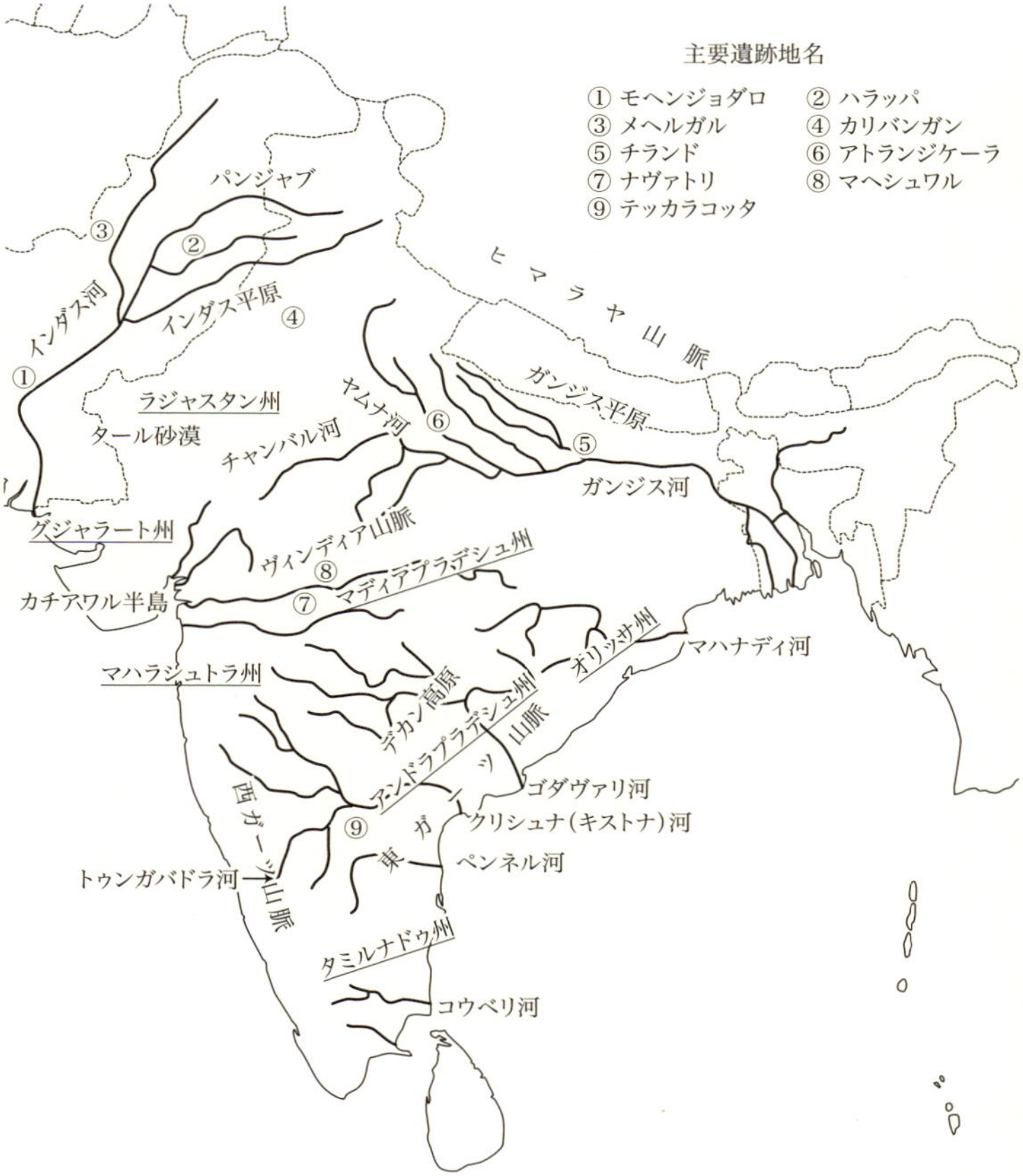

図III-1　インド亜大陸における考古学遺跡関係地図（フッラーら，2006 ほかにより作成）

原史時代（文字による記録が断片的に存在する有史時代直前の時代）の二〇以上の遺跡が発掘されて、栽培植物の遺体の出土事例が多く報告されるようになり、考古学的知見が大きく増えた。そして、一九六〇年代から一九七〇年代になると、インドにおける農耕が最初に始まった、インダス河流域からガンジス河流域、半島部の西部、および中部からデカン高原にかけての地域で、近東起源の穀物やマメの出土が報告されるようになった[13]（以下、関係の地名などは図Ⅲ―1を参照）。近年、進んだ科学技術による考古植物学的知見が増加している。

二　マメ類の考古植物学記録の検証

最近、フッラーらのグループが、南アジア――インドおよびパキスタン――における、九〇遺跡から出土したマメ類の全考古学記録に関して、最近の約二〇年間の報告を中心に、一七八編にのぼる文献を検証している[14~17]。それらによって、インドにおける八種のマメの起源について、地域別にみると、次のようである。

西アジアやインド北東部に比べると遅かったが、南インドでも、今日見られるような穀類やマメが栽培化され、独自の多様な農業体系の基礎が新石器時代に出来上がっていたことが、考古学的な証拠から明らかである。イネは、紀元前三〇〇〇年ごろにガンジス平原に伝わっているが、南インドのカルナタカ州では紀元前二〇〇〇年紀ごろ、また、降水量がより多いアンドラ・プラデシュ、タミル・ナドゥ州などへ広がるのは、紀元前三〇〇年代の鉄器時代になってからとされている。イネは、初期には補助的な食用作物だったが、他の植物性食料に置き換わって、南インドでも重要な地位を占めるようになった。ミレット類

（シコクビエ、トウジンビエ、モロコシなど）も紀元前二〇〇〇年代の新石器時代第三期ごろには、カルナタカ州北部で栽培されている。西南アジア起源のオオムギ、コムギ、アマなどは、北インド平原地方を経て南インドに入っている。イモ類の栽培化は知られていない。

南インド原産のマメの栽培は、四〇〇〇～五〇〇〇年前ごろに始まっているが、種子の出土事例が多いことから、動物性食品とともに、マメがタンパク質給源として重要だったと思われる。しかし、それらの拡散のパタンは、はっきりしていない[14]。

インドの新石器時代に属する九〇の遺跡は、北部では、ガンジス河流域の平原、タール砂漠北西部、インダス河上流のハラッパ、モヘンジョダロなど有名な遺跡がある、インダス下流の平原地域、西は、グジャラート州からラジャスタン州にかけての地域、南は、ヴィンディア山系から南の東、西両ガーツ山脈に囲まれたデカン高原の西部から南部にかけての半乾燥地域（年平均降水量が四〇〇～八〇〇ミリメートル）の河川の流域、そして、最南部では、タミル・ナドゥ州のコウベリ河上流地域というように、インド亜大陸の広い範囲に及んでいる。これらの地域で発見されているマメには、ホースグラム、リョクトウ、ケツルアズキのほかに、キマメ、アズキ、モスビーン、エンドウ、ヒヨコマメ、さらに、アフリカ産のフジマメ、ササゲ、そして、西南アジアの「肥沃な三日月」地域のヒラマメも含まれている[18]。

出土例が少ないヒヨコマメや、ソラマメ、ヒラマメ、エンドウ、ガラスマメなどは、西南アジアで紀元前六〇〇〇年ごろ以前に栽培化されているが、これらのマメが、冬作物として近東起源のムギといっしょに、南アジアへ入ってきたことは、ハラッパ文化の成熟期（紀元前二六〇〇～二〇〇〇年ごろ）にあった、インダス峡谷地方の遺跡での出土の事実からもほぼ確かである。だが、ヒヨコマメは、遠く離れた南部の新石器時代遺跡ではほとんど存在せず、オリッサ州では全く出現していないが、ヒラマメ、エンドウ、ガラスマメ（後述）などよりも遅く伝わって、インド半島北部でその栽培が確実になるのは、ほぼ紀元前一七〇〇年ごろからである。

フッラーら（二〇〇六）[14]による、マメの出土記録の種別再検証の結果を見ると、以下のようである。

・キマメ

キマメ（図Ⅲ－2）は、祖先種のカジャヌス・カジャニフォリアの集団が自生する、インド半島東部での起源が確かとされている。半島部の湿潤、乾燥広葉樹林地帯では、キマメ属の数種が分布している[19・20]。報告は少ないが、デカン地方などでのキマメの出土物の年代は、紀元前二〇〇〇年代の中～後期である。オリッサ州沿岸部、ゴパルプール遺跡の調査で、紀元前一四〇〇～一三〇〇年ごろ（新石器・後期～銅・石器時代初期）の種子が、また、ガンジス平原では、紀元前一〇〇〇年代の種子が出土している。このように、栽培化は、紀元前一五〇〇年ごろに始まっていることは確かだが、栽培化の地域に関しては、考古学的な事実がまだ乏しい。

図Ⅲ－2　キマメの結実と子実（インド，ICRISAT，1991年）

・ホースグラム

今日ではインドの全国内で栽培が広がっており、遺伝的多様性が大きいインドの原産と考えられている。インド半島東部の原産とする説[21]もあるが、インド南部地域――カルナタカ州北部とアンドラ・プラデシュ州では、紀元前二〇〇〇年代の種子が、また、タミル・ナドウ州の新石器時代遺跡から出土している。マディア・プラデシュ州などインドの中央部では、出土はほとんど知られていない。これらの出土事例から、ホースグラムの栽培は、インド南部やハリアナ州では紀元前二五〇〇年ごろ、また、ガンジス平原中央部では紀元前二〇〇〇年ごろには行われていたが、栽培化の地域は、南インドの乾燥地域からガンジス峡谷の上～中流域にわたっており、南インドではまだ知られていない。野生種の集団は、ラジャスタン州からマディア・プラデシュ州、マハラシュトラ州、そして、カルナタカ州南西地方に分布している。筆者は、高知で、インド産の品種を試作したが、生育旺盛で子実収量も高い[4]。

・フジマメ

フジマメ（図Ⅲ―3）はインド原産ではなく、アフリカ東部だとする説が、自生地や、DNA解析による研究からも支持されており、インド南部に自生している集団は、伝播の初期に野生化したものであろうとされている。だが、アフリカにおける考古植物学的証拠がない。インドで最古と思われるフジマメは、紀元前二〇〇〇年ごろよりも以前のガンジス上流地域の遺跡で出土しているが、南インドの出土種子は、新石器時代第三期の紀元前一五〇〇～一四〇〇年ごろのものである。その経路は、まだ明らかでないが、ササゲと同じころにアフリカから伝播したと考えられる。インド周辺の国々では栽培が多いマメである。

・「リョクトウ」と「ケツルアズキ」

リョクトウとケツルアズキは、インドだけでなく、世界的に、「もやし」原料のマメとして、栽培、消費が多い重要なマメになっている（第五章、第十章参照）。インドのマメのなかでも、とくに地域による変異性が顕著とされ、共通の野生の祖先型から生まれた両種は、現在では別種として扱われている[22～24]。パロダら（一九八八[25]）は、ヒマラヤ南部と西ガーツ山脈に自生する「ビグナ・ラディアータ変種スブロバータ」

のリョクトウ型とケツルアズキ型の系統が、それぞれ両種に分化したとしている。紀元前一五〇〇〜二二〇〇年ごろには、すでに栽培化されていたことがほぼ確かである（図Ⅲ―4〜6）。

野生型のケツルアズキは、西ガーツ山脈の南部に自生しており、西ガーツ山脈北部からラジャスタン州丘陵地域一帯と、インド半島中央部丘陵地帯の一部が、ケツルアズキの原産地と考えられている。紀元前二六〇〇〜二〇〇〇年ごろの最も古い種子が出土していることから、インド半島の西部と北部で栽培化されて、後に東部へ広がったことが示唆されるが、インド南部では、新石器時代遺跡からリョクトウがほぼ独占的に出土しているので、考古学的には、作物として主要なマメはリョクトウだけだったと、フッラーら（二〇〇六）[14]は考えている。最近、リョクトウが、西南アジアで栽培化された可能性が出てきている[26〜28]（第五章）が、その栽培化の歴史において、リョクトウが東へ伝播するルートの中間地域としてインド亜大陸が、変異の多様化で果たした役割が大きかったことは確かである。

・ササゲ

ササゲ（第四章・図Ⅳ―1）は、世界の温帯から熱帯まで各地で広く栽培されているが、アフリカ、とくに西アフリカでの起源が確かである。南アジアで、栽培種（ビグナ・ウングイキュラタ）からの選抜で、「バイフローラ」と「セスキペダリス」の二変種群が分化した[27]。インドでの栽培は、紀元前一五〇〇年ごろからとされている。しかし、フッラーら（二〇〇六）[14]は、アフリカでもっとも栽培化の年代が古い出土例は「キンタンポ文化」*1のものとされているが、インドではこれよりもはるかに古いとしている。南アジアでのササゲの出土例の報告は少ない。

・モスビーン（第七章・図Ⅶ―7）

インド、パキスタンが原産地と考えられているが[27]、モスビーンの出土例は、すべて遅い時代のものであ

図Ⅲ-3　フジマメの若莢と「芽出しマメ」。ニガウリも見える（ミャンマー，タウンジー，1985年）

図Ⅲ-6　リョクトウやヒラマメの全粒と挽き割り（ダル），ダイズ，ヒヨコマメ，インゲンマメ，リママメ，ソラマメ，エンドウ，ラッカセイなどが売られている（ネパール，カトマンズ，1993年7月）

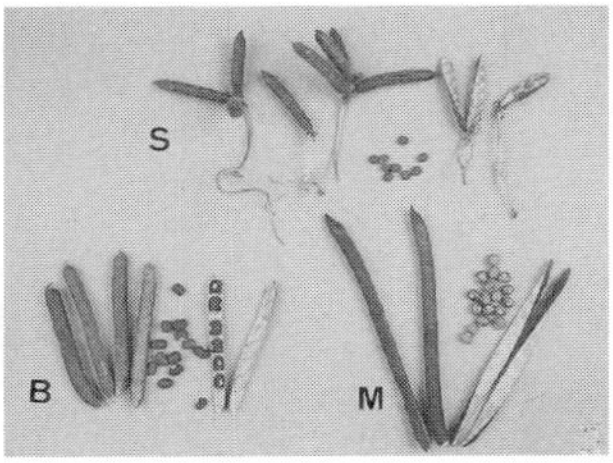

図Ⅲ-4　ケツルアズキ（B）とリョクトウ（M），および両種の祖先種スブロバータ（S）の莢実

図Ⅲ-5　結実中のリョクトウ。開花後，約2週間で成熟する

る。おそらく、ガンジス盆地で、紀元前二〇〇〇年代の後期ごろに栽培化されたものが二次的に栽培化されて、有史時代の初期（紀元後一〇〇〇年代の初期）に広がったと考えられている。[14]

（＊1）「キンタンポ文化」紀元前二〇〇〇年ごろ、アフリカの象牙海岸とガーナの熱帯雨林北側の地域で栽培型のトウジンビエを栽培し、ヒツジ、ヤギ、そしておそらくウシの飼育を始めていたとされる民族集団の文化。[29]

三　古代インドのマメ——文字の記録

インドの植物病理学者、ネネ（二〇〇六）[12]が、これまで難解とされてきたヴェーダ文献に文字として現れる、ソラマメも含めたインドの食用のマメ一二種についての記述を検証している。農学の専門家によるこの分野の貴重な文献と思われるので、以下、その概要を紹介する。なお、オム・プラカシュ（一九六一）[6]による、古代インドと現代のヒンディ語の呼称との対応を表（Ⅲ—1）に示した。

①ヒヨコマメ〈*Chana*〉

インドの古文書に残るヒヨコマメの歴史は、紀元前一二〇〇年ごろから同一〇〇〇年ごろの間に成立した「ヴェーダ」文献でたどると、『リグ・ヴェーダ』の注釈書『ブリハッド・アーラニヤカ〈*Brhad-aranyaka*〉』[＊1]に、〈*khalva*〉——「子実」として出ているが、『ヤジュール・ヴェーダ』では「マメ」として出ている。

また、カウティリヤ[＊2]の著書には、〈*kalaya*〉として、雨季の後に栽培され、炒りマメなどいろいろの形で消費されていたと出ている。今日でも他のマメに比べて、ヒヨコマメのもっとも一般的な食べ方が、炒

表Ⅲ-1　古代インドのマメ類の呼称（オム・プラカシュ 1961）

古代の呼称	ヒンディ語の呼称*	
Ādhaki	*arhar, tuvari*	キマメ
Alisandaga	*matar*	ヒヨコマメ**
Canaka	*cana, chana, gram*	ヒヨコマメ
Garmut	*kulathi*	野生のマメ（ホースグラム）
Kalaya	*matar*	エンドウ
Kulattha, Khalakula	*kulathi*	ホースグラム
Makustha	*moth*	モスビーン
Masa	*urad*	ケツルアズキ
Masura	*masura*	ヒラマメ
Mudga	*mung*	リョクトウ
*Nispava****	*bhatabans*	ナタマメ
Rajamasa	*rajama, lobia*	ササゲ

* 呼称の表音記号は略した。
**ヒンディ語で *matar* は，エンドウであるが，*Alisandaga* は，大粒のヒヨコマメ（カブリ種）。
***ササゲとする説が強い。

りマメであることがよくわかる。この〈*kalaya*〉は、前記の〈*khalva*〉にごく近いが、ヒヨコマメを、今でもカルナタカ州で〈*kadale*〉、ケララ州で〈*kadala*〉、また、タミル・ナドゥ州では〈*kadalai*〉[30]と呼んでいる。*3 また、紀元前四〇〇年ごろの仏典にある〈*chanaka*〉は古サンスクリット語の「ヒヨコマメ」とされており、今日でも、マラティ語（マハラシュトラ州）を除いて、多く使われているヒヨコマメのヒンディ名、「チャナ」〈*chana*〉の語源になっている。

（＊1）成立の年代は、紀元前五五〇〇年ごろ[12]、紀元前二五〇〇年ごろ[18]など諸説がある。『ウパニシャッド』は、紀元前一五〇〇〜八〇〇年の間ごろに成立した[30]。『ブリハッド・アーラニヤカ』は、約二〇〇種ある古代インド哲学書『ウパニシャッド』の代表的なもので、紀元前五〇〇年ごろを中心に前後数百年の間に成立した[31・32]。

（＊2）カウティリャ（紀元前三二一〜二八九）は、インドの政治家・政治理論家で、チャーナキアとも呼ばれた。紀元前三世紀ごろのマウリヤ朝の宰相として、王チャンドラグプタを補佐し、インド最初の統一帝国建設に尽力した。政治論書『アルタシャストラ（実利論）』の著者[33〜35]。

（＊3）第六章参照。

ヒヨコマメのサンスクリット語名は、ほかに、〈*hari-manth*〉がある。これは「ウマ」と、「噛む・かき混ぜる」を意味する二語から成り、ヒヨコマメをウマの飼料にしていたことからきている。同じ意味のマラティ語のヒヨコマメ〈*harbhara*〉はこれに近い。また、ヒヨコマメのギリシャ語名〈*erebinthos*〉は、この〈*hari-manth*〉に似ているが、一般的なギリシャ語名〈*krios*〉は、「ヒツジの頭」の意味で、その子実の形からきている。ヒヨコマメの大粒の品種を、「カブリ」〈*caburi, kabuli*〉と呼んでいる最も古い記述は、一六世紀の『アーイーネ・アクバリー』[*4]であるとも言われている。

（＊4）『アーイーネ・アクバリー』〈*Ain-i-Akbari*〉
ムガール王朝第三代、アクバル帝（在位、一五五六〜一六〇五年）時代の一五九五〜九六年ごろの歴史書。『アクバル会典』とも訳される。内容は、宮廷儀式、軍事、各州県の税制ほか多岐にわたり、一種の百科事典の体をなす当時の社会経済状態を知る貴重な史料とされる[36]。

ヒヨコマメの食べ方は、今日でも炒りマメのほか、ダルにして料理に用いるが、最も一般的な、スープ——サンスクリット語で「ソーパ」〈*soopah*〉が、紀元前七〇〇年ごろの記述にあり、栄養価の高い食べ物とされていた。葉、未熟種子、全粒、粉での食べ方が、『リグ・ヴェーダ』に出ている。また、「サット」〈*satto*〉は、炒ったヒヨコマメの粉を、コムギ粉に混ぜてサトウキビの粗糖で味付けし、ミルクか、水を加えて練り上げたもので、いわば今日のインスタント食品である。九世紀ごろには、ヒヨコマメは、野菜として食べる葉に含まれる酸（蓚酸六％・リンゴ酸九四％）が、消化を助ける薬効があり、脾臓や肝臓の不調を回復させるといわれ、炒りマメは、餓えた人々を救う食べものとされていた。

②キマメ〈*Arhar, Tur*〉

エジプト第一二王朝時代のテーベの墳墓[*5]（ドラ・アブ・ネッガ遺跡、紀元前二四〇〇〜同二二〇〇年ごろ）でキマメに似た種子が見つかったとして、一八八四年に、ある植物学者がキマメは東アフリカの起源だと結論している。これは、供えられていたソラマメやブドウなど数種の作物の種子の中から、わずか一粒だけ見つかったもので、カイロの博物館にあるはずだとされているが、その同定がされていない。今日では、ナイルの上流地方で飼料用にキマメが栽培されているが、エジプトでは、マメの種子は司祭たちによって「清浄な食べ物」ではないとされ、墳墓への供物には含まれなかった。インドでは、紀元前二世紀ごろ以後のマハラシュトラ州ボカルダン遺跡で、小粒のキマメの炭化種子が出土しているが、種子の形状に特徴がないことが同定を困難にしている。(37)

（＊5） エジプト第一二王朝は、紀元前一九八五年ごろ〜同一七九五年ごろである。ドラ・アブ・ネッガ墳墓は、新王国時代第一八王朝を中心とした貴族たちの四〇〇基を超す岩窟墓の一つで、ナイル河西岸のツタンカーメンの墓で有名な「王家の谷」の東にある。(38)だとすると、その年代は、紀元前一五五〇年ごろ〜同一二九五年ごろになる。

キマメの最古のサンスクリット語名の〈*adhaki*〉が、紀元前七〇〇年ごろの『チャーラカ』〈*Charaka*〉や、紀元前四〇〇年ごろの『スースルタ』〈*Susruta*〉などの文書に出ている。紀元前二〇〇年ごろから三世紀ごろのジャイナ教や仏教の経典にも出ているが、その後、一六世紀ごろにも見出される。なお、一七世紀ごろの南インドのカンナダ語（カルナタカ州）のキマメの名は、〈*krishnadhaki*〉で、「黒い（種子の）キマメ」を意味する。

カウティリャ（前出）は、「キマメ」を〈*udaaraka*〉と呼んでいるが、これは、『アルタシャーストラ〈*Arthasastra*〉』に出ている「長い茎を持つマメ」を意味する〈*udaara*〉か、あるいは、「粒（マメ）を割ること」を意味する〈*daara*〉と関係があると考えられる。このほか、紀元前二〇〇年ごろの記録で、キマメは、〈*adhaki, kakshi, tuvarika*〉などと呼ばれている。

先に挙げたキマメのヒンディ名の一つで、北インドで用いられている〈*arhar*〉の語源は、サンスクリット語の「二つに割ったその一つ」、「二つに割る」などを意味する〈*ardha*〉が最も近く、前記の〈*daara*〉とも近い。これは、ほかの多くのマメもそうだが、乾いた子実は硬く、全粒のままで食べることがとくに少ない、キマメの基本的な前処理、すなわち、「挽き割り」にすることに由来すると考えられている。キマメは、ダルにしてコメといっしょに煮て食べたり、チャパティに混ぜたりしているが、ヒヨコマメに比べると、料理の数が少ない（第十章）。

もう一つの名前の〈*tur*〉は、サンスクリット語の「渋い味」を意味する〈*tubara, tuvara*〉に由来しており、これが〈*tuvara*〉、さらに、〈*tuvarika, turri*〉などに転訛して、南インドでの名前になった。グジャラート州では、未熟な渋味が残るキマメを食べている。

③ヒラマメ〈*Masur*〉

原産地は西南アジアで、インドには、トルコ、あるいはキプロス地域から伝わったと考えられているが、南インドがその変異の多様性の中心になった[39]。ハラッパ文明の遺跡から出土しているが、事例は少ない。ラテン語の属名〈*Lens*〉が意味するように、祖先種とされるオリエンタリス種の種子はレンズ状をしているが、南インドの自生種はへこんでおり、「枕」を意味するサンスクリット名の〈*masura*〉が、その形状にはふさわしい。インドのすべての地方語名が〈*masura*〉であることは興味深いが、トルコ語名〈*mermek*〉と、旧ペルシャ語名〈*marjunak*〉は、表音的にこの〈*masura*〉に近い。なお、現代のアラビア語とペルシャ語では〈*adas*〉である。ヒラマメのサンスクリット語名には、ほかに〈*mangelya*〉があるが、「火

星 *Mars*」を意味する〈*mangal*〉との関係がうかがわれるという。

ネネ（二〇〇六）[12]は、アーリア人のインドへの侵入はなかったとする説があるが、このヒラマメに関するかぎり、インド亜大陸では一〇〇〇年も前から生育しており、『ブリハドアーラニヤカ・ウパニシャッド〈*Brahadaranyaka Upanishad*〉』（紀元前五〇〇年ごろの数百年間に成立したとされる『リグ・ヴェーダ』文献に属する哲学書）、そのほか、紀元前七〇〇〜同四〇〇年ごろの文書や、カウティーリャ（紀元前三二一〜同二九六）の書にも、〈*masura*〉の名前と栽培のことが出ていることから、ヒラマメの「栽培化」については再考する必要があると述べている。

インドには、ヒラマメを、その赤い種子の色が肉類に似ているという理由で、食べることを拒否する一派がある。

④リョクトウ〈*Mung*〉

⑤ケツルアズキ〈*Urd*〉

このインド生まれの二種のうちで、リョクトウは、世界の各地、とくに熱帯、亜熱帯のアジア諸国に栽培が広がっているが、ケツルアズキは、南アジアにやや多い傾向がある。ヴェーダ文献の『ブリハドアーラニャカ』には、ケツルアズキが、そして、『ヤジュール・ヴェーダ』にリョクトウが出ている。

インドで栽培されている近縁の種、ビグナ・トリロバタのサンスクリット語名〈*mudgaparni*〉は、「リョクトウに似た葉の植物」、また、ビグナ・ダルツェリアナ（*Vigna dalzelliana*）の〈*mashparni*〉は、「ケツルアズキ（*mash, masha*）に似た葉の植物」を意味する。サンスクリット名の〈*mudga*〉が、北インドでは、ヒンディ語で〈*mung*〉となったが、タミル語では〈*pasipayir*〉と呼ばれている。

ケツルアズキは、そのサンスクリット名〈*mash*〉が、パンジャブ州や、ウエスト・ベンガル州（*mash kalaya*）に残っているが、他のすべての地方では、タミル語の〈*ulundu*〉から転訛した〈*urad*〉と呼ばれている。

英国人の植物系統分類の大家、W・ロックスバラ（Roxburgh, W.「インド植物学の父」と称えられた）が、学名の「ビグナ・ムング」を、「ムングビーン（リョクトウ・学名ビグナ・ラディアータ）」ではなく、「ケツルアズキ」に与えたことでよく両種の学名の混乱が起こるという話は有名である。ネネは、この植物分類における歴史的ナンセンスに結末をつけるべきは、インド人の植物学者であると述べている。

九世紀ごろには、すでに穀類との混作など栽培法の記述があり、また、一六世紀ごろになると、リョクトウには種皮色が、緑、黄、赤、そして黒色の種類があること、また、ケツルアズキには、黒（大粒）、褐、緑色（小粒）などの種類があることが出ている。紀元前八〇〇〜同三〇〇年ごろに、ケツルアズキのダルでつくる発酵食品〈*vatakas*〉が、今日の〈*vadas*〉である。また、紀元前四〇〇年ごろに〈*parpata*〉と呼ばれていた食べものは、今日の「パパド」である。

ケツルアズキとコメを発酵させてつくる酒が古代からあったが、ブッダが、弟子たちにリョクトウのスープを勧めたことや、ケツルアズキのダルは、粘りがあって美味しく、栄養価が高いので、とくに授乳期の母親が食べるのが良いという、紀元前六世紀ごろの記述がある。だが、リョクトウのスープは食べものとしては劣る、食べることを避けよという、相反する記述もあった。

⑥ホースグラム〈*Kulthi*〉

インド亜大陸生まれで、食用としての利用の歴史は、紀元前二〇〇〇年ごろまでさかのぼる。[14] 古代の文献「*Brahadaranyaka*」(補足1)と『リグ・ヴェーダ』には〈*khatakula*〉、『ヤジュール・ヴェーダ』には〈*kulattha*〉として出ている。仏教やジャイナ教の教典、そして、『カウテイーリヤ・アルタサーストラ』などでは、〈*kulattha*〉と呼ばれて、貧しい人々の食べものとされている。また、「スースルタ」(紀元前四〇〇年ごろ)では、ホースグラムの野生種が〈*vanya-kulattha*〉と呼ばれている。タミル文献の「サンガム〈*Sangam*〉」(紀元前一〇〇年ごろから紀元後三〇〇年ごろ)の〈*kollu*〉は、〈*kullattha*〉が転訛したものと考えられているが、南インドでは、〈*mudhira*〉とも呼ばれている。[31]

ホースグラムは、紀元前一五〇〇〜同八〇〇年ごろに、〈*yusa*〉と呼ぶスープとして食用にされていたが、これは、今日の〈*rasams*〉である。

⑦モスビーン〈*Vanamudga*〉

インド亜大陸生まれのマメで、最古の記録は、『ヤジュール・ヴェーダ』の注釈書『タイチリヤ・ブラーフマナ』に、サンスクリット語名で〈*makushata, makushtaka, vanamudga*〉(「野生のリョクトウ」を意味する)として出ている。インドのほとんどの地域での名前が、この〈*vanamudga*〉に由来するが、タミル語のみが〈*narippayir*〉と呼んでいる。

雨季の作物だが、亜大陸全域で耐乾性の作物として高度一二〇〇メートルの地域まで栽培されてきた。最大の産地とされるラジャスタン州東北部のドールプールでは、市場での値段がコムギより高かったといわれている。古文献には食用についての記録がないが、今日では、インド西部ではスープとしてよく食べられている。ヒツジ(カシミール地方)や、雄ウシ、ウマの肥育用の餌として与えたが、雌ウシには泌乳量がおちるとして与えなかったという。薬用として、根の成分が熱冷ましに効く、また、催眠作用があるとされている（第七章・図Ⅶ―7）。

⑧エンドウ〈*Matar*〉

エンドウは、マラティ、カンナダ、テレグの諸語では〈*vatana, vatani*〉、タミル語では〈*patani*〉と呼ばれている。これらに対して、北インドで〈*matar*〉と呼ばれるのは、サンスクリット語の「雹《ひょう》」を意味する〈*matachi*〉、または、〈*matati*〉に関係があるとされている。アラブ人も、ペルシャ人もエンドウを伝えていないので、インドへの伝播の道筋をたどることが難しいが、彼らのどちらの言葉にも、サンスクリット語名に通ずるエンドウの名前がない。温帯気候のカシミール地方でも、エンドウは、その適地を見つけられなかったようである。

ネネ（二〇〇六）[12]は、アマラシンハ（*Amarsimha*）の著書、『アマラ・コーシャ *Amarcosa*』（六〜八世紀ごろに成立したサンスクリット語辞書）[40]に、エンドウが〈*satina, khandika, harenu*〉として述べられていることを見つけている。また、ヒヨコマメをさす〈*kalaya*〉を、エンドウとしている例[6]があるが、中世のころのインドでは、ペルシャ語や、アラビア語からの借用語が多かったので、これは、おそらくアラビア語のエンドウ〈*kharaj*〉に由来するものと思われる。ほかに、『ブリハト・サンヒータ』[*6]には、エンドウは〈*va-tala*〉として出ており、また、『バーバプラカシュ』（*Bhavaprakash*）（一六世紀ごろ）には、〈*vartula, satina, hareneku*〉として出ている。

（＊6）「*Brhat-samhita*」七世紀ごろのインドの占星家ヴァーラハータが著した占いの書。占いの三大分野の一つが「サンヒター」である。天象だけでなく、動植物、鉱物、食物など人間を含む自然界のあらゆる現象を前兆として述べた古代インド文化の百科全書ともされる[41]。

⑨フジマメ〈*Sem, Vaal*〉（図Ⅲ—3）

最近では、アフリカ生まれが確かと考えられているが、[14] フジマメのインドでの栽培・利用は、紀元前三二〇〇〜二〇〇〇年ごろまでさかのぼることがわかっている。『アユール・ヴェーダ』（補足1）では、サンスクリット語で、若莢用の種類を〈*shimbi*〉、また、子実用は、マメ類の総称でもある〈*shimbidharya*〉（「莢の中にできるマメ」）と呼んでいる。[21]

このほか、サンスクリット語では〈*nishpava, rajshimbi, vallaka*〉などの名前があるが、これらと関係がある名前が、ジャイナ教文献（紀元前二〇〇年ごろから約三〇〇年後までのころ）の〈*nippava, valla*〉のほか、今日のヒンディ名〈*sem*〉、マラティ語名〈*pavate*〉、グジャラティ語名〈*valpapdi*〉などに見られる。だが、タミル語名〈*mochai*〉と、マラヤーラム語（ケララ州のタミル語とサンスクリットとの混合語）の名前の〈*avare*〉については、語源が明らかでない。

⑩ササゲ〈*Lobhia, Lobia, Chowli*〉（第四章・図Ⅳ—1）

インドでは二〇〇〇年前ごろから知られており、ハラッパ（インダス——サラワスティ）文明の遺跡から種子が出土しており、インドがササゲの変異の多様化の中心地域の一つになった。ササゲは、「チャラカ「*Charaka*」[*7]（紀元前七〇〇年ごろ）」に、サンスクリット名の〈*rajmash*〉として出ているが、『アユール・ヴェーダ』にもこの名前で出ている。だが、この呼称を、近ごろ「インゲンマメ」に用いられている〈*ra-jmah*〉と混同しないよう注意が必要である。他に、サンスクリット語名の〈*mahamash*〉と〈*chapala*〉があるが、ジャイナ教文献には〈*chavala*〉として出ている。

また、ヒンディ語で、近ごろの一般的なササゲの名前は、「ロビア」〈*lobia*〉と「チャヤウラ」〈*chaura*〉

であるが、『アーイーネ・アクバリー』（前出）には、ササゲの子実が、ペルシャ語で〈*lobhia*〉と呼ばれて市場で売られていたと述べられており、〈*lobia*〉は、ペルシャ語に由来すると考えられる。だが、サンスクリット語で〈*lobhya*〉は、「うっとりする、魅惑的な」という意味で、ササゲの名前ではない。[*8]〈*chaura*〉や、グジャラティ語名〈*chola, chorap*〉、マラティ語名〈*chavalya*〉などは、ジャイナ教文献にある〈*chavalya*〉や、前記のサンスクリット語名〈*chapala*〉に由来すると考えられる。

また、テレグ語名〈*alasandulu*〉と、カンナダ語名〈*alasande*〉は、ササゲが、北アフリカのアレクサンドリアからインドの西海岸に伝わったことを示しているという説があるが、〈*alasande*〉は、サンスクリット語の「鼓腸症」を意味する〈*alasaka*〉か、または、ササゲが売られていたという、アレクサンダー大王が発見したカブール（現アフガニスタンの首都）近くの都市の名前「アラサンダ」に由来するのではという説もある。なお、タミル語名〈*karamani*〉の語源については明らかでない。ササゲは、大粒の種類が美味で栄養価が高く、飼料で与えると、雌ウシの泌乳量を増やすとされている。

（＊7）〈*charaka*〉は、ネネの引用元の文献には〈*Charaka Samhita*〉とある。これはカニシカ王時代（二世紀ごろ）の侍医チャラカの名が冠せられたインドの二大古典医学書の一つである。[41]

（＊8）アチャヤ（一九九四）[30]は、ササゲのサンスクリット名を〈*nishpava*〉とし、紀元前四〇〇年ごろの仏典にも出ていると述べている。また、ヒンディ語名〈*lobia*〉の語源は〈*lobhya*〉であり、〈*chaura*〉を〈*chowli*〉としている。

⑪ガラスマメ〈*Khesari*〉

欧州南部地方の原産が明らかである。インドでは、紀元前二〇〇〇年ごろのビハール州の遺跡から種子が出土している。サンスクリット語名の〈*triputa*〉、〈*khandika*〉に対して、ヒンディ語、ベンガリ語、お

図Ⅲ－7　ガラスマメの完熟子実と結実中の植物（インド産，高知大学農学部，1972年7月）

よび、オリヤ（オリッサ州）語では〈*khesari*〉、タミル語では〈*khesari parippu*〉、マラティ語では〈*lakh*〉、そして、テレグ語では、〈*lanka pappu*〉と呼ばれている。このように、インドの諸地方語にサンスクリット語名が用いられていないことは、ガラスマメの起源が、インド亜大陸以外からの伝播であることを示している。〈*khesari*〉は、種子のサフラン色に由来するが、筆者がインドやバングラデシュで収集した在来品種の種皮は、灰～暗褐色で、斑点がある。花は鮮やかな青色である（図Ⅲ―7）が、赤紫色や白色などもある。

『アーイーネ・アクバリー』（前出）には、このマメは、貧しい人々が食べているが、食べると健康を害すること、体の麻痺、無気力を起こすことが出ている。これは、今日の「ラチルス病」のことである（補足2）。

⑫ソラマメ〈*Baqla*〉

西南アジア生まれで、歴史が古い食用のマメだが、インドではよく知られたマメとは決して言えない。インドに住んでいる欧州人は、ソラマメを園芸植物として栽培していた。おそらくスルタンの時代（一二〇六～一五五五年）にインドに伝わったと考えられ、栽培のことが記録に出ており、ペルシャ語名の〈*baqla*〉が、今日のヒンディ語名になっている。ダーラ・シコー[*9]は、著書のなかで、この〈baqla〉について、『アーイーネ・アクバリー』（一五九〇年代。前出）では〈rajimash〉（ササゲ）から変化したと思われる〈rajmann〉の名で出ていると述べている。

（＊9）*Dara Shikoh*（一六一五〜五九）インドのムガール帝国第五代皇帝シャー・ジャーハーンの長男。帝位継承者に指名されていたが、父の死後、弟たちとの帝位争いが起こり、三男アウラングゼーブに敗れ、ついに処刑された。宮廷随一の学者で、「マハーバーラタ」などのサンスクリット古典のペルシャ語訳を行った[36]。

四　サンスクリット名をもつマメ――「グアル」

インドのマメとしてよく知られているが、若荚の野菜としての伝統的な利用の他、近年、子実の胚乳部に含まれるガム質の食品工業などにおける多様な用途から、世界的に需要が増大している（第十章）。インド亜大陸で広く栽培され、サンスクリット名も持つマメだが、このグアルについて指摘されている疑問に触れておきたい。

グアルが属する「キャモプシス属」の仲間は、三〜四種が知られており、野生種が東アフリカのセネガルや、サハラ砂漠南部のサヘル地方に自生するが、経済的に重要な栽培種はグアルのみである（第十章・図X—17〜19）。属名の〈cyamopsis〉は、ギリシャ語の〈キアモス〉（マメ）と、〈プシス〉（〜に似た）から成るが、グアル〈guar〉[42]の語源は、サンスクリット語の「乳牛」を意味する〈go, gau〉に由来する。総数では一二二例もある、インドからパキスタンにかけての地域における現地語名のヒンディー、マラティー、グジャラティ、そして、パンジャビなどの諸語で、〈go, gau〉から転訛した〈gavar, gawar, goor, gowaree, *gourel, goval, guara, guwar, guar*〉などが、その約半数を占めている。

南インドでは、英語名の「クラスタービーン」（莢実が房状に群がって着くマメの意味）でも呼ばれているが、その語源は、「肥厚した莢が房状に見える」という意味のタミル語〈*cottaveraykai, kothaverai*〉の訳語である。

アフリカ大陸中東部の沿岸地域では、スワヒリ語で、グアルが〈*mgwaru*〉と呼ばれており、英国人、または北インドの商人によって、二十世紀初頭ごろにインドから導入されたことを示すものと考えられているが、アラビア語で、グアルが〈*hindia*〉と呼ばれており、グアルのインド原産を示唆する説がある。(42~44)

しかし、グアルがインド亜大陸のどこで、いつごろ栽培化されたのかについては、新石器時代の遺跡からの出土例がなく、栽培化や利用に関する古い記録も欠けている。

インドにおけるグアルの栽培化については、ハイモウイッツ（一九七二）(45)の「トランスードメスティケーション」（「導入栽培化」(46)）説がある。

これは、マルコ・ポーロも述べているとされるが、気候条件やインド人の知識の不足などで、デカンや南インドではウマが育成されず、インドの富の多くがアラブからのウマの輸入のために費やされたという。それで、おそらく九～十三世紀ごろのある時期と考えられているが、アラブ人のインド貿易船に大量に積んでいたウマの飼料の乾草のなかに、グアルの野生の仲間のセネガレンシス種の種子が混入していて、それがインドの北西部から西パキスタンの乾燥地域に伝播して定着した。そして、それらのなかの乾燥に強い系統が原種になって、グアルが栽培化された。すなわち、祖先種が自生していた地域で栽培化されたのではなく、自生地域から遠く離れた地域に人間の移動によって伝わった野生種が、その導入地域で栽培化されたと考える説である。

ところで、このグアルのインドにおける初期の栽培、利用の記録について、疑問が出されている。(45)まず、インドでは、グアルのことがアレクサンダー大王時代の十七世紀ごろの農業や、租税の記録、あるいは、インドを訪れた商人、船員、兵士、旅行者、聖職者などによる旅行談や、日記などに出てこない。唯一の記録は、兵士たちが〈*voukeras*〉と呼んでいた植物が「グアル」らしいという指摘(47)だとされている。また、インド亜大陸の新石器時代の遺跡からは、グアルの出土が知られていないが、先に示したグアルの古い呼称は、植物の記載で権威があるヴェーダ文献に現れないという。

そして、グアルが〈*Gwarkiphalli*〉の名で最初に現れるのは、十九世紀になって、ビシュヌ・ヴァスデヴ・ゴカレによって出版された、サンスクリット文献の「Nighantur Rathakara」(一八六八年)と、「Shaligrama Nighantu」(一八九七年)であるが、どちらにもその根拠が示されていない。さらにまた、これらに出ている、次の七つの「グアル」とされる植物のサンスクリット名のうちで、(48)三つは、植物とは関係のない意味の言葉であり、他の四つも、グアルとは全く別の植物だとする見解がある。

- *Dridhabija*……「硬い種子をもった」→「エビスグサモドキ(マメ科)*Cassia tora*」・「サネブトナツメ *Zizyphus jujube*」・「アラビアゴムノキ(マメ科)*Acacia arabica*」
- *Sushaka*……「野菜として優れる」→「オクラ *Abelmoschus esculenta*」
- *Vakrasimbi*……「ねじれた莢をもった」→「エビスグサモドキ」
- *Bakuc(h)i*……「語意不詳」→「オランダビユ(マメ科)*Cullen carylifolia*」
- *Gorani*……「黄色や白色のマメ」(特定の植物名ではない)
- *Gorakshaphalini*……「ウシのマメ」(特定の植物名ではない)
- *Nishandhhyaghni*……「夜盲症に効く」(特定の植物名ではない)

このように、グアルは、インドでの栽培化を裏付ける考古学的な事実がないのに、どうして、サンスクリット文献に名前があるのか、しかも、それがなぜ十九世紀までしかさかのぼれないのかという、いささか複雑な疑問が出ているのだが、これに対しては、一つのうがった解釈[49]がある。

すなわち、十九世紀における『アユール・ヴェーダ』の伝統的医術の復活は、英国式近代医学に対する巻き返しであったが、それは、外来の新しいものを古くて土着のものだと装おうとする努力であることが明白なインドの象徴的伝統主義が絡んだ民族主義的熱情がさせたものだった。これと同じような文化的環境が、グアルにサンスクリット名を与えさせたというのである。グアルの原種であるアフリカ原産の野生種（セネガレンシス種）に、サンスクリット名が与えられていることに、そもそも疑問があった[45]。

（補足1）「ヴェーダ」について

「ヴェーダ」（*Veda*）は、インド最古の文献で、紀元前一五〇〇年ごろ、インド西北部のパンジャブ地方に侵入したインド・アーリア人の宗教、バラモン教の根本聖典の総称である。その本集が「サンヒター」で、讃歌、祭詞、呪法讃歌を含む基本的部分（「マントラ」）が、『リグ・ヴェーダ』、『サーマ・ヴェーダ』、『ヤジュール・ヴェーダ』、『アタルヴァ・ヴェーダ』の四種に分類される。「ヴェーダ」文献の成立年代について、辻（一九六七）[50]は「……ヴェーダを構成する主要作品のどれ一つとして、成立年代の確実なものはない。……今仮にヴェーダの代表的部分の成立を、およそ紀元前一五〇〇年、あるいは、一二〇〇年から紀元前五〇〇年の間に想定し、……各種作品をこの間に配列すれば実際上さしたる支障を生じない。……」と述べている[12]。

ネネ（二〇〇六）は、ヴェーダの成立年代を「紀元前八〇〇〇年ごろから同一〇〇〇年ごろの間」としている。また、『*Brahadaranyaka*』の成立年代は「紀元前五〇〇〇年ごろ」としている。また、『アユール・ヴェーダ』は、「アタルヴァ・ヴェーダ」の医学関係の記載が独立したものである。(51)

（補足2）「ラチルス病」について

「ソラマメ病（*Favism*）」（第八章）とならんで、古代ローマ、ギリシャの時代から知られていたといわれている、マメ子実の有害成分（第八章・表Ⅷ―2）によるもう一つの有名な病気が、「ラチルス病」（*Lathyrism*）である。この名前は、スイートピーや、ハマエンドウの仲間で、地中海東部から西南アジア地域の起源と考えられている、「ガラスマメ」（チックリングベッチ。インドや、バングラデシュでは、ケサリ、ケサリダールなどの名で呼ばれる）（*Lathyrus sativus*）の学名からきている[*1]（図Ⅲ―7）。

筆者は、インドの大都会、ボンベイ（ムンバイ）で、ひざから下がしびれて、歩行が不自由になっている男性の物乞いに出会ったことがあるが、このような人たちの中には、若い時に、この「ラチルス病」に罹った人が多い。最近では、インドでは一九七四年にマデイア・プラデシュ州で大発生しているが、バングラデシュでは、西部のラジシャヒと、クシュティア両県のガラスマメの栽培が多い特定の地域で、一九七〇年代に集中的に大発生している。この病気の発生が、疫学的、社会的に注目されているのは、耕地をもたない貧しい農民たちの間に多くみられ、貧困と深く関係していることによる。

「ラチルス病」の命名は、イタリアのA・カンタニ（一八七二年）によるが、最初の病理学的な記載は、R・ストックマン（一九二九年）によってなされている。フランス、スペイン、シリアなど中近東、ロシア、北アフリカ、インドのなどで多く発生しているが、その原因が、子実に含まれる遊離のアミノ酸の一種のベータ・N・オキシルアミノアラニン（BOAA）など、神経毒物質によることが明らかにされており、ガラスマメのほか、同属の近縁種や、カラスノエンドウなどからも分離されている。ガラスマメでは、毎日三〇〇グラム以上を数週間食べ続けると危険とされている。発病が貧困と関係があると述べたが、旱魃などで穀物が値上がりすると、「不可触賤民」と呼ばれる最下層カーストの、土地なしの日雇い農民への労賃が、このインドでも最も安いマメで支払われるということもあって、急性中毒症も多く発生した。

ある英国の軍人が、一八四四年にロンドンで出版した回想記の中で、その惨状を、次のように述べている[52]。

「一八二九年は、サウゴール（*Saugor*）[*2]と、その周辺の村々では、春のコムギなどが雹害や多雨で全滅したが、翌年も翌々年も病虫害にやられた。だが、この凶作の畑で、野生のマメだけが青々と育っていたが、村人たちが、「ケサリ」とか、「テオリ」と呼んでいるこのマメだけが彼らの食料になった。茎葉は家畜に与えられた。しかし、その二年後、村人たちの間に悲惨な出来事が起こり始めた。三〇歳以下の若い人たちの間で、全く手足の自由が利かなくなり、下半身がマヒする症状が突然、現れ出したのだ。どこの村でも、男女の区別なしに、若者たちの半数が、一八三三年からその翌年の間に発病した。彼らに共通していたことは、みなが同じくらいの量のケサリを食べていたことだった。一八三四年以後になって発病は終息したが、彼らの中には、上流家庭や、上層カーストの若者も大勢いたが、彼らに再び手足の自由が甦ることはなかった」

ガラスマメは、インドでは一九七〇年代には、全国で約二五〇万ヘクタールの栽培があるが、北部のマディア・プラデシュ、ビハール両州がその七〇パーセント以上を占めている。コムギとの混作や、収穫前のイネの株間に播く間作も行われている。食べる前に、ダル（挽き割り）をよく水晒しをしてから煮ることで、ほとんど無害になるが、農民たちに、他のマメに変えるように勧めても、旱魃に強いこのマメの栽培をやめないということが、「ラチルス病」の発生が毎年、後を絶たない理由になっている。

インドやバングラデシュでは、在来品種では、約一パーセントとされるBOAA含量に対して、〇・一五〜〇・三％という低毒性系統が発見されている。他のマメよりも一〇パーセントも高い、約三〇パーセントという、ダイズにも匹敵する子実の高タンパク質含量に加えて、耐乾性など不良環境に強い品種ができれば、他の乾燥〜半乾燥熱帯地域の貧しい人々にとっても大きな救いとなる。(4・53)

（＊1） この植物の和名を、「ガラスマメ」とした経緯は明らかでないが、「*grass-pea*」の誤訳である。「ソラマメ病」(第八章) とともに、筆者が、「ラチルス病」と呼ぶことを提案した。(54)

（＊2） 現在のマディア・プラデシュ州北部のサーガル県都サーガル（Sagar）。一八一八年に英国東インド会社軍の駐屯地が置かれた。

第四章　アフリカにおけるマメの文化

一　自然環境と作物

狩猟・採集の時代が、旧大陸のほかの地域よりも長く続いたアフリカは、「人類の歴史においては最も古いが、農耕文化の歴史では最も新しい大陸だ」[1]と言われ、また、野生の植物を栽培化することにおいても、その寄与は小さかったと言われていた。しかし、西南アジアの「肥沃な三日月」地域で始まった農耕文化よりも、はるかに後発ではあったが、約一万年前ごろに、アフリカ大陸でも中石器時代の終りごろから新石器時代にかけて、「ネグロ・アフリカン」による独自の高度な農耕文化の芽生えがあったという考古学的事実が明らかになった。

アフリカ大陸は、その広大で複雑な地形と気候条件に加えて、地中海・西南アジア地域、インド亜大陸などに隣接するという地理的条件によって、それらの地域だけでなく、それらの地域を介して東南アジア地域との交流もあった。さらには新大陸との深い関係も生まれて、先発の農業地域から多くの栽培植物を受容し、それらの遺伝的変異の第二次中心地域にもなって、世界各地への作物の伝播の仲介の役割も果たした。その結果、アフリカ大陸で栽培化された作物としては、マメは、ササゲのほかにはバンバラマメとゼオカルパマメしかないが、穀類（アフリカイネ、フォニオ、トウジンビエ、シコクビエ、テフ、モロコシ）、根菜類（ヤムイモ、エンセーテバナナ）などのほか、ヒョウタン、オクラ、スイカ、タマリンド、ケナフ、アブラヤシ、ゴマ、ヒマ、ニガーシード、ワタ、コーヒーなど、極めて多様で、今日でも重要な食料、油料、繊維料、嗜好料の作物が、乾燥から湿潤までのさまざまな環境条件下で、多くの民族による伝統的な農法によって栽培され、進化してきた[2~8]（表Ⅳ—1）。

第二章で、世界の食用作物の原産地と、第二次伝播の中心となった地域として、アフリカ大陸については、「東アフリカ」、「スーダン・サヘル」、「セネガンビア」、および、「ギニア」の四地域を示した（図Ⅱ—1）が、ハーランら（一九七六）[5]は、これらの地域の中で、「スーダン・サヘル」地域の持つ東西への大きな広がりの意味を指摘した。そして、アフリカ大陸で野生植物の栽培化が最も進んだのは、生態的条件の差異が大きい次の三地域だとして、それぞれの地域で生まれた主な作物を挙げている。

・東アフリカ・エチオピア高地——ナイル河流域
　テフ・ニガーシード・エンセーテバナナ・シコクビエ・チャット
・サバンナ地帯——西アフリカ・ニジェール河流域、スーダン・サヘル地域
　モロコシ・トウジンビエ・バンバラマメ・アフリカイネ・ワタ・フォニオ・ローゼル・スイカ・シアバターノキ・パルキア・ゴマ
・ギニア湾岸内陸部——雨林〜サバンナ移行地帯
　アブラヤシ・ヤムイモ・ササゲ・ヤムビーン・ギニアミレット・ブラックフォニオ・ハウサポテト

表IV-1　アフリカの栽培植物——種類と原産地（マードック 1959）

種　類	原産地				
	西アフリカ	エチオピア	西南アジア	東南アジア	アメリカ
穀類	フォニオ トウジンビエ モロコシ	シコクビエ テフ	オオムギ コムギ	イネ	トウモロコシ
マメ類	ササゲ		ソラマメ ヒヨコマメ レンズマメ エンドウ	リョクトウ ケツルアズキ キマメ ナタマメ	インゲンマメ リママメ
イモ及び根菜類	コレウス[1)] バンバラマメ* ゼオカルパマメ* ギニアヤム	エンセーテ バナナ	タマネギ ダイコン chufa[2)]	タロイモ ヤムイモ	キャサバ サツマイモ ラッカセイ* マランガ
葉菜類	オクラ	クレス	キャベツ レタス	Jew's Mallow[3)]	
つる性・ほふく性作物	ヒョウタン スイカ		ブドウ メロン	キュウリ ナス	パイナップル カボチャ トマト
果実類	アキーアップル[4)] タマリンド		イチジク ナツメヤシ ザクロ	バナナ ココヤシ マンゴウ	アボガド パパイア
香辛料・嗜好料・飲料作物	コラ ロセラ**	コーヒー フェヌグリーク アビシニアチャ	コリアンダー ニンニク ケシ	ショウガ サトウキビ タイマ	カカオ コショウ タバコ
繊維作物	タイマ ワタ		アマ		
油料作物	シアバターノキ アブラヤシ ゴマ	ヒマ ヌーグ	オリーヴ ナタネ ベニバナ		

1）イモジソ。塊茎をジャガイモの代用に食する。 2）ショクヨウガヤツリ　3）ナガミツナソ　4）果実は有毒。種子下部の肉質の種衣を食用。
*マメ科。 **ソレルノキ rosella, *Hibiscus sabdarifa*

ここでは、東アフリカと西アフリカの自然環境と主な作物について、その概要を述べる。

(1) 東アフリカ

一九八〇年の七月、筆者は、約三週間の瞥見の旅だったが、ケニア、スーダン、そして、ナイジェリアの農業地帯を訪ねた。スーダンでは、ハルツームから南へ砂漠地帯を抜けて、ワド・メダニで、上流のダムで流れが穏やかなナイル河の支流、青ナイルの岸に立った。両岸の洪積平野地帯は、スーダン綿の産地としても知られるが、青ナイルの水を利用する大規模畑作灌漑プロジェクトの成功例、「ゲジラ・スキーム」で有名な地域でもある。そして、二〇〇二年の十一月にエジプトを訪ねて、ルクソールの対岸にある「王家の谷」でツタンカーメン王墓を訪ねた後、ナイルの上流のアスワンで、旧ダムとハイ・ダムを見た。カイロからアレキサンドリアまでは、ナイル・デルタ地帯を貫く「農業道路」と呼ばれている高速道路を走ったが、その両側には、スプリンクラー灌漑で、緑が豊かな果樹や野菜などの畑作地帯が広がっていた。

ナイル河谷地域では、紀元前四〇〇〇年ごろには新石器時代が終って、鉄器の普及が始まっている。それは、同じころ、いわゆる「新石器時代の湿潤期」で緑があり、肥沃であったサハラ地域で農業が始まった時期よりも数百年も早い[9]。カイロの南西約一〇〇キロ、広大なオアシスがあるファイユーム低地では、新石器時代のエジプト最古の農業文化の痕跡が知られており、紀元前四四〇〇〜同四一〇〇年ごろには、すでにオオムギ、エンマーコムギ(二粒系コムギ)、アマ、ヒラマメなど、西南アジアから伝播した穀類やマメが栽培されていた。アスワン北部の遺跡から出土した、後期旧石器時代(約一万八三〇〇〜一万七〇〇〇年前ごろ)のものとされる炭化種子が、野生の一粒コムギやオオムギだとする説がある。これが事実とすると、西南アジアよりもはるかに古い時代に、サハラ砂漠の東端のナイル河流域でも穀物栽培が始まった可能性もでてくる。だが、遺跡から出土する種子作物の種類や、その種子がかなり大粒化していることなどからは、ナイル河谷流域とエチオピア高地の初期農耕文化のどちらも、東アフリカで独立して発達したものと考えるよりも、隣接の西南アジア地域の先進農耕文化の影響を大きく受けつつ、スーダン・サヘル－サバンナ地域で生まれたアフリカ独自の農耕文化が、それらと融合しながら発達してきたと考えるのが妥当であろう。

全長約六七〇〇キロメートルの大河ナイルは、赤道地域にあるビクトリア湖西岸から西のエドワード湖に流れるカゲラ河を源とすると、白ナイル（全長一九三〇キロメートル）と呼ばれるナイル上流の支流群と、エチオピア高地のタナ湖から発する青ナイル（全長二〇三〇キロメートル）と、その支流群から成る。ルアンダのルエンゾリ山地の氷河に発する白ナイルは、北へ下ってスーダン南部の沼沢地帯を抜け、ハルツームで青ナイルと合流し、スーダン東部のヌビア砂漠を抜けてエジプトに入ってから、大サハラ砂漠の東を北へ約二七〇〇キロメートル流れて、二つの支流に分かれる。そして、カイロを頂点とする「下エジプト」と呼ばれて、古代からの大農業地帯であった広大なナイル・デルタを形成して、地中海に注ぐ。[10・11]

原ナイル河谷は、約二五〇〇～一二〇〇万年前に大陸の隆起と侵食によって形成されたが、エチオピア高地の降雨に起因する夏から初秋にかけて起こった定期的な洪水で、河谷の底に大量の砂や泥粘土が堆積した。この厚さが数メートルにもおよぶ肥沃な黒い堆積土は「ケメト」と呼ばれ、古代エジプトの代名詞にもなったが、何千年にもわたって、両岸の耕地に豊かな作物の緑をもたらした。古代エジプトでは、「黒」は、肥沃、生命力、生命の再生と復活を象徴する色であり、砂漠の「赤・デシェルト」は、不毛、死を意味する色であった。

機上から見ると、ナイル河の両岸に沿って細く続いている濃い緑色の耕地が、その外側の、樹木が一本もない広大な砂漠、小高い山々と砂丘のうねり、そして、白く涸れあがった無数の川の跡が残る赤茶けた色の乾いた土地とくっきりと分かれている。

「アンモンの神は、……ナイルの水が溢れて潤す限りの土地がすなわちエジプトであり、エレパンティネの町（注。アスワンの島）より下方に住み、この河の水を飲むものはすべてエジプト人であるぞと告げた」と、ヘロドトス（紀元前五世紀）[12]が述べているが、文明論的にも、地誌的にも、「エジプトはナイルの賜物」であり、古代エジプト人たちは、ナイルの水の農業への恩恵に大きく感謝していた[13]。

国土の九五％を不毛な砂漠が占めるエジプトで、人間が住めるのは、「上エジプト」と呼ばれる二〇〇〇キロメートルに近いナイル河谷の両岸と、「下エジプト」と呼ばれる地中海沿岸に開けたデルタ地帯だけだといわれたが、ナイル河は、エジプト人の九九％を養ってきた。

ナイル河の水位は、毎年、五〜六月に極小となり、水源地域にモンスーンの雨が降ると、七〜八月にかけて急速に増水して九月に極大となるという、規則的な変化を示し、毎年、氾濫が規則的に起こった。増水期には、徐々に水深が増して最大七メートルにも達した。今日の年平均総降水量は、カイロでは約三〇ミリメートル、アスワンでは〇・六ミリメートル（『理科年表』二〇〇八年版）しか降らないが、古代のエジプト人は、ナイルの水位の季節的変化によって、一年間を増水、耕起・播種（冬）、そして、収穫（夏）の三季節に区分する農業暦を作った。ナイルの川岸の神殿の壁に遺る水位計（ナイロメーター）によって、増水や氾濫の時期を予測し、下流の都市に伝えた[11・14〜16]。

このようにナイル・デルタでは、夏の終わりごろに氾濫した水が退いた後から作物の作付けが始まるので、作物の栽培は秋〜冬作となる。今日のアスワンでは、十月からの約半年間は、月平均気温は二八・

一～一六・一℃であるが、月平均最低気温は一三・九～一一・七℃と低い。したがって、西南アジア起源のムギ類や、ソラマメ、ヒヨコマメ、ヒラマメ、フェヌグリーク（スパイス）などのマメや、アマ（繊維、油用）などが主作物となり、エチオピア高地の種子作物との共通性が見出される。だが、アフリカ起源の夏作のモロコシやトウジンビエは、氾濫耕地での作物にはならなかった。

耕地への灌漑は、毎年八月一二日の水位が増大する時期になると、堤防で囲んだ一定区画の畑に取水口から水位や流速に応じて調節しながら、耕地区画の末端の水位が三〇センチメートルになるように導水、貯留し、また、放流していく「ハウド」（水盤方式、貯留式灌漑）と呼ばれる方式で行われた。土壌が十分に保水すると、余った水は他の畑や水路に排除してから播種が行われた。この方式は、高水位の年には堤防の崩壊が多発するなどの欠点もあったが、水といっしょに肥沃な土がもたらされただけでなく、洪水の一部が地下に浸透して地下水となり、必要に応じて井戸でくみ上げて耕作に使ったが、土壌に酸素を供給し、熱帯の灌漑畑作農業で常に大きな問題となる、塩類集積の害を自然に防ぐ効果もあった(14・17)。

この「ナイル作」とも呼ばれた、洪水に依存する作物栽培は、一九〇三年に旧アスワン・ダムが完成し、通年灌漑が可能になるまで続いたが、一九～二〇世紀になって、エジプトでは人口が急増して食糧生産が必要になった。四五％の水が海に消えるので、「浪費家のナイル」と言われたナイルの水を貯えて、「ナイルの気まぐれ」を規制して耕地を維持し、さらに新規造成の八〇万ヘクタールの耕地のための水が絶対に必要となった。それを貯水量五〇億立方メートルの旧アスワン・ダムだけでは十分にまかなうことは出来なかった。一九六〇年に着工した、世界最大の貯水量一五七〇億立方メートル、灌漑、洪水調節、発電などの多目的ダム、アスワン・ハイ・ダムは、一九七一年に完成した。「ナイル河を支配する」といわれ、通年灌漑が可能になって農業の集約化も進み、夏作の割合が大きく増えて、トウモロコシ、モロコシ、そして、サトウキビのような商品作物の生産がさかんとなった。

しかし、農民は土地を失い、多くのヌビア文明の遺跡がダムの人工湖の底に沈んだ。氾濫による肥沃な土壌の供給がなくなって地力が低下し、塩害の発生が深刻化するという、新たな問題も生じている。(10)

(2) 西アフリカ

面積は約九〇〇万平方キロメートル、東西の幅が約五〇〇〇キロメートルもあって、アフリカ大陸を南北に分断する、地球上でもっとも広い砂漠、サハラ砂漠の南限は、ほぼ北緯一四度線付近にあり、西アフリカでは、モーリタニア南部、マリ、ニジェール、そして、チャドの中央部あたりである。生態的地域区分では、そこから南へ、サヘル、スーダン・サバンナ、湿潤サバンナの各地域がほぼ並行して分布し、そして、大西洋とギニア湾に沿って広がる森林地帯に続いている。「サヘル」とは、アラビア語で「縁、沿岸、周辺」を意味し、一般には、スーダン以西のサハラ砂漠の周辺地域を指す言葉である。西アフリカは、古くから旱魃が多発してきたが、灌漑施設が乏しく、伝統的な天水農業が営まれてきた。とくに一九六〇年代以降、降水量の減少傾向が続いて主食作物の減収が恒常化し、飢餓の問題が深刻化している。

西アフリカの国々は、年平均降水量が四〇〇〜一四〇〇ミリメートル以下の半乾燥熱帯〈SAT〉気候に属している国土面積の割合が、世界的にも非常に高く、平均六七%もある。そして、セネガル、ガンビア、マリ、ニジェールほか十か国を超える国々が、世界のSAT気候地域全体の面積の一七%を占めて、これらの地域の人口の二三%が、ほぼ完全に天水に依存した農業と移動放牧によって暮らしている。

西アフリカでは、緯度でわずか約五〜六度の違いで、年平均降水量が二五〇〜一三〇〇ミリメートルと、一〇〇〇ミリメートルもの大きな勾配が見られる。これは、この地域をはさんで北と南に位置する季節的な気団の動きのわずかなずれが、乾季と雨季が明瞭な西アフリカの各地域で降雨の不確実さをもたらすためである。(18) その結果、雨季の始まりと終わりの時期、日降水量とその時期的分布、雨季の長さなどが、例年よりも大きく変動して作物の十分な生育日数が確保できず、発芽不良や幼植物の枯死、生育量の不足などで大きく減収する。また、熱帯の高気温は、作物の蒸発散と土壌水分の蒸発による水分ロスを増加させて、旱魃の被害を助長する。とくに「ハルマッタン」と呼ばれる、北方からの大陸性の熱気団の風が吹くと、風食によって裸地から運ばれてくる微細な飛砂が、トウジンビエなどの若い葉に積もって、その五〇℃に近い熱や、降雨があるとその重さで作物が枯死することもある。

水分不足で生育期間が短縮されて、栽培できる作物の種類が制限される。これに砂質土壌の低地力、無施肥、栽培技術や品種改良の遅れ、病虫害など、多くの阻害要因が加わることで、農業生産への影響が相乗的に大きくなる。このようなきびしい自然的、社会的条件によって、世界で最もGNPが低いとされる西アフリカの国々の農業で、伝統的作物ではなかったラッカセイが高い地位を占めるようになったのには、植民地政策もあったが、耐乾性が優れ、比較的栽培がし易かったことのほかに、マメ科で、このような低地力土壌に適していたということがあった。(8) 西アフリカは、四気候帯地域に分けられるが、その農業的な特性は次のようである。

①「サハラ地域」――モーリタニア、マリ、ニジェール、チャドの一部。
平均年降水量が二五〇ミリメートル以下で、農業よりも移動放牧(ウシ、ラクダ、ヒツジ、ヤギ)が主な生業である。

②「サヘル地域(サブ―サハラ、北部サヘルとも呼ばれる)」――ニジェールの農業地域のほぼ全体、ナ

イジェリア北部、セネガルの約半分の地域、カメルーン北部、マリ、オート・ヴォルタ、チャドの一部。

雨季は五月〜一〇月、六〇〜一二〇日で、年平均降水量は二五〇〜七五〇ミリメートル、一二月〜二月がもっとも乾燥する。完全な天水農業で、作物は、トウジンビエ、モロコシ、ササゲ、ラッカセイ。

③「スーダン・サヘル（サヘル・スーダン）地域」——ガンビア全体、南部セネガルの大部分、ナイジェリア北部、カメルーン北部、ベニン、ガーナの一部。

最北部では、年平均降水量は七五〇ミリメートルだが、南部では地域差はあるが、一〇〇〇〜一三〇〇ミリメートルあり、雨季は一五〇日と長い。また、前二地域に比べて、降水量と雨季の変動の程度が小さいので、作物の種類も多くなり、主食作物には、トウモロコシ、天水栽培のイネが加わる。セネガル河と、ガンビア河に挟まれた狭い地域は、野生イネや、アフリカイネの進化の第二次中心地域として知られている。ラッカセイとワタが、換金作物として栽培される。このような農業的環境が、これらの地域の人口の大部分を支えてきた。また、栽培コスト投入の増加によって、作物の収量ポテンシャルが数倍以上に高められる可能性が認められている地域でもある。バンバラマメ、ゼオカルパマメの産地である。

④「他の南部の地域」——ギニアの北部・南部、および、大西洋、ギニア湾に面してひろがる森林地帯。

穀物と根菜類が主食となる。永年性樹木作物の栽培が可能で、スーダン地域、サヘル地域からの移動民を支えている。

二　アフリカのマメ

よく知られたアフリカ大陸生まれのマメには、世界の各地で栽培されているササゲ（カウピー）があるが、ほかには、西アフリカの一部に栽培が限られている地下結実性のバンバラマメ（フタゴマメ）」と、ゼオカルパマメくらいしかない（表Ⅳ―1・図Ⅳ―1～3）。

アズキや、リョクトウなどが含まれるササゲ属は、約八〇種が知られている。ササゲは、乾燥子実の利用が多いササゲ（ハタササゲ）と、野菜としての利用が多いナガササゲ（ジュウロクササゲ）の二変種が重要な栽培種となっている。野生型の分布から、サヘル・スーダン地域での栽培化は、ほぼ確かで、その時期は紀元前三〇〇〇年ごろとされ、その後、年代は明らかでないが、同二〇〇〇年ごろから、インド亜大陸を経て、アジア地域にも広がったが、わが国では一〇世紀ごろの農書に出てくる（第五章・表Ⅴ―1）。

ササゲの祖先種が自生するナイジェリアが、今日でも世界で最大の生産国だが、ニジェールなど、西および中央アフリカの諸国で多い（表Ⅳ―1）が、生産と利用では、新大陸から入ったインゲンマメが、はるかに重要なマメになっている。モロコシ、トウジンビエ、トウモロコシなどとの間・混作が多く、その作付様式は多様である。

バンバラマメは、ラッカセイの導入で次第に駆逐されてきたが、伝統的なアフリカ生まれのマメとして栽培されている。ナイジェリアからカメルーンとの国境地域では、野生型が栽培型と混在して自生しているが、ナイル河上流地域やスーダンなどにも野生型が自生しており、アフリカ生まれであることが確かである。バンバラマメの開花期に、蜜腺から分泌されるブドウ糖に誘引されるアリが受粉を助けているが、

図IV-1　ササゲ

図IV-2　バンバラマメ

図IV-3　エジプトで栽培が多い飼料作物のエジプトクローバー（エジプト，カイロ郊外ギザ，2002年12月）

土中に巣をつくることで土が膨軟になり、地下結実を容易にするというマメとアリとの共生関係が知られている。

　マダガスカルでは、バンバラマメは、フランス語で「ボアンズー〈voandzou〉」と呼ばれるが、これは、「一粒で満腹するマメ」という意味だという。西アフリカでは、タンパク質給源（子実の含量一九％）食料として重要で、今日でも未熟な子実を生食したり、茹でて食べたり、また、熟した子実を煮たり、煎ったりするほか、粉にして穀物の粉とともに調理して食べられている。西アフリカのベニン共和国における、ササゲとバンバラマメの伝統的な食べ方については、友岡ら（二〇〇七）[19]に詳しい。

ゼオカルパマメは、西アフリカのサバンナ地帯から雨林地帯への移行地域に自生するが、性状や子実の栄養価はバンバラマメによく似ている。研究が遅れているマメの一つである。

第五章　東アジアにおけるマメの文化

一　ダイズ

(1) 野生ダイズの栽培化

野生ダイズ（ツルマメ）と栽培種のダイズとの間では種間交雑が容易であるが、中国大陸は、ツルマメ、および、ダイズとツルマメの雑種起源の半野生種であるグラシリス種が多く分布しており、世界の野生ダイズの分布面積の九〇％余りを占めている。(1〜4)

近年、工業化や都市開発で、野生種の自生地が縮小しているが、中国吉林省農業科学院によって数千点の野生種が集められ、これまで知られていた東北地区、黄河流域、および長江流域のほかに、さらに広く大陸各地での分布が確認され、それらの遺伝子型も明らかにされている。王（連錚《れんそう》）（一九八五）(5)は、長江流域から江南地方がダイズの原産地の中心と考えているが、この地域から感光性の程度（第一章）が異なる変種が大陸を北上して、華北から黄河流域でも野生型〜半栽培型のダイズが分布するようになって、独自の系統が発達したと考えている。未調査の青海、新疆、海南の三自治省を除く他の省区では、どこでもダイズの野生種が分布している。[4] 現在、世界でツルマメが分布するのは、中国、日本、朝鮮、ロシアなどを含む地域のみである。

中国各地で収集された五〇〇〇点を超すツルマメの子実の一〇〇粒重は、変異の幅が〇・五グラム〜一五・〇グラムと極めて大きく、全体では、二・五グラム以下の「野生型」が八一%を占めたが、五グラム以上が八・五%あった。また、平均三グラムの粒の大きい系統は、東北地区の黒竜江省から吉林省にかけての地域や、黄河下流域の河南省東部などの地域に分布していたが、北緯二九度以南では一・六グラム以下、また、西南地区の雲南省から広西壮《チワン》族自治区にかけての地域では、一グラム前後の小粒の系統が多いという傾向が認められている。[6]

わが国では、分布の北限が東北地方までとされていたツルマメの自生地は、一九七三年に北海道の日高地方の河川敷で確認され、南は九州から沖縄本島まで分布が知られているが、分布密度は、日本列島では北から南に行くに従って高くなる。[7] ツルマメの子実は、マッチ棒の頭くらいの大きさ（図V—1・2）で、日本の六五系統の一〇〇粒重は、二・一八〜二・六五グラムである。因みに、わが国の近畿および中国地方のダイズ奨励品種の平均一〇〇粒重は、一七〜三七グラムである。

中国では、ツルマメの分布は、日本列島とは反対に北部に密集しているが、畑作文化で知られる華北の仰韶《ぎょうしょう》および竜山両文化が発展した新石器時代の初期の遺跡からは、ダイズはまだ出土していない。江蘇省（青蓮崗《せいれんこう》文化）や、浙江省（河姆渡《かぼと》文化）などでは、五〇〇〇〜八〇〇〇年以上も前からイネ作が始まっている。これらのイネ作の技術をもった人間が、近くに自生するツルマメを、半栽培的に利用、あるいは栽培化を始めていなかったとは考えにくいが、ダイズの葉緑体やミトコンドリアなど、八種類の細胞質DNAの塩基配列の変異による最近の研究の結果では、ツルマメからダイズへの分化が、中国の長江流域と、その以南の地域、東北地方、そして、日本などで起こったこと、すなわち、ダイズの栽培化が地理的に多元的起源であったことが明らかになっている[8]。だが、前述の中国大陸における野生型のダイズ子実の大きさに見られる北部と南部との差異の事実は、ツルマメの栽培化が、畑作の歴史が古い東北地方でより早くから進んでいたことを示唆する。

ツルマメを刈り取って、地面に広げておくと、中国でいう「易炸《えきさく》」、すなわち、莢が自然に乾燥、裂開して、子実を集めるのは容易である。炒ると香ばしく、味も必ずしもまずくはない。ツルマメのタンパク質含量は、約四〇%のダイズよりも高く、病虫害などに対する抵抗性も強い。これらの性質を栽培ダイズに導入する育種は、すでに行われている[9]。また、飼料作物として優れたツルマメも育成されている。

図V-1　成熟期のツルマメ

図V-2　ツルマメとダイズ在来品種の子実

（2）ダイズの考古学

中国の新石器時代の遺跡から、ダイズ、アズキ、ソラマメ[*1]などが発見されるが、出土例が極めて少ないと言われている。[10・11] また、ツルマメが、賈湖《かこ》遺跡（黄河上流域。紀元前約七〇〇〇～同五〇〇〇年）や、荘里西遺跡（黄河下流域）などで検出されていることから、ダイズが中国で栽培化されたことは確かであるが、その時期はまだはっきりしていない。

（＊1）長江中下流域の銭山漾《せんざんよう》と、水田畈《すいでんはん》の両遺跡で、炭化した小粒種のラッカセイが発見されたという報告があるが、新大陸で栽培化された「ラッカセイ」の出土には疑問がある。[12]

一九五三年に発見された、約二〇〇〇年前の河南省の洛陽焼溝《らくようしょうこう》漢墓から出土した陶器の盆に、朱で「大豆萬石」と書かれていたが、ある陶倉には、ダイズが納められており、また、同時に出土した壺の表面には、「國豆一鍾」の四文字が記されていた。[1]「鍾《しょう》」は、容積の単位で、約五一・二リットルである（鎌田・米山『大漢語林』）が、副葬品のダイズの量であろうか。漢代には、黄河流域ではダイズの栽培面積がかなり広く、生産量が多かったこと、そしてダイズに関する文献や出土文物からは、中国北部のある地域で起源したダイズが黄河流域に伝播し、さらに長江流域、そして全国に再伝播していったといわれている。漢代の遺跡から出土している作物種子の種類は多いが、その九〇％以上は前漢時代（紀元前一四〇年ごろから約一六〇年間）のものとされている。その一つの長沙・馬王堆《まおうたい》一号漢墓からは、ダイズを含む次のような作物が発見されている。[13・14]

糧食作物――イネ（モチ、ウルチ）・コムギ・オオムギ・キビ・アワ

特用作物――ダイズ・アズキ（赤豆）・ショウガ・ヒマ・コショウ

蔬菜類——アオイ（冬莧菜・ヒユ）・カラシナ・レンコン

瓜果類——マクワウリ・ナツメ・セイヨウナシ・ヤマモモ

イネやダイズの中国から九州への伝播の道筋となった、韓国、朝鮮半島での農耕の始まりは、穀物遺体や石鎌、石鋤などの出土から、紀元前四〇〇〇年ごろとされている。近年、慶尚南道の南江ダム建設の調査で発見された大坪里遺跡などで畑や水田跡が見つかっているが、遺跡の立地はすべて河岸段丘上にあり、河岸の低地砂丘斜面に畑が造成され、アワ、トウキビ、ヒエ、キビ、オオムギ、そして、ダイズ、アズキ、リョクトウなどのマメが栽培されていた。[15]

（3）「中国大豆」略史

中国の史書や農書に現れるダイズの歴史については、多くの詳しい文献がある。[1・16〜19]

それらによると、ダイズは、西周（紀元前一〇二七〜同七七〇年）時代後期の『詩経』や、戦国時代（紀元前五〜同三世紀）の『爾雅』に「戎菽《じゅうしゅく》、これを荏菽《じんしゅく》と謂う」として出ているが、「戎」は、約三〇〇〇年前の時代に、ダイズの起源と関係が深い東北地方の西部から河北省東北部一帯の山戎地方の民族のことで、ダイズがその地方の産物として周王に献上されたのだろうと述べている。『詩経』には、また、「中原（黄河流域地方）に菽有り、庶民之を采（収穫）す」とある。そして、『周礼』（戦国時代の儒教の経典の一つで、周公の著）には、現在の河南省から、山西省および河北省北部一帯が「菽」の産地であると書かれているという。また、前漢（紀元前三世紀）の劉安編『淮南子《えなんじ》』に、「北方は菽に宜し」とあり、同時代の司馬遷著『史記』には、「黄帝（古代の伝説上の帝王、五帝の一人）が五穀を植えた」とあるが、この「麻、黍《たかきび》、稷《しょく》（キビ）、麦、豆」、あるいは「黍、稷、菽、麦、稲」の「五穀」、あるいは「五種」にある「豆」と「菽」がダイズであり、黄河流域では、三世紀ごろには「君子之食」であった黍や稷に対して、「菽」が「人民之食粮」の一つとして常食されていた。

『斉民要術』[20]に見られるように、ダイズの栽培や各種の食品加工の技術が完成し、集大成されるのは、五世紀ごろである。ゴマやナタネがあったので、今日のような油料作物としてのダイズの利用は後発であったが、一一～一三世紀ごろには、華北から江南に至る各地域に、「油坊」、すなわち、搾油場があり、円盤状に固められていたので「豆餅《とうへい》（dòubǐng）」と呼ばれたダイズの搾油粕が飼料として利用されるようになって、新しい租税源にもなるくらいダイズの生産、利用が盛んになっていた。南宋時代（十二世紀）になると、江南地方にダイズ作が広まり、「土壌を肥沃にする」作物として、イネとの輪作による多毛作に組み込まれていた。また、明代、清代になると、農書に数多くのダイズ品種の名前や、多様な栽培法の記述が増えている。

①「菽」について

中国で「ダイズ」を表す「菽《しゅく》」は、周代（紀元前十一世紀）に現れている甲骨文字の「尗・叔」であり、『本草綱目』が、莢が茎について下垂している状態の形容だとするなど、その解釈については次のような諸説があった。

胡（一九六三）[21]によると、古代の農民は、長い間の作物栽培の経験と観察によって、ダイズの根に着く「こぶ」の着生と、ダイズの出来具合とが正比例することを熟知していたという。彼らの間では、この根粒のことを「土豆」と呼んで、「土豆がたくさん着くとマメの収穫が多い」という諺があり、この認識からマメと穀物を輪作することや、マメ科の作物の跡地には、イネ科の作物に必要な肥料分（チッソ）が残されることも知っていた。

また、近年、洛陽から出土した明器（墓の副葬品）の表面に書かれた穀物の名称のなかに「菽」はなく、「豆」の文字が多く書かれていたことから、漢代以前には、ダイズが「菽」と呼ばれていたが、後には、「豆」と呼ばれるようになったことがわかった。さらに許慎編『説文解字《せつもんかいじ》』[*2]（二世紀初期）には「菽」は「尗」と記され、「尗は豆なり。豆の生ぜし形を象《かたち》どるなり」として、象形文字であることを説明しているが、何を象形しているのかについては、清代になって、王筠《おういん》（一七八四～一八五四）が、その著『説文釈例』（一八三七）で次のように述べた。

「〈尗〉の字画で〈一〉は地を表し、それを上下に貫く〈丨〉は、上の部分が茎を、下の部分が根をそれぞれ表わす。根の左右は丸い点に作るべきで、長く曳かない。菽は直根性で細根が多く生えて、それらにたくさんの土豆（根粒）が着くが、〈豊年則堅好、凶年則虚浮〉、すなわち、マメが豊作の年には土豆の中は充実するが、凶作の年はすかすかである。ただし、土豆は食べられない。」

だが、この王筠の解釈には、金文[*3]で、この「尗」の字体を発見できないという問題があり、また三千年前の文字の考案者が、王筠が言うような「土豆」とダイズの生育の良否との関係を知っていたか否かも疑問であるとされたが、饒炯《じょうけい》撰『説文解字部首訂』[*4]の篆文の文字にある「尗」の上部の三画は、葉が出た形を、下部の垂れ下がった三画はマメの莢の形を、それぞれ表わしているとした。しかし、その後、西周時代の金文の中に「尗」の本来の字形が発見されて、王筠の解釈が正しいとされた。これらの説の検証から、胡（一九六三）[21]は、遅くとも紀元前一〇二四～一〇〇五年までの時代に、古代の中国では、根粒の働きについての認識があったと述べている。また、「尗」の下部の三画の解釈については、金文では三つの点で表していて、古代には「三」は「極数」であり、多数の意味があることから、根に多くの根粒が着生することを正しく表示しているものであり、郭沫若（一九六〇）[22]*5が提案した「詞的化石」、すなわち、「古文字」の研究から古生物学への接近の可能性が示唆されるとしている。

（＊2）「象形文字」　甲骨文字のように物の形にかたどって作った文字。殷代後半から西周初期（紀元前一三〇〇〜一〇〇〇年ごろ）に多い。占いに用いられ、後の漢字のもとになった。

（＊3）「金文　きんぶん」　銅や鉄など金属の容器や貨幣、印章などに出したり、刻んだ古代文字。中国ではとくに殷・周時代の青銅器に鋳造された文字をいう。

（＊4）「篆文　てんぶん」　篆字。漢代の書体六種の一つで、特に「小篆」をいう。今日でも印鑑などに用いられている。

（＊5）　文学者・政治家。中国科学院長など政府要職を務めた。（一八九二〜一九七八）（米山・鎌田『大漢語林』）

②「泥豆《でいとう》」と「塍豆《しょうとう》」

呂（一九七八）[1]によれば、各地の『県志』に現れるダイズ品種の呼称で、「禾根豆」、「禾稿豆」、「禾夾豆」、「泥豆」（長江流域）、「小黒豆」（黄河流域）、「秣食豆《まつしょくとう》」（東北地方）などは、野生型の性質を残している系統である。これらに対して、長江流域の「五月拔」、「清明早」、「六月曝」や、黄河流域の「天鵝蛋」、「大黄豆」、東北地方の「満倉金」、「大白眉」などは、栽培化が進んだ系統である。このように、野生型ダイズの栽培化の程度が、地域によって異なることは、ダイズの栽培化が多元的に起こったことを示唆する。[23]

明、清代には、長江や黄河中・下流域で、ダイズは、ワタ、キビ、ムギ、アワなど穀類、また養蚕のためのクワなどとの間作が一般であった。また、「麦茬豆《ばくさとう》」や、「黍茬豆《しょさとう》」など、ムギやキビとの「つなぎ作」（第一章）も行われたが、古代の農書（浙江省『東陽県志』一六八一）の「撒豆」は、「稲まだ収《と》らずして豆の種子を稲の隙間にばら播きす」とあるので、これも「つなぎ作」である[24]。

郭（文韜）（一九九三）[13]は、中国のダイズ栽培の歴史は三〇〇〇年に及ぶが、その記録が中国の地方誌に現れるのは、最古のものでも清代の康熙年間（一六六二〜一七二二）よりも前にさかのぼることはないと述べて、各地の品種名を挙げている。それを見ると、一七〜一八世紀ごろの品種名は、「黄豆」、「黒豆」、「褐豆」、「斑豆」、「白豆」など、子実の色や光沢による呼び名が主だが、二〇世紀以後、固有の名で呼ばれる品種の記述が増えて、その数は、東北地方の遼寧、吉林、黒竜江省から、黄河流域の山東、河南、河北、山西省、長江流域の江蘇（上海を含む）、浙江から四川までの七省、そして、華南の広東、広西、福建、雲南、貴州の五省全体では、六〇〇に近い。

また、清代の一六世紀から一九世紀ごろの、長江流域の約六〇の『県志』に、「泥豆」というダイズの呼称が現れている。これは、江西省『彭沢県志』（一八七一）には、「早穀（早生稲）がすでに熟し、いまだ刈らざるの時、泥に乗じて豆を種（播）く。信宿（二晩泊まるの意。米山・鎌田『大漢語林』）にてすなわち生ず。名づけて泥豆という」とあり、イネを刈る前の湿りのある土の上に「乗せる」、すなわち、「直播《じかま》き」すると、三日で発芽するの意と解され、前記の「つなぎ作」である。民国期になってからの一〇県志にも同じ記述があり、その一つの四川省『灌県志』（一九三二）には、「泥豆……秋始に穀田中に播き、灌（漑）せず耘（耕）せずして、畝毎に数斗を得べし」［（ ）は筆者補注］というとある。

この「泥豆」の名の由来は、「泥の如し」といわれた種皮色にあったが、「粒小にして頑《かた》く、食うべからず。これを食わば泄《くだ》（下痢）し易し」とする記述（清代、江西省撫《ぶ》州の農書。何剛徳撰『撫郡農産攷畧』一九〇三）もあり、野生型の性質が強かった品種だったことがうかがわれる。十九世紀ごろの「湘《しょう》・贛《こう》・浙《せつ》・閩《びん》」、すなわち、湖南、江西、浙江、および、福建の地域で、イネの後に、秋作物として、食用や、馬の飼料、緑肥用に栽培されたが、[25] 現代でも、華南の浙江、安徽、江西三省の南部と、福建省北部の、秋に水が不足して晩生のイネが作付けできない地域で、早生、中早生イネの収穫の半月前ごろに排水しておいて、種子の吸水が早い、この「泥豆」を播くといわれている（『中国農業百科全書』一九九一）。

また、ダイズの畦《あぜ》作（後述）は、中国でも、十六〜十七世紀ごろの華南の『県志』などに、「田塍豆《でんしょうとう》」、「田坎《かん》豆」として出ている。すなわち、「三、四月に稲を播いた後、田塍（あぜ）に豆を栽《う》ゆ。禾（イネ）熟せばともに斂《おさ》む（収穫する）」（四川省『威遠県志』）や、「烏豆（黒ダイズのこと）は塍間に播く、俗に甲塍豆と呼ぶ」などの記述がある。だが、一方で、「宜田塍上故謂之塍豆（田のあぜに播くのが適しているので塍豆という）」と述べて、「塍豆、茎大にして高く、粗なること樹枝の如し。実が青色、大なること洋花生（ラッカセイ）の如し」（『撫郡農産攷畧』）という記述もある。[13]「塍豆」が、このような茎や子実の特性をもった、華南地方に適した品種の名前なのか、あるいは、「畦栽培」されるダイズの総称なのかについては明らかでない。

（4） 日本のダイズ作

① 「縄文のダイズ」

最近になって、九州と中部地方の遺跡から出土した土器片で発見されたマメ様種子の圧痕に、シリコン樹脂を注入してそのレプリカを作成し、走査型電子顕微鏡で観察する手法によって、それが栽培種の「ダイズ」だと同定した結果が相次いで報告され、[26〜28]「リョクトウ」（後述）に代わって、縄文時代の「ダイズ」の存在が、一躍注目されるようになった（表V―1）。

すなわち、二〇〇七年九月に開催された「九州古代種子研究会」での小畑らの発表は、「ダイズ栽培縄文時代から」（朝日新聞九月二三日）、「種まく縄文時代人　痕跡続々」（同一〇月一一日）、「縄文時代　豆類栽培か」（高知新聞二〇〇八年八月一六日夕刊）などの見出しで大きく報じられた。また、同じく一〇月一七日には、山梨県立博物館の中山・長澤らが「縄文時代の植物栽培・農耕の起源に関する新発見」と題して、山梨ほか、中部山岳地域――北杜市長坂町酒呑場遺跡（五〇〇〇年前ごろ）の八ヶ岳山麓で出土した土器の取っ手内の圧痕が、長さ一〇・九、幅五・七、厚さ三・七ミリメートルの扁平型の「ダイズ」であること、また、縄文時代中期中葉の遺跡出土の土器からの扁平な「ダイズ」と、都留市小形山、中谷遺跡（縄文時代晩期前半）の土器表面の栽培穀物の害虫、コクゾウムシの圧痕について、記者発表を行っている。この「ダイズ」は、小畑らの「ダイズ」よりもさらに一五〇〇年ほど遡ることになり、最古の事例となる。他にも縄文時代後期中ごろの土器にコクゾウムシの圧痕を発見し、オオムギやイネなど穀物の栽培が九州ではじまっていたことが報告されている。(29)

考古学的な事実がはっきりしている土器で見つかる種子の圧痕は、採集あるいは栽培されていた年代比定に役立つが、野生型か栽培型かの判断をするのには、原種子の大きさを知る必要がある。筆者は、インド産のリョクトウ種子（対乾物水分含量六・六％）の人工炭化実験（加熱最高温度、約四〇〇～五〇〇℃）では、容積で最大約四倍に膨張したことを観察しているが、中山（二〇〇九）(28)は、水浸したダイズ子実の吸水による膨張率で補正して、圧痕の「ダイズ」種子のもとの大きさを推定している。九州の四試料と山梨県の酒呑場遺跡などの五試料は、いずれも粒が扁平で大きかったが、中部地方の天神遺跡の試料の粒の大きさは、野生の「ツルマメ」の変異幅の範囲に収まっており、現生の中～大粒の栽培ダイズの大きさではなかった。これらの結果から、ダイズの起源に関しては多元説を支持するとした上で、縄文時代の中期

表V-1　縄文時代後期〜弥生前期併行期の朝鮮半島，日本における栽培植物遺存体出土事例（藤尾 2000 により作成）

年代・編年	作物（遺跡名）
〜2000 B.C.〜1000 B.C. 〜1500 B.C.	「櫛目文土器時代後期」 縄文後期前半以前 朝鮮半島（なし）；玄界灘沿岸（なし）；その他の九州：コメ？ 西日本：リョクトウ，ヒョウタン（鳥浜）；アズキ，ダイズ（桑飼下）；リョクトウ（桂見）；コメ 東日本：ソバ，エゴマ，オオムギ，エンドウ，または，ダイズ（ツルネ）；リョクトウ（桜洞）
1500 B.C.〜500 B.C.	「櫛目文土器時代後期〜無紋土器時代前期」 縄文後期後半〜縄文晩期 朝鮮半島：アワ 玄界灘沿岸：オオムギ，コムギ，アズキ（四個A）；アズキ，または，リョクトウ（広田）；アズキ？（諸岡） その他の九州：コメ，オオムギ，エンバク，アワ，ヒエ，リョクトウ，マメ類（上ノ原） 西日本：コメ 東日本：ソバ，ヒエ，リョクトウ，コメ？
1000 B.C.〜250 B.C. 500 B.C.〜200 B.C.	「無紋土器時代前期〜後期」 縄文晩期〜弥生早・前期 朝鮮半島：コメ，コムギ，アワ，モロコシ，ヒエ，マメ，アズキ，ダイズ 玄界灘沿岸：コメ，オオムギ，アワ，ソバ，アズキ（菜畑） その他の九州：コメ，オオムギ，コムギ，マメ類（松が迫） 西日本：コメ，ヒエ，キビ，モロコシ，オオムギ，アズキ？（綾羅木）；ダイズ（宮原），ソバ 東日本：ソバ，ヒエ，ゴマ，リョクトウ（真福寺）；コメ

（注）マメを主に示す。コメ：プラント・オパール，圧痕による。

ごろに、日本の中部地方の高地でも、野生のツルマメの利用と栽培化が起こっていたこと、さらに、縄文時代に栽培化の初期の「ダイズ」があった可能性が示唆されると結論している。

最近、工藤ら（二〇一四）[30]によって、縄文人の植物利用に関する知見が紹介されている。日本列島におけるダイズの起源については、ツルマメから独自に栽培化されたのか、また、その年代はいつごろか、あるいは、中国大陸から栽培型のダイズが「導入」されたのか、などについて今後の考古植物学的知見の増加が期待される。

② 「マメ」のふるさと——東北とダイズ

柳田国男の随筆「豆の葉と太陽」（一九四一）[31]に次のような一節がある。

「奥州では桑でも山の木でも一度に色づいて瞬くうちに散ってしまうから其変化が強い印象を与える。其中でも大豆は葉が薄く透いているようで、それが畠の黒い土の上に揺らいでいる風情は全く風と日光との遊びという感じがした。」

この随筆で、柳田は、今日の風景鑑賞家が農作物の色調に無関心すぎるとし、また、その原因は、たぶん従来の文学にこれを感激する語が見つからなかったためだろうと述べているのだが、彼がとくに農民や農業、そして、村の暮らしと自然の移り変わりに対して、強い関心と温かい思いやりを寄せていた気持ちが込められていて、筆者のような一作物学徒には強い共感をよぶ文章であった。

筆者が、初めて東北を訪ねたのは、一九六〇年代の中ごろだった。後でも述べるが、高知は、山国で狭い平野しかなく、まだイネの二期作が行われていて、極早生から極晩生まで五回も田植えが行われ、葉の色の違う田が混在する暖地のイネを見慣れていた筆者には、すでにイネ刈りが終わっていて黄金色の稲穂《いなほ》の海という光景は見られなかったが、見渡す限りの広い田を埋め尽くすイネ架《はさ》の列に圧倒された記憶がある。この「はさ」が、稲束を長い横木に架ける型と、立てた一本の杭に積み重ねる型が、岩手県の花巻あたりを境にして見事に入れ替わることや、仙台平野、山形盆地では後の型ばかりであることが興味深かった。後者の「はさ」については、蓑を付けた一揆の農民たちの姿のように見えた。

筆者が東北で見たダイズはもうすっかり葉が落ちて、熟した房なりの莢が収穫を待つばかりだったが、その鮮やかな黄色と、火山灰土壌の黒色との対比が見事だった。こうした経験が、先の柳田の文章の感動をより強めたように思う。柳田は、ダイズの葉が散った後にやってくる長い冬を迎える東北の若い男女の想いが、「秋風が吹くわいの　豆の葉が散るわいの」という、盆踊り歌の短い詞のなかに言い尽くされていて、感動したとも述べている。

東北地方は、冷害などによる凶作で飢饉に見舞われることが多く、生活の苦労は大きかったが、一九三〇年代ごろの東北から九州に至る各地の農村に見られたダイズの民俗について、早川孝太郎（一九五〇）(32)は、「豆《マメ》のある生活」は、地域的に、関東以東、ことに東北地方が一段と濃厚だが、この現象は、文化の地域的傾斜を如実に物語るものかもしれないが、大きな特色である点は否定できないと述べている。

大正（一九一二〜）から昭和一〇（一九三五）年ごろの国内のダイズ生産量は三〇〜五〇万トンだった（農水省資料、一九九〇）が、大正期に入って急増した満州や朝鮮からの輸入ダイズは、国内生産量に匹敵する約四五万トンから、終戦（一九四五）前ごろには一〇〇万トン近くに達していた。畑が徐々に水田に転換されたこともあって、国内の生産は大きく減少しつつあったが、昭和初期ごろには、ダイズの全国総生産量では北海道の約三〇％に次いで、青森、岩手、宮城の東北三県のみで二〇％前後を占めていた。

ダイズは、「豆成物」といって貢租の対象にもなったが、江戸時代の中ごろ、幕府は、農民に対して、「コメを食わず、通常雑穀を食べるべき」と、たびたび命じているし(33)、コメは、少なくとも主食ではなかった。畑作物のアワ、ヒエ、ムギなど、いわゆる雑穀が主食穀物であり、必然的にタンパク質給源食料としてのダイズの地位は、今日以上に大きかった。

作物としては、ダイズはアズキとともに焼畑栽培の歴史が長いが、かまどの灰ぐらいの施肥で、地力の維持もできる粗放な栽培に適していた。農村が貧しかったころには、「金肥《きんぴ》」、すなわち、化学肥料が十分に買えず、もっぱら下肥《しもごえ》（人糞尿）など自給肥料に頼らねばならなかったが、それらも野菜やムギ、アワなどに向けるとすれば足りないし、また、「刈敷」、すなわち、緑肥としての青草の利用も、貢租の関係で水田への施用が優先された。馬が重要な家畜であった東北地方では、青刈りダイズを乾燥、貯蔵しておいて冬季の飼料にした。

慶祝との結びつきが深いアズキに比べて、ダイズは、正月を迎えるための換金作物として、また、正月や盆などの料理、さらには味噌や醤油、納豆など、自家用の食料、調味料の材料としての役割が大きく、農家の暮らしの中で、ダイズは不可欠の存在であった。このようなダイズを、水田の「空き地」である畦《あぜ》に作る方法を生みだしたのは、農民たちの知恵であった。

③「畦マメ作」

・農書に見る「畦マメ作」

江戸時代の農書を見ると、わが国最古の農書とされる『親民鑑月集』（『清良記』伊予国、一六二九～五四）[34]は、作物の種類や、品種名には極めて詳しいが、農民のための栽培技術については記述がない。この後、約半世紀遅れて現れるのが、有名な宮崎安貞（筑前国）の『農業全書』（一六九七）[35]である。その巻二、「第十大豆（まめ）」では、ダイズが肥沃な土地に向かないことや、夏ダイズを、収穫前のムギの畝《うね》に播くことなど、栽培法もかなり詳しいが、畦マメ作については述べていない。次のような当時のほかの農書にも畦マメのことは出ていない。

・著者不詳（一七世紀末～一八世紀初期）『阿州北方農業全書』[36]（阿波国）
・著者不詳（一七世紀？）『百姓伝記』[37]（西三河・尾張）
・砂川野水（一七二三）『農術鑑正記』[38]（阿波国）
・岡本高長『物紛《ものまぎれ》』（一七八七）[39]（土佐国）

・宮永正運（一七八八）『私家農業談』(40)（越中国砺波郡）
・小貫萬右衛門（一八〇八）『農家捷径考』(41)（下野国）
・稲葉光国（一八一七）『稼穡《かしょく》考』(42)（下野国）
・佐藤信淵（一八三二）『草木六部耕種法』(43)（羽後国・南総）
・福島貞雄（一八三九〜四二）『耕作仕様書』(44)

なお、江戸時代の一七世紀後期から一八世紀初期ごろまでに書かれた、貝原益軒の『和爾雅』、『日本釋名』、『大倭本草』(45〜47)などは、中国本草学の引用・翻案が多く、作物の栽培技術については必ずしも詳しくは書かれていない。

筑前国福岡藩に仕えた安貞は、中国本草学から多くを学び、また、彼よりも七歳若かった本草学者、貝原益軒との交流があり、晩年には山陽道から畿内、伊勢・紀伊の諸国を巡遊している(48)。江戸時代の多くの農書の著者たちに大きな影響を与えた安貞の『農業全書』だが、ダイズ作については西日本での見聞しかなかったのかもしれない。

だが、『農業全書』から一〇年後に出た、『耕稼春秋』［宝永四（一七〇七）年］(49)は、加賀国石川郡が背景だが、その「田畠蒔植物之類」で、「六月大豆」としてダイズを屋敷周りの畑に栽培することと、田での栽培について次のように述べている［（　）は筆者による］。

「黒大豆おおかた田の疇《うね》に植える也。所により畠に植（ゆ）るも有。田畠共（に）春の土用十日ばかりも立（過ぎたころに）、畦塗りて二日も過（ぎたころ）、……包丁の先にて（土を）さしおこし、其内へ種子二、三粒程ずつ入れる。其穴の口へ灰とぬかと交合《まぜ》（わせ）一つまみずつ入れる」

「疇（ちゅう・うね）」は、「耕作地、田畑、うね（畝）、田畑に連なるあぜみち（田疇）、境」などの意味がある（米山・鎌田『大漢語林』）が、「畦塗《あぜ》りて」とあるので、あるいはこれが、「畦マメ作」の最初の記述かもしれない。なお、アズキも、「コムギ跡と田のあぜに作る」と述べている。

そして、一八〇〇年代の幾つかの農書に、次のような畦マメ作の記述が見られる。

・九之助・善之助・太郎蔵（一八三〇）『北越新発田領農業年中行事』(50)（新潟県北部）

「畑或ハ田ノ畦などへ小鎌にて土を開、種豆二粒ツツ鎌跡へ蒔、……畔《アゼ》植ハ年々畔ぬりいたし新たに土付ケ候間、年々植候而も害無之……新津辺ハ豆突棒にて穴を突き、種を下し申候」

・著者不詳（一八三〇〜四三）『郷鏡』(51)（肥前国）。

「畦豆」について述べ、また、「年貢不足分をダイズでまかなう」と述べている。

・大蔵永常（一八五九）『広益国産考』(52)（豊後国日田）。

果樹や、特用作物についてその栽培、利用、加工法まで詳しく述べるが、「畔大豆あぜまめ　田のあぜに蒔（き）育つる大豆（まめ）なり」の一項を設けて、堤の両側の斜面の畦栽培を紹介している。

「扨世間一統（一般に）田の畔豆とて田の畔（あぜ）に大豆を蒔て、一年家内にて用うる味噌大豆をとり、其外多く作りては売りてよき価（稼ぎ）を得る農家あり。然るに此所にてハ、決して田の畔に大豆一粒も作る事なし……農人に植えしとすすむれど、此土地にてハ益なしと云い曾《かつ》て用ふる事なし」「又田の畔に植えつけなば晩大豆《おそまめ》好まず。其故は検見検分の節、目障りになる事あれば、盆《ぼん》大豆《まめ》中生《なかて》大豆を植（え）るやうすべし」

「畔豆は山田に至るまで作り、また平面の川堤小土手の田つきの方へ、大堤ならバ壱尺幅で三行も芝を打ちおこし、土を和らげよく均して穴を突き三粒づつ又ハ四、五粒入れ、その上に麦の禾《のぎ》又ハごもく（ごみ）などをつまみ入れして植（え）育てる」

・加藤寛斎（一八六六）『菜園温古録』[53]（常陸国水戸）。

「くろ（畔・あぜ）（に）、黒（黒ダイズ）或は小豆植（え）申さば、余計に相見候へ共、稲三株通障る」

これは、「畔マメは余分の収穫のように見えるが、畔に沿ったイネ三列分が影響を受ける」という意味で、興味深い指摘である［（ ）は筆者による］

・「畦マメ作」は農民の知恵

早川（一九五〇）[32]は、「水田の畦の、いわゆる畦豆は、わが国におけるダイズ栽培の一様式でもあるが、我々の食生活の主食と副食の関係を、このイネとダイズの配置図が最も端的に表明していたように思う。コメが圧倒的に勢力を得ていて、その片端にわずかにダイズが植えられている。最も集約的な土地利用法ともいえるが、その反面にタンパクの供給源として、最少限度に譲歩した形である」と述べている[12・54]が、農村におけるダイズの食料としての地位をよく言い表している。広義の混作の一形態（周囲作）である、この「畦マメ作」は、英語では、「水田のイネを取り囲むマメの栽培」という表現になるが、中国や朝鮮半島、ネパールなどでも行われ、イネだけでなく、畑で、野菜やトウモロコシを、ダイズが囲んでいる（図Ⅴ—3）。

松岡（一九八二）[55]は、熊本県北部のダイズ作は、ムギの間作と、ムギ跡の「ラチ」（裸地）作があるが、畦マメ作りを次のように述べている。

「田植え後、水田のあぜに三〇センチ位の間隔で田の泥をつかみ、一、二にぎりあげ、その泥の中に

三、四粒（ダイズを）播く。別に用意してある麦ぼさ（脱穀がら）をひとつかみ上にのせる。麦ぼさには芒《のげ》があるので害虫や鳥害を防ぐためである。棒であぜに穴を開けて播くこともあった。……畦は草を刈るだけで遊ばせておくところだが、こうして畦マメを播いておけば。手入れもせず、肥料もやらず、そのままで秋には収穫できる。畦マメは、夏ダイズに比べて品質は劣ったが、こうして穫れるので儲けとした」

水田の畦は見かけよりは通風や陽当たりがよく、畑の作物から離れているので病虫害が少ないという長所もあった。ただ、イネとダイズとの過度な成長の競争が生じると減収になるので、過湿になりがちな条件で、徒長しないような品種が用いられてきた。肥沃地や、多肥条件でも倒伏せず、多収を挙げる草丈の低い草型の品種が育成されるようになったのは、戦後のことである。

図V-3　畦マメ
（ネパール，カトマンズ近郊ルブー村，1993年7月）

田植え前の水田の準備では、この畦の手入れ——草を刈り、漏水を防ぐために、モグラや野ネズミの穴を塞いだり、畦塗りをするなどの作業が必要だった。畦は、単に区画であるだけでなく、水を守り、作業の通路であり、ダイズやアズキを植えたり、飼料の青草を刈る場でもあった。したがって、精農ほど、よく畦の手入れをするといわれた。今日では、水路の畦は、コンクリートに変わり、放任されて雑草が生い茂り、畦マメを見ることは難しくなった。

長野県の北端、新潟県との県境付近の険しい山間地——通称

「奥信濃」は、有数の豪雪地帯である。その一角にある富倉村の「畦マメ作」について、安室（一九九七）(56)が報告している。

それによると、明治八（一八七五）年の記録では、水田七五町九畝と畑一〇三町一反三畝があった。その水田の特徴は棚田で、「一枚」平均一〜三畝以下が多く、所有面積五反の平均的農家で水田の枚数は五〇〜八〇枚、多くもつ農家では一戸で一〇〇枚以上もあった。このことが、富倉では、水田として使えなくなったところが畑地化することはあるが、本来の畑がごく少ないことを意味する。（注。一町＝約一万ヘクタール＝一〇反＝一〇〇畝。一畝は約三〇坪＝約一〇〇平方メートル。また、田畑の一区画を、「枚」、「筆《ひつ》」と数える）

畑作物は「オカモン」と呼ばれ、その主なものは、第一がダイズ、第二がアズキとソバである。他には、少ないが、クワとコウゾ（和紙原料）があった。ダイズは、「マメ」といえばダイズのことというくらいに重要な作物であったが、同時に「アゼモノ・アゼモン」、すなわち、「アゼマメ」と言えば、ほとんどがダイズであった。富倉では、棚田の田植え前に、畦を削ってから畦塗りをして、二日後ぐらい経ってから、田側の畦の端に一列と、法面《のり》側に、株間三〇〜四〇センチ間隔でダイズを一、二粒ずつ播くが、前者を「アゼウエ」、後者を「ママウエ」という。畦の上面（通路になるくらいの幅がある）には播かない。播種には、「マメサシガマ」という穴をあける道具を使う。播種後に土や堆肥をかぶせることはないとされているが、これは、田に水を張ってからの過湿による発芽阻害を避けるためであろう。

そして、農民が「畦マメ作」をする理由として、次のような多くの特性を挙げている。

・田よりも畦の面積、そして、とくに、マメを播く畦の外側（「ママ」という）の、いわば遊んでいる面積が大きいこと。

・畦には税、年貢がかからないこと。
・畦栽培は婦女子が担当する。
・畦の空間の利用にはダイズやアズキが適している。
・地ごしらえが要らず、労力がかからない。収穫作業はイネ刈りに合わせて随時行える。
・連作障害がなく、肥料が要らない。
・鳥獣害が少ない。
・特別の作業道具が要らない。

なお、ダイズは、五反歩の田の畦から、平均計一五～二五斗（約二〇〇～三〇〇キログラム）穫れたが、自家消費用の不足分は畑に作ったという。

イネ作には、年貢や租税、村で共同して行う水利作業など、公的な制約を伴うが、「畦マメ作」は、同じ水田を使いながら全く私的な家の労働であった。また、年貢高にも影響するイネの生育への悪影響から、「畦マメ作」は、公的には推奨されないが、富倉村で「畦マメ作」をしない農家はなかった。ダイズは、食料として、豆腐、納豆、きな粉などの原料となり、煮る、茹でる、炒るなどの「食いマメ」の素材となり、味噌・醬油など醸造用原料にもなる用途の広いマメであるだけでなく、神饌や、習俗・祭事においても大きな役割があったからである。

したがって、イネ作とは違って、自給が目的の「畦マメ作」の選択は、農民の自由であったが、富倉村のように、畑が少なく、とくに小さな筆の棚田が多い山間の村々では、年貢がかからず、空間、時間、そして、労働の面で、イネ作との競合を起こさないことのメリットが大きかったことだけでなく、その畦を「畑」として利用すべき必然性があったが、それには、ダイズやアズキなどのマメが適していたのである。

「イネがマメに対して最小限度に譲歩している」とか、「イナ作への寄生的関係[56]」だというよりも、「畦のマメ」――ダイズは、イネとは対等の関係にあったともいえるだろう。

岸本（一九九九）[57]によると、信州では、「畦マメ作」のダイズには、年貢がかからなかったが、南部藩には、「御買上大豆」と呼ばれた、強制的なダイズの作付け割り当てがあった。元禄・宝永のころ（一六八八〜一七一二）に、江戸、大坂など大都市近郊での養蚕のクワや、綿花など商品作物の栽培が増加して、南部藩の魚肥の干しイワシが大量に運ばれるようになり、東北と、関東、関西との間の舟運が発達した。さらに、下総の銚子や野田の醤油原料としてのダイズ需要が増大して、南部藩が、強制的にダイズの作付けを命じたとされる。また、瀬戸内海の忽那《くつな》諸島の中で、大洲《おおず》藩に属する島々では、畑作のダイズが年貢の対象になった。また、丹波地方（兵庫県）では、イネ作を一部休む水田に、高畦を作って夏作のヒエ、アワ、そしてダイズなどを作る「堀作」があった（後述）が、これもまた、封建的時代の農民への搾取に対して、「畦マメ作」や、後で述べる土佐のイネの二期作にも共通する、貧しかった農民の知恵であった。

また、安室（一九九九）[58]が、能登半島外浦で見られる「畦マメ作」を担当する女性の役割について紹介している。これは、「主婦権」と結びついている。嫁にきた女性が、姑の指示を仰がずに畦マメを作れるようになるのは、子を産み、母親となり、年齢も三〇歳を超して、子が二〇歳を過ぎて一人前になってからであり、やっとそれまでの「ハンガカ（半嬶）」から「オカカ（主婦）」になるという。年貢がかからず、かつ常食、儀礼食の素材として、家計維持からも重要だったダイズを自給する「畦マメ作」は、農家の主婦の権限の強い支えにもなっていた。

これと関連して、京都府山間部から兵庫県、岡山県山間部、鳥取県東部にわたる広い地域で見られる、正月の年神の神饌として、炒った黒ダイズと、白ダイズ（淡黄色。他の色のマメも用いる）を、餅や、くず粉、飴などで、丸くこぶしほどの大きさに固めた、「ト（ウ）ジマメ」（「ツクネマメ、ジャジャマメ」とも呼ぶ）を供える風習がある。事例が少なく、また、正月や年神《としがみ》習俗との関係性が希薄であるとされるが、その名称の「トジ」の語源について、岸本（二〇〇〇）[59]は、一つの仮説として、「刀自」を想定して、「畦マメ作」と「女性」との結びつきを考えている。

④「畦マメ作」がなかった？――高知県

・焼畑とダイズ

高知県は、「南国土佐」というイメージが強いが、平野部では無霜期間が三月下旬から一一月中旬ごろまでと長く、日照時間にも恵まれて、施設園芸の発祥の地でもある。だが、県土総面積、約七一万ヘクタールの八割近くを森林が占める山国で、台風の常襲県でもあり、その農業的風土は厳しい。背後に四国山地を背負い、室戸、足摺の両岬が両腕を広げるようにして土佐湾を抱き、北東から南西方向に、約二〇〇キロメートルと細長く太平洋に向かって開いている。県内低地の大部分が、土佐湾の沿岸部に集中するが、比較的まとまった平野は、県中央部に位置する高知市の東西に広がる高知平野のみで、ほかは、東部と、西部の低地や佐川盆地などに散在する狭小な平地しかない。

昭和期には、総耕地面積は約七万ヘクタール、そのうち、水田と畑が、それぞれ、三・四、および三・三万ヘクタールで、農家一戸あたりの平均では、田、畑、各約〇・五ヘクタールとなっている。[60] 戦後には、田の面積が増えて全耕地の七割近くになり、畑面積が減っているが、耕地の四〇％が、イネの二期作が行われていた高知平野の水田地帯に集中している。また、標高では、田の約六〇％が、五〇メートル未満の地域にあるが、畑は、五〇メートル未満が約四〇％に対して、三〇〇メートル以上が三五％あり、この中山間地域が、県土を、平坦部と山間部に二分している。[61]

このような農業的自然条件にある高知県は、昔から「切畑」、すなわち、焼畑が多いことでも知られている。一九八四年の夏、筆者が、戦前の高知県の農業と暮らしについての聞き取り調査で、焼畑が行われていた旧寺川郷《ごう》（現・土佐郡本川村）や、旧津野山郷（現・高岡郡津野町・梼原《ゆすはら》町）など、愛媛県境に近い、県の北部と西部の山間部の村々を訪ねた時に、かつての焼畑の作物が屋敷周りの畑に植えられているのを見た。山間部の傾斜地では、河岸段丘や、昔の「潰《つ》え」の跡地にわずかな面積の水田が開かれて、「棚田」と「段畑」という、山間地帯特有の景観を形成していた。

焼畑を拓いた当年から数年間は、主食となるヒエ、アワのほかに、地力維持のために、マメ科のダイズとアズキが第二年次と第三年次に作付けられる例が最も多いが、ソバや、ムギ、サトイモ、そして、後になると、トウモロコシやサツマイモが加わるようになる。

十六世紀末、天正年間の『長宗（曾）我部地検帳』[62・63]に、高知県の東部から中央部の九か村・郷《ごう》の焼畑について、作物別の筆数と面積の記録が残っている。その総筆数は一三八二、面積は一三七・八ヘクタールで、一筆面積は、平均約一反（一〇アール）となる。総面積に対する作物別の合計面積の割合では、ムギ（約五〇％）が最も多く、ヒエ（二一％）、アズキ（九％）、サトイモ（七％）、ソバ（六％）、アワ（五％）、ダイズ（四％）、以下、ササゲ、エンドウ、ネギの順になる。なお、このほかに永年性作物のチャ、ウルシ、コウゾなどがある。徳島県境に接する物部村（現・香美市）では、焼畑を「ハタイ」と呼び、屋敷の畑をさす「ヤシキ」と、「サエン」（「菜園」の転訛か？　高知市に「菜園場《さえんば》」の地名がある）と呼ぶ畑があった。また、棚田の「畦マメ作」のダイズは、「キシダイズ」と呼ばれている。[64]

「当年はことのほか木の実沢山に候故、百姓ども来春のたべものに致し、餓死仕ることこれ在るまじき由、さように可在之候」という、二代土佐藩主山内忠義の書状［寛永二〇（一六四三）年］がある。また、『板垣氏自家雑記』に、享保八（一七二三）年の食料の生産高と消費高について、「出来物左の通」として、米、二七万六〇〇〇石、麦、一二万石、そば、七四〇〇石、粟・ひえ・きび、九〇〇〇石、そして、「大・小豆七四〇〇石」とある。そして、ムギや雑穀、マメは、「米に（換算）して八万石」で、生産高は合計三五万六〇〇〇石となるが、「御国中人口、四〇万人としての扶持米四〇万五〇〇〇石」で、四万数千石が不足する勘定になるが、「この不足分は、わらび、いものくき、つわ（つわぶき。キク科、葉柄を食用）大根、かぶ菜、此類夫《それ》食の足《た》（し）に仕……」と付記されていて、山間部の農民たちの食料事情が、いかに厳しかったかがうかがわれる。[61・65]

県北の本川村は、一七〇〇メートル以上の高山が一三あり、一〇〇〇メートル以上の山は、四〇以上もあるという文字通りの山村だが、村内一一集落のうちの四集落の代表（名本）から、大庄屋へ差し出した、天保六（一八三六）年の農産物の産額に関する文書がある。[66]

それによると、まず、最も多いのがヒエ（七四八）で、ついで、アズキ（一〇五）、ダイズ（四一）、キビ（モロコシ）（五六）、ムギ（六六）、ソバ（二三）、サトイモ（八一）、その他（四）（それぞれ四集落の合計・四捨五入。単位は石）となっているが、これらはみな焼畑で栽培され、この量で、各集落の六〇～一三八人が、一六〇～三六五日、自給したとなっている。不足分は、特用作物のコウゾ、アサ、チャなどを売って食料を買っているが、「コメ、カライモ（サツマイモ）、タカキビ（トウモロコシ）などは産しない」となっている。本川村には、死に際に、枕元で竹筒に入れたコメを振って音を聞かせたという「振米往生《ふりごめおうじょう》」の話が遺っており、盆、正月か、祭礼以外にコメを口にすることはなかった。[66]

中山間地帯に属する旧土佐郡土佐山村（現・高知市）の昭和一〇年代の民俗誌[67]によると、田の準備が済むと、「アゼモン（畦物）」と呼ぶダイズを、水田の畦に播いた。そして、「焼きだめし」と言って、各月に割りあてた一二粒のダイズを囲炉裏の火中に入れておいて、その焼け具合で月々の雨と晴れを占うという、他県にもある習俗や、正月の客の接待で、雑煮を供する膳に「ナット豆」と言って、節分のマメ撒きの時に炒っておいたダイズ数粒を小皿に入れて出すという風習もあった。

・イネの二期作とダイズ作

全国では高知県だけで続けられていたイネの二期作は、昭和三七（一九六二）年ごろを境にして、労力不足と、経済性の高い施設園芸への転換、さらにはコメの生産調整や、品質重視の風潮などで減退し、昭和六三（一九八八）年には、わずか一一ヘクタールとなり、やがて消滅している[68・69]。温暖な気候条件を生かした二期作は、台風や害虫（ウンカ・ヨコバイ）の被害を回避することや、早生イネの刈り株からの再生イネ――「ひって」を、馬の飼料として利用したことに始まるといわれているが、まず、絶対的な耕地、とくに水田面積の少ないことが背景にあった。農民の知恵で、極早生、早生、中生、そして、晩生《おくて》作に加えて、極早生イネの跡に極晩生のイネをつなぐ二期作が生まれたが、その記録は、寛政二（一七九〇）年にさかのぼる。二期作の歴史や、農業経営的意義、栽培技術、そして、その盛衰などについては、久保（一九五八）・梶原（一九八一）・池上（一九八六・一九九八）[61・70〜72]などに詳しい（図V―4）。

土佐藩士、北原秦里《しんり》（一七八五〜一八二九）作の次のような詩がある。

「孟酒豚蹄賽社神　田家年熟不知貧　青秧再挿官租外　別是南州八月春」

これは、「社の神に酒肴を供えて豊作を祈るので、コメが年々よく実り農家は貧を知らずに暮らしている」、そして、「官租外」、すなわち、年貢の対象にならないので全部が農家の取り分になる、二番のイネが今青々と育って、八月（旧暦）というのに南国の土佐ではまるで春のようだと、二期作が盛んであったことを詠んでいる。(61・73)「秧」はイネの苗、また、苗を植えること（「挿秧《そうおう》」）、で、「再挿《さいそう》」は、二番植えのことである。

しかし、藩政時代、宝暦十一（一七六一）年九月、長岡郡御免（現・南国市後免《ごめん》町）の十人から出された訴状に、「御貢物上納仕候えば、後に作徳は御座無く、漸くわずかに二番作（二期作のコメ）を以て父母妻子を育み候」、また、「貧少の者は毎年御貢物不足仕候故わずかの二番作をも売って御貢物の足しに仕り、甚だ貧しきものは田地、家屋をも放し、間人《もうどう》＊6となって漂泊する者が数えきれない」などと書かれている。

（＊6）「間人」（もうと）荘園制下で村落共同体の最下層に位置づけられた新来の住民。卑賤視されることが多く、近世にもその名称が残存する（新村出編『広辞苑』第六版）。

図Ｖ-４　高知県香長平野のイネの二期作。イネ刈りから田植えまでが見られる８月上・中旬の光景（『高知県誌』1933年による）

高知平野の中心にある、旧長岡郡大篠村（現・南国市）の昭和初期における水田面積は、約四〇〇ヘクタールであるが、一期作、三六四ヘクタール、二期作、二四六ヘクタールという記録がある（『我等の郷土』一九三〇）(74)。二期作は、労力や肥料が要るなど、経済的には不利である上に、年々地力が減退するが、「金融関係上便利多く、且つ一町歩以上耕作し、牛馬を飼養し、堆肥を多く用ふる農家に於いてはすこぶる有利である」とされていた。同時に、「将来は生産費や増収技術、コメの品質改善、販売などの研究が必要だ」とも指摘されている。また、同じころに平野部でダイズの畦栽培が行われていたという、唯一の記録がある（『高知県誌』一九三三）[60]。

一九五〇年代当時の高知県のイネの作付面積、約四万ヘクタールに対して、「雑穀・豆類」は、約五〇〇〇ヘクタールであるが[72・75]、県内のダイズ作に関する統計がない。筆者が、高知県で暮らすようになった一九五一年当時は、高知平野東部（香長平野）の物部川流域は県下最大の水田地帯であるが、田植えから除草、収穫、脱穀までがすべて手作業で、イネの二期作が全盛のころだったが、畦マメを見た記憶がない。高知県の農業は、イネ作と温暖地域の施設園芸が主力で、特用作物として、葉タバコ、チャ、製紙原料のコウゾ、ミツマタなどがあったが、ダイズ作については文献がなく、「畦マメ作」についても、民俗誌以外には見られない。

ダイズ作の減退で、刊行されなくなってからもう一〇年以上になるが、『大豆に関する資料』［農林（水産）省農蚕（産）園芸局畑作振興課編］によると、明治一〇年代から大正末期ごろの全国の総耕地面積は、ほぼ半々の田畑を合わせて五三〇〜六〇〇万ヘクタールで、そのうち、ダイズ作は、約四〇〜四五万ヘクタールあり、耕地全体の約一割、畑地では約二割にダイズが作られていて、収穫量は、約四〇〜五〇万トンあった。そして、戦後も、昭和三六（一九六一）年に、ダイズの輸入自由化で減少が始まるまでは、全国の収穫量は、戦前のピーク時に匹敵する五〇万トン前後あった。だが、高知県は、昭和二九（一九五四）年から昭和三〇年代までのピーク時にも、ダイズの作付面積は一〇〇〇ヘクタール前後、収穫量は九〇〇トン前後で、東京都（約六〇〇ヘクタール、約六〇〇トン）など、大都市を抱える都府県を除くと、全国最下位である。

『高知県統計』に、「明治三二年、大豆、七〇六三石、一一四三町歩[72]」、また、『高知県誌』（一九三三）に、「昭和六年度、大豆収穫高六七八三石」とあったが、これは、それぞれ、コメの収穫高のほぼ一割に相当する。この両年度の収穫量は、戦前のダイズ品種の平均一升重（約一・三キログラム）[76]から換算すると、約九〇〇トンで、収穫量は、おそらく栽培面積も、昔から昭和三〇年代ごろまで、あまり変わらなかったことになる。また、戦前の全国の一反あたり収穫量は、一石以下（〇・七五〜〇・九八石）だったとされているが、同様に試算すると、明治期の高知県のダイズの反収は〇・六石となる。全国の作付面積が約一〇万ヘクタールに激減した平成一〇（一九九八）年には、高知県では約五〇〇ヘクタールに半減しているが、全国最下位という順位は変わっていない。

自給飼料や青草の不足で、香長平野のイネ作農家は、役牛が飼えなかったといわれているが、これは、農作業の通路になる畦以外は、水田の畦の幅が最小限に抑えられて、青草を刈る広い畦が少なかったためでもあった。それを解決していたのが、一、二か月あった農繁期のずれを利用して、物部川上流の山間部の農家との間で、牛を貸し借りする「賃牛《ちんうし》」の慣行であった。*8 多くが天水田である傾斜地の棚田も、畦の幅が狭いので、畦の保護もあって畦マメ作は少なかったと思われる。

高知県でも、昔からダイズが村の暮らしで大事な食べものだったことに変わりはないが、コメが欲しい農民にとっては、まず水田を一坪でも増やしたいという願いが強かったであろう。ダイズが、限られた山間部の焼畑と、散在する盆地の狭い畑の作物であったことが、高知県を、今日まで全国でダイズ作のもっとも少ない県にしてきた理由であったのではというのが、筆者の結論である。

（＊8）春、または、夏の一回だけの貸し借りを「片鍬」、両季の場合を「両鍬」という。「賃牛」は、明治三七〜三八年ごろから増加したが、その料金の「賃米」は、平均コメ二〜三俵、能力の高い牛は四〜五俵、または、相当する額の金銭で支払われた。明治二〇年ごろのコメ一石の価格は約二〇円で、この賃米は、「両鍬」の場合、山間部の上田一反のコメの収量に優に匹敵したとされ、ほとんどの農家が賃牛に出していた。[68・69・77]

⑤「丹波黒大豆」の歴史

「丹波黒大豆」の産地、丹波篠山《ささやま》は、「丹波大納言小豆」でも有名であるが、筆者が、わが国の誇るべきダイズの銘柄品種「丹波黒」の由来や、栽培技術について調査するために初めて丹波を訪ねたのは、一九九二年十一月の中旬だった。畑で、収穫期が近い「丹波黒」を見た時の印象は、「これもダイズか？」という驚きであった。高さは三〇～四〇センチメートルほど、幅が約一・五メートルもある大きな畦の中央に、株間約四五センチメートルで一列植えされている。ふだん見慣れているダイズ栽培では、播く列の間隔が四五～六〇センチメートル、株間が一五～二五センチメートル程なので、極めて疎植である。摘心されて地際の太さが二センチメートルもある主茎から、数本の太い枝が横に張って伸びており、まるで木のようである。正月向けの年末までの出荷に間に合わすために、手で葉を落として莢実の成熟を早めることもするが、子実の追熟を損なわないようにする手加減が難しい。結実期の莢実の重さによる枝折れと倒伏を防ぐための支えの鉄線張り、収穫後の幹干し乾燥、そして、最後の厳格な子実の選別まで、極めて熟練を要する集約的な栽培管理が行われている。

「丹波黒」の主産地は、旧多紀郡、篠山市北西部の西紀町川北と城東町曾地であるが、一〇アール当たり収量は平均約一三〇キログラムで、普通のダイズは、多収穫共進会などでは五〇〇キログラム以上も挙げるのに比べると、かなり低い。しかし、「丹波黒」の価値は、まずその子実の一〇〇粒重が七五～八〇グラムもある「超大粒」性（近畿・中国地方のダイズ奨励品種の平均が一七～三七グラム）にある。一般の「大豆調査基準」では、一〇〇粒重三七グラム以上が「極大粒」に分類され、実際に存在する「極大粒種」も、四〇グラム程度までなので、[78]「丹波黒」が、いかに大粒かがわかるだろう。薄い灰色のワックス質の粉で覆われた特有の黒い種皮色と、その豊満で、煮ても形が変わらない真円の粒形も重要で、これらの品

図V－5　「丹波黒大豆」（左）と「丹波大納言小豆」

質、特性を維持するために、かたくなともいえるほどに昔ながらの栽培法を守り、低い収量を高い商品性で補ってきた。この「丹波黒」に、「山の芋」、「丹波栗」、そして、牡丹鍋にする「イノシシ肉」が丹波篠山の名物である（図V―5）。

「丹波黒」の由来に関する最初の記録として、『多紀郡誌』［大正七（一九一八）年一二月］の次の記録がある。[79]

「黒大豆ノ原産地ハ南河内村川北ノ一部分ニシテ今ヲ距ルコト約百六十年前、主青山家ニ於テ郡内農産物中特ニ黒大豆ノ優良ナルヲ庄屋ニ命ジテ特選黒大豆ヲ納入セシメ更ニ青山家ニ於テ精選シ之ヲ幕府ニ献納セラレタリ是ヲ特産黒大豆献納ノ始メトス」

また、「丹波黒」栽培の伝統農法として、また、藩政時代の農民の知恵として興味深い話がある。すなわち、川北地区は、藩政時代からもともと畑地が少なかったが、水田の土壌はごく重粘で、地力が低く、そのうえ、灌漑事業の遅れで、田植えの時期に水の不足がしばしば起こった。常習的な旱害にも苦しめられて水争いが絶えず、農民は貧しかった。そのために村では、交替で田の一部を、イネ作を休む「犠牲田」にして、ダイズなどを栽培する「堀作」（「坪堀」）を行うことを申し合わせた。この「堀作」とは、湿田を排水して乾燥状態にするのに、冬の農閑期に鋤いて高畦にして、土を「堀上」げることからきている。[80] 夏作としてヒエやアワ、ダイズなどを栽培する農法で、湿田地帯に畑を造ることになる。

主食のコメと、タンパク質給源のダイズを得るための田畑転換の一農法といえるが、農民たちは、「年々作の出来が良くなかった悪地の場所が堀作によるダイズ作で段々田地も良くなり……」[*9]と、「堀作」の効果をよく認識して、享保三（一七一八）年に、藩に願い出て認められていた。しかし、三〇年後の延享五（一七四八）年になって、年貢米の減産を恐れた藩は、「堀作停止」を命じたので、多紀郡の大庄屋が連名で、「堀作」が「地肥やし」、すなわち、地力の向上に効果があり、イネ作にも良い影響を与えるものとして、その継続方を藩に嘆願している。その結果、村の石高に応じた面積に限って「堀作」の継続が認められたが、「棉」や「たばこ」など他の諸作物は植えることが堅く禁じられ、原則としてダイズ作が強制されて、年貢の割合は低かったが、コメの代わりの貢租とされた。[80]

（＊9）インドネシアのジャワ島中部に、「ソルジャン農法」と呼ばれて、低地畑の洪水害の回避や、水田地帯で畑作物を栽培する目的で行われる同様の伝統的農法がある。高さ約五〇センチメートルの高畦を作って、常時、湛水する畦間の溝にイネを植えて、高畦には、リョクトウや野菜などを栽培する。ベトナムや台湾にもある、労働集約的な「交互高畦作」農法[81]である。

貞享二（一六八五）年の記録として、丹波の土産に、「黎豆（クロマメ）」（ハッショウマメの訓もある）の記載があり、また、毎年、将軍家や各国大名に、「山椒」、「大豆」、「大納言小豆」などを献上していたことから、「献上豆」の名があったとされるが、藩主青山忠裕公が「黒大豆」の栽培を奨励し、日置村（現篠山市日置）の豪農で、大庄屋だった波部《はべ》六兵衛に、良種を精選して郷《ごう》の各所に配布させて、品種の改良を奨励している［天保二（一八三一）年］。明治になって、孫の波部本次郎が父祖の遺志を継いで、さらに大粒を厳選し、これを原々種として栽培、増殖して、「波部黒」と命名、種子を郡内に配布して栽培を奨励した。明治二七（一八九四）年、同二八年には、東京と京都で開催された内国勧業博覧会に出品した「黒大豆」が、受賞し、宮内省買い上げを受けている（豆類基金協会資料、一九八八年）。

したがって、「丹波黒」には、この「波部黒」と、南河内村川北産の「川北黒」との二系統があったが、昭和一六（一九四一）年に、兵庫県農事試験場が多紀郡内の在来の黒大豆を「丹波黒」と命名し、奨励品種に指定したという経緯がある。丹波農協で、「丹波黒」の栽培技術の継承と品質保持の指導に努めてこられた北川喜代治さんは、「祖父から聞いたが、藩政時代から、種子は地元の農家同士の間でのみ交換し、品種の純度を維持して栽培してきた。〈波部黒〉は、粒は大きいがやや扁平なので、品評会に出品されると除いてきた」と、話されていた。

「丹波黒」の粒の大きさは、昭和二〇年代には一〇〇粒重が四〇〜六〇グラムだったのが、七五〜八〇グラムにまで大粒化しているが、もともと遺伝的に固定したものでなかった「丹波黒」は、官民の努力で大粒化の選抜が進められて、現在のような大粒になった[78]。しかし、同時に、その高い商品性で、極晩生性や、収量、耐病性、耐倒伏性などが劣るという性質が改善されないまま、栽培が継続されてきた。正月のおせち料理には、「黒ダイズ」が欠かせないという、食文化に結びついた消費、流通性が、「丹波黒」というブランドを支えている。同じ種子を他県で栽培しても同じものができないという「強み」はあるが、その価格は、例えば、北海道産の「黒ダイズ」（一〇〇粒重が約三六グラム）の数倍はする。だが、黒いダイズであればよいという、消費者の選択志向や、「新丹波黒」（一九八一年、京都府農業試験場が育成）との市場競争など、「丹波黒」が生き残っていくためには、育種や栽培技術だけでなく、流通や消費拡大の面で大きな努力が必要となる[81・82]。兵庫県では、一九八九年に、在来品種から選抜された「丹波黒大豆」の栽培が広がっている。「エダマメ」としての消費も伸びているが、「丹波黒」の新しい加工法による新商品の開発が進められており、その数は、ジュース、味噌、ワインなど、五〇種類に及んでいる[83〜85]。

(5)「世界のマメ」――ダイズ

大航海時代以後、盛んになった東アジアや東南アジアへの西欧人たちの往来の記録に、「ダイズ」への関心や認識があったことを示すものがないかと、いくつかの記録を探ってみたが[86〜91]、「コメ」の酒の話は出てくるが、ダイズやアズキ、ダイズの発酵食品などについての記録が出てこない。これには、通事(通訳)など、征服者や支配者の側にあった多くの西欧人は、現地の権力者たちとは交渉を持っただろうが、農民や漁民、そして、町民などにはほとんど接触しなかったので、見聞の限界もあったが、庶民の暮らしや日常の食べ物の分野のことなどには関心が低かったことも考えられる[92]。また、ダイズに代表されるマメの発酵食品には嗜好が合わず、その食品的、栄養的な価値を知るまでに時間がかかったこともあっただろう。

欧州でダイズが知られるようになったのは、一六〇三年に出版された、日本イエズス会編集『日葡(ポルトガル)辞典』に、「大豆・味噌・醬油」が載っているのが最初だとする説がある[93]。だが、ドイツ人の博物学者で医師でもあった、エンゲルベルト・ケムペル[*10]が、「奇跡の植物ダイズ」を欧州に紹介しようと試みるまでは、ダイズは、植物としても食品としても、欧州では知られていなかった[94・95]。その後、分類学者のリンネが、ダイズを記載したのは一七三七年だが、ダイズが珍しい植物として、一七三九年にフランスのパリ植物園で、一七八六年にドイツで、そして、英国王立キュー植物園では一七九〇年に、試験栽培が行われている。また、一八七三年のウイーン万国博覧会には、日本と中国からダイズが出品、展示されている[96・97]。

このような記録からは、東インド会社時代には、欧州でダイズを調達したとは考えられないので、一七～一八世紀ごろの英国船で食料にされたという「干しダイズ」（第六章）は、東南アジアかインドの寄港地で中国人から求めて積み込んでいたものかも知れない。

今日では、ダイズは、世界に、食文化（第十章）だけでなく、「油料種子」としての用途が拡大して経済的にも最も大きな影響を与えたマメとなった。その総生産量は、第二次世界大戦前の一九四〇年代には約一五〇〇万トンだったのが、一九七〇年代には約七〇〇〇万トン、そして、二〇一〇年代には、新旧両大陸で三億トン近くにも達している。その間に、ダイズの原産地である中国は、かつて生産量では世界で第一位だった地位を、筆頭の米国や、ブラジル、アルゼンチンなどに譲り、世界で最大のダイズ輸入・搾油国になった。また、かつては統計にも載らなかったインドが、五大「ソイビーン（ダイズ）・カントリー」に仲間入りするという、ダイズの歴史を塗り替える大きな出来事もあった（第三章）。

（＊10）　蘭領東インド会社の長崎商館付医員として一六九〇年から九二年にかけての日本での滞在・旅行記（『江戸参府旅行日記』）、『日本の歴史』（一七二七）、日本のダイズや、カキ、チャなど約四〇〇種の植物について、利用も含めて詳しく記載した『廻国奇観』（一七一二）などの著書がある[98]。

二　アズキ

(1)　アズキの祖先種は？

一九七〇年代に、それまでインゲンマメ属に含まれていたアズキは、リョクトウ、ケツルアズキなどとともにササゲ属（アズキ亜属）に移っている。[1〜4] 近年、日本の研究者の貢献が大きいが、日本列島を含む東〜東南アジアにおける、ヤブツルアズキ（図Ⅴ―6）や、ヤブツルアズキとアズキとの中間型で、「雑草型」アズキ（「ノラアズキ」）とも呼ばれる植物の収集が進み、それらのＤＮＡ分析による遺伝的類縁関係に関する情報と考古植物学的知見が大きく増えている。[5〜13]

日本のアズキと、日本のヤブツルアズキとの遺伝的近縁関係については、

・日本のヤブツルアズキが、少なくとも日本のアズキの祖先種であった。
・日本で、アズキとヤブツルアズキとの間で遺伝子の流動が繰り返されて、互いの遺伝子構成が類似するようになった。

という、二つの可能性が考えられている。このことは、アズキからヤブツルアズキが出たのか、その反対だったのかが明らかでなく、また、ヤブツルアズキが、本来、野生種であったと考えてよいという根拠がまだはっきりしないという見解[3]につながる。

ヤブツルアズキは、ネパール、ブータン、インドのヒマラヤからミャンマー北部、中国、台湾、そして朝鮮半島を経て日本まで分布しているが、[14] 栽培アズキの遺伝的多様性が高い地域は、東アジアの日本、韓

国、および中国である。遺跡から出土する炭化種子の種の同定や、野生近縁種の地理的分布、種子の貯蔵タンパクやDNA解析によって、少なくとも東北アジアのアズキの栽培化の地域の一つの中心が、日本である可能性も高くなってきている。そして、栽培アズキには、東アジアと、ネパール、ブータンの二つの遺伝的グループが存在し、それぞれに対応する野生アズキが存在していることが明らかになっているが、それぞれが独立して起源したものか否かについては、まだ結論は出ていない。

(2) アズキの歴史

図Ⅴ-6　ヤブツルアズキ
(高知県香南市，2013年11月)

中国の『神農書』(三〇〇〇～二五〇〇年前)や、『黄帝内経《だいけい》素問』(約二三〇〇年前)にアズキの栽培品種の記述があるとされ、また、『斉民要術』[15](後魏の時代、五三三～五四〇年ごろ)には、その「巻一」で『氾勝之書《はんしょうししょ》』[16](一世紀)の「小豆」の播種の記述を引き、また、「巻二・第七小豆」には、「小豆荅《とう》也」[17](『廣雅』魏、三世紀)とあり、その詳しい栽培法が述べられている。これに対して日本では「記紀」(八世紀)に現れているが、三世紀ごろの中国の『魏志東夷伝』の「倭人伝」に、「倭」(日本)の産物としてはアズキの記載がないことから、日本のアズキは中国からの渡来と信じられてきた。

次のリョクトウの項でも触れるが、近年、縄文時代以降の日本列島や、朝鮮半島での遺跡から出土するマメ様種子に関する知見が増

図Ｖ－７　炭化したマメの出土種子（縄文中〜末期・岐阜県垣内遺跡。松井章氏提供試料）

えている（表Ｖ—１・図Ｖ—７）。植物遺体の年代や形質からみた古さの時間軸をたどっていくと、例えば、東アジアのイネ、キビ、アワ、コムギ、オオムギなどのように、中国から、韓国を経て、日本へという、伝播の方向が推定できる。だが、栽培アズキについては、現在のところ、日本の縄文中期の遺跡からの出土が最も古く[＊１]、次いで、韓国南部の遺跡からの出土（慶尚南道南江遺跡・約五〇〇〇年前——野生アズキ？——・茶雲洞遺跡・約三〇〇〇年前——栽培化初期のアズキの可能性もある）が古く、そして、最も新しいのは、中国黄河文明の両城鎮遺跡（竜山文化。約四〇〇〇年前）の出土例である。このことは、アズキの日本起源説を支持する強い根拠になる。

（＊１）　日本での炭化アズキ種子などの出土例

・縄文時代早・前期（約六〇〇〇〜五〇〇〇年前）
滋賀県粟津湖底遺跡（栽培種か否かは不明）・福井県鳥浜貝塚遺跡
・縄文時代中・後・晩期（約五〇〇〇〜四〇〇〇年前）
青森県三内丸山遺跡・鳥取県桂見遺跡・富山県桜町遺跡・京都府桑飼下遺跡
・弥生時代以降——静岡県登呂遺跡（約二〇〇〇年前）
・北海道アイヌ遺跡（九世紀ごろ）

日本で栽培化された可能性も高いが、古代の中国や日本の農書などの「小豆」は必ずしも今日のアズキではなく、小粒の「マメ」の総称でもあった。また、中国では、アズキは「荅《とう》」と呼ばれたが、日本の江戸時代の農書には、中国でダイズとマメの総称に用いられる「尗《しゅく》」や「菽《しゅく》」に、「小」や「赤」を冠した

「小赤」や「赤萩」を引く例（『本草綱目啓蒙』一八〇三）[18]、また、「紅小豆」や「赤小豆」などと呼んで「緑豆」や「豇豆《ささげ》」などと区別している（表V―2、3）。

江戸時代の中期、享保～天文年間の全国諸藩における産物の中で、農作物については、『諸国産物帳』[19]＊2（一七三五～三九年ごろ）に詳しい。また、明治時代中期に官撰により編纂・刊行された『古事類苑』[20]（一八九六～一九一四年、神宮司廳）には、『記紀』に始まり、江戸時代（慶応三年）までの史料や農書、それらが引用する『本草綱目』など中国文献の出典も示して、ダイズ、アズキ、ラッカセイなどマメ類九種の名称や種類についての記述（「植物部二十・草九」）がある。『延喜式』（九〇五～九二七）[21]＊3に現れるマメについては、杉山（一九九一）[22]や、松本（二〇〇二）[23]による検証がある。

（＊2）『諸国産物帳』（略称）

　享保二〇（一七三五）年～天文三～四（一七三八～三九）年にかけて、幕府の命を受けた本草学者、丹羽貞機（正伯）が、全国の大名領、天領、寺社領内の産物を克明に調べ上げて編纂された。正式名称は、『庶物類纂』である。「産物」は、農作物、植物（草・木・竹・海藻・茸）、動物（鳥・獣・虫・魚・ほか）、そして、鉱物など、「天産物」の範囲に限られ、加工品、工業製品は含まれない。調査にあたっては、正伯のもとに何度も諸藩の江戸留守居役が集められてその調査基準が指示された。諸領では、今日の小字に相当する小区域であった村々の庄屋や名主らが中心になり、村民の知識を集めて、農作物の種類と品種名、動・植物の種類について、郡から領、または国の単位で一～三年がかりでまとめ上げて完成したものが江戸に届けられた。正伯はすべてに目を通して、方言名で自分に判らないものや、地方特産の珍しいものなどには、絵図や説明を求めるなど、完成までにはさらに一～二年を要したとされている。残念なことにこの元本が後に行方不明になったが、編者らの努力で各国元の控えの文書の調査・収集が続けられ、北は陸奥国盛岡領から南は日向国諸県郡まで、四二地域の一六七点の所在が判明した（同書「まえがき」）。

（＊3）『延喜式』

　延喜五（九〇五）年に醍醐天皇の詔命で編纂が開始され、延長五（九二七）年に全五〇巻が完成した。『弘仁式』（四

表V-2　日本古代〜近世農書などに現れるマメ（浅井ら 1964*，ほかによる）

『古事記』(712)	大豆, 小豆
『日本書紀』(720)	大豆, 小豆
『延喜式』(905〜927)	醬大豆, 白大豆, 青大豆, 黒大豆, 生大豆, 大角豆
『本草和名』(901〜922)	生大豆, 大豆, 小豆, 赤小豆(綠豆を含む), 藊豆(鵲豆), 白角豆(佐々介)
『清良記』(1629〜1654)	白垣豆(フジマメ), 葛豆(ハッショウマメ), 野菽(ツルマメ), 刀豆(ナタマメ), 大豆(24 品種), 小豆(12 品種), 豇豆(18 品種)
『新刊多識編』(1631)	大豆, 小豆, 綠豆, 白豆, 穭豆, 豌豆, 藊豆, 蚕豆, 豇豆, 黎豆
『備用庖厨和名本草』(1671)	大豆, 赤豆, 綠豆, 白豆, 穭豆, 豌豆, 豇豆, 藊豆, 毛豆, 刀豆
『百姓伝記』(1681〜1683)	大豆, 小豆, 小角豆, えんどう, ゐんげんまめ, そらまめ, ぶんどう(かつなり・やえなり), さるまめ(えんどう), つるあつき, つばくらまめ(藊豆へんづ)
『会津農書』(1684)	大豆, 小豆, 綠豆(リョクツ・ブンドウ・ヤエナリ), 豌豆, 刀豆, 鈴豆, 黎豆(レイヅ・ハッショウマメ), 羊角豆(ササゲ)・唐豇豆(タウササゲ)・隠元豇豆(インゲンササゲ), 藊(カヂマメ)
『和爾雅』(1694)	大豆(タイズ・マメ), 赤小豆(アヅキ), 綠豆(ロクトウ), 豌豆(エントウ), 蠶豆(ソラマメ)・胡豆・穭豆(ノマメ・タンキリマメ), 豇豆(ササゲ), 藊豆(ヒラマメ・アヂマメ), 眉豆・鵲豆(ナンキンマメ・インゲンマメ), 刀豆・挾劒豆・刀鞘豆(ナタマメ)
『農業全書』(1697)	「五穀の類 19 種」大豆(まめ), 赤小豆(あづき), 菉豆(ろくづ・ぶんどう), 蚕豆(そらまめ), 豌豆(えんどう), 豇豆(ささげ), 藊豆(へんづ・あぢまめ), 刀豆(なたまめ・とうづ)
『大和本草』(1708)	大豆, 赤小豆, 豇豆, 綠豆, 蚕豆, 刀豆, 白扁豆, 眉児豆(ナンキンマメ・インゲンマメ), 黎豆, 豌豆, 落花生
『和漢三才図会』(1713)	大豆(まめ), 赤小豆(あずき), 綠豆(やえなり・ぶんどう), 飯豆(しろあずき・白豆), 豌豆(えんどう・のらまめ), 蚕豆(そらまめ), 穭豆(たんきりまめ・のささげ), 藊豆(いんげんまめ), 十八豇豆(じゅうはちささげ), 沿籬豆(えんりず), 蛾眉豆(がびず), 白扁豆(はくへんず), 刀豆(なたまめ), 黎豆(八丈豆・狸豆・虎豆)
『物紛』(1787)	ふらら(フロウ), 垣紅豆(かきささげ), 粉豆(こなまめ), 刀豆, 眉児豆(いんげんまめ), 十六紅豆(じゅうろくささげ), 黒小角豆(くろささげ), 小豆, 葉豆(青刈大豆), 豌豆, 蚕豆
『草木育種』(1818)	大豆, 赤小豆, 豇豆, 落花生(とうまめ, なんきんまめ), 豌豆, 蚕豆, 刀豆
『経済要録』(1827)	痰切豆(穭豆・極小の黒豆)・雁喰豆(碁石豆・黒豆の極大のもの)など(いずれも大豆の品種名), 赤小豆(アヅキ), 豇豆, 藊豆(眉児豆), 刀豆, 黎豆(フヂマメ), 豌豆, 蚕豆, 綠豆(ブンドウ・ヤエナリ)

『草木六部耕種法』(1829)	大豆, 赤小豆(蟹目・緑および白の小豆**), 緑豆, 蚕豆(大粒で扁平と大粒で丸い, 2品種), 豌豆, 豇豆(つる性と立性), 扁豆(タウマメ・イタマメ), 天竺豆(藤豆), 南京豆, 隠元豇豆[漢名・眉児豆, 慶安(一七世紀中期)隠元禅師がもたらした], 刀豆

* 日本学士院編『明治前日本農業技術史』日本学術振興会, 1964。
**蟹目：カニノメ。バカソなどとも呼ばれたツルアヅキの可能性もある。
（注）漢字名の訓の表記は原典による。日本名——中国名対照表（表Ｖ-３）参照。

〇巻）、『貞観式』（二〇巻）の後を受けて、その訂正・追加を行って編集された律令の施行細則で、九六七年から施行された。「式」とは、律令格とあわせて法曹四書を成すとされる法典であるが、百科便覧的な内容で、平安初期の禁中の年中儀式や制度などを漢文で記している。全巻三〇〇〇余条のほとんどがほぼ完全な形で伝存する。農作物が関係するのは、巻三二、三三「大膳」の部と巻三九「内膳司《ないぜんし》」などで、諸国からの朝廷への進献諸物産品の種類や名称、数量などの記述がある［小泉一九四三(24)・江上波夫ほか編、一九九三、『日本古代史事典』・『広辞苑』第六版などによる］。

小泉（一九四三）(24)は、「わが国の本草学、物産学は、支那の本草学の移入に発しているといってよい。……その時について、私は、延喜式と深根輔仁の本草和名（九一八年）とをわが国本草学の第一期の所産の顕現とみる」と述べているが、平安時代の野菜の種類を知る上で、『本草和名』(25)や、『和名類聚抄』（九三一～九三八）(26)では、漢名、異名、和名以外の記述はごく少ないが、『延喜式』には、栽培や利用に関する記述もある。

『延喜式』に定められている年中の祭祀や臨時祭などには、イネ作の豊穣、皇室、国家の隆盛と安泰を祈るのに、神饌や供養料などとして、白米、もち米などとともに、ダイズとアズキが山城国や大和国などから奉納されている。また、伊勢神宮の祭祀に奉仕した未婚の皇女、斎宮《いつきのみや》に関わる行事や祭には、「大角豆」（ササゲ）も出ている。また、調・庸（律令制での税制・労役）の雑物《ぞうもつ》（代納物）、また、季節ごとの神事や、仏事の官給の供物として、コメ、ムギ、アワなど穀類とともに、ダイズとアズキが出ている。『延喜式』全五〇巻に、記載が最も多く現れる作物は、イネと並んで、ダイズとアズキであり、両種のマメが、畑作物を代表するものであったことがうかがわれる。

諸国が貢納した「調」の雑物から、神饌や供物に充てる食材、果菜・餅果・漬菜料を供進する役所である「大膳職」が扱う食材に、ダイズ、アズキ、ササゲが多く出ている。「調・庸」相当の物品を購入する交易雑物にも、山城、大和、河内、近江、丹波、但馬、播磨、紀伊、美濃、参河《みかわ》、因幡、美作、備前、伊予、阿波、讃岐など、畿内から中国、四国、東海地方の諸国産のムギやアワとともに、ダイズ、アズキ、ササゲのマメ三種の名前が出ている。

また、「内膳司」は、律令制で「宮内省」に属し、天皇や宮廷の調理・試食を管掌したが、公家内で必要とする農産物の一部を生産するための圃場を持っていて、作物を栽培した。園地の総面積は三九町五反二〇〇歩（約三九・五ヘクタール）で、その内訳は、京北園一八町三反、奈良園六町八反三二〇歩、山科園九反、平城園二町などで、このほかに梨一〇〇株、桃一〇〇株、桔《ケツ》（橘《たちばな》・コミカン）四〇株など果樹四六〇株、他に乙訓郡（京都府）に田があって、セリ、水葱など水生野菜を栽培していた。また、園には、牛一一頭、鍬七四口、鍬柄四〇枝、鋤柄三四枝、馬鍬二具、辛鋤《からすき》の「へら」二枚、同「さき」四枚、車二輌、長さ三丈の川船一隻を具えていた。常勤の作業員である「管園仕丁」は、「直丁」一人と「駆使丁」一三人で、ほかに臨時の労力を雇った。

『延喜式』巻三九「内膳司」の「耕種園圃の条」には、作物別の種子の播種量や苗の量、また、耕起から播種、畦立、施肥、収穫、調製、運搬まで、作業内容ごとの労力などが記載されていて、当時の作物栽培の技術をうかがうことができるが、アズキについては、次のように述べられている[22・23・27]［（　）は筆者注］。

「小豆一段（反）を営《つく》る。種子五升五合。耕地を一遍、犂耕するのに把犂・馭牛に各一人。牛一頭。

表V－3　中国，日本の農書などに現れるマメ類の漢名と和名の対照表（前田 2000）

種名	漢　名	和名（訓名・地方名）
アズキ	荅　赤小豆　紅豆　飯豆　紅小豆　白豆	アズキ(小豆)　アカアツキ　シロアズキ　シャボンマメ　高麗小豆　牛木豆　鹿小豆
リョクトウ	緑豆　撒房豆　菉豆	フタナリマメ(二成豆)　ヤヘナリ(八重成)　ブンドウ　ブントウ(文豆・粉豆)　ミドリマメ　マサメ(真小豆)　ロクズ　トウロクカツモリ　ドウゴ　トウゴ　猴豆(サルマメ)　ババコロシ　バコロシ(婆殺)　緑小豆　ノウラクアズキ　アズキブンドウ　アオアズキ
ツルアズキ(タケアズキ)		蟹乃目小豆　馬韓小豆(バカアズキ・バカソ)　ノラアズキ
インゲンマメ	菜豆　菜園豆　時季豆　四季豆　四月豆　芸豆	隠元豆　ウズラマメ(鶉豆)　五月ササゲ　メズラ　隠元豇豆
エンドウ	豌豆　胡豆　回鶻豆　回回豆　青斑豆　畢豆　園豆　豍豆	エンドウ　サルマメ(猴豆)　野良豆(ノラマメ)　二度豆　三度豆
ササゲ	豇豆　双豇　江豆　羊角豆　䜶　蜱蠖	ササギ　江戸ササゲ　五月ササゲ　大角豆　豇豆　莢ササゲ　垣ササゲ　荳角　烏豆　二度成豆　二成豆　ソヒマメ(䜶豆)
(ナガササゲ)		長豆　フロウ(不老)　フラフ　フララ　ナンキン　十六大角豆　十八大角豆　縄ササゲ　裙帯豆
ソラマメ	蠶豆　仏豆　腎豆　胡豆　馬歯豆　寒豆	高野菽(豆)　コウヤマメ　ソラマメ(蠶豆・空豆)　虚豆　大和豆　江戸豆　伊豆豆　唐豆(トウマメ)　天竺豆　雪割豆　雁大豆　夏豆
ダイズ	尗　菽　大豆　戎菽　戎荏　黄豆　荏菽　胡豆	マメ　ダイズ(大豆)　黒豆　烏豆(クロマメ・ウズ)　大菽
ツルマメ	櫓豆　穭豆　驢豆　野大豆　豋豆　𨇽豆	ロズ　ロウズ　ツルマメ　ノマメ(野菽)　タンキリマメ(痰切豆)
ナタマメ	刀豆　挟剣豆　洋刀豆　剣豆　裙帯豆　菜角豆	ナタマメ(鉈豆)　タウズ(刀豆)
ハッショウマメ	黎豆　貍豆　虎豆	ハッショウマメ(八升豆)　クズマメ　テンジクマメ　十貯豆　フジマメ　センゴクマメ　オシャラクマメ　黎豆(クロマメ)
フジマメ	藊豆　白扁豆　鵲豆　眉児豆　沿籬豆　蛾眉豆　豍豆　羊眼豆　扊扅豆	カキマメ(籬豆・垣豆・垣菽)　アジマメ　アチマメ　ナンキンマメ　藤豆　ヘンズ　扁豆　ツバクラマメ　千穀豆　鵲豆　隠元豆
ラッカセイ	花生　落花生　番豆　土露子　千歳子　長生果　万寿果	唐人豆　南京豆　地豆　底豆　唐豆　土豆　俵豆　落花生　抉豆(エグリマメ)　瓢簞豆　関東豆
種名不詳	珂孚豆	(イチコマメ)

「料理」(耕地の地ならし)に一人。畦上功(畦立)に二人。下子(播種)に半人。「芸〈くさぎる〉(除草)」二遍、四人。採功(収穫)に二人。打功(脱穀)」に二人。総単功(延べ労力)一三人半」

延べ労力が「一三人半」となっているが、ダイズとササゲもほぼおなじで、コムギが一四、五人である。しかし、畑作物としては、野菜類の半分から三分の一である。オオムギやコムギ、ダイズなどの穀物や、野菜類の記録と比較して、アズキは、とくに労力がかからず、生産コストが安い作物であったと考えられている。また、『延喜式』で採用されている税の代替率は、納入されるべきアワと、アズキは、「各々二斗を稲三束に当て。大豆は一斗を稲一束に当てよ」とされているが、この代替率が二〇〇年前の天平六(七三四)年から変わっていないことから、アズキとダイズの生産量が増加したことのほかに、栽培が容易であったためだろうと考えられている。

なお、左・右馬寮《めりょう》＊4は、犂耕用の牛を舎飼していたので、廐肥を運んで作物に施用したが、一六種の「施糞」作物は、すべて野菜類で、ダイズ、アズキ、ササゲなどマメ類は、オオムギ、コムギ、ナス、ダイコン、イモ、そして、「晩瓜」(種名不詳)とともに、「無施糞」、すなわち、無施肥の作物に区分されていた。また、山城国からの年貢として、青刈りの飼料作物、「畠蒭《はたまぐさ》」という記録がある。古代中国の農書『斉民要術』(六世紀)には、青刈りダイズ、アズキ、ササゲ、ツルマメ(野生ダイズ)、ウマゴヤシなどが、「乾蒭《かんすう》」(干し草)のほかに、「草糞」、「苗糞」(第一章)などと呼ばれて、緑肥として利用されたことが出ているので、その技術も中国から入っていたであろう。

(＊4)「馬寮」(『延喜式』巻四八「左・右馬寮式」)
律令制で「御牧《みまき》」及び諸国の牧場から貢進する官馬の調習、飼養、穀草の配給、「飼部《うまかいべ》」の戸口・名籍などを司った役所。左馬寮と右馬寮とに分かれ、各長官を「頭《かみ》」と称した[28](『広辞苑』第六版による)。

（3）「マメ」への畏敬と民俗——アズキの赤色の役割

アズキは、わが国では、ダイズとともに栽培の歴史が古く、信仰や民俗行事など、精神文化の上でも特別な食物として「ハレ」の行事では欠かせないマメになっている。全国各地に見られるダイズとアズキに関わる年中行事や、習俗、儀礼など、民俗事例については多くの文献[29~37]があるので、本稿では割愛する。ここでは、「マメ」への畏敬につながる「豆撒き」の起源と、アズキのもつ赤色の役割について述べる。

①節分の豆撒きの由来

『成形図説』（一八〇四）[38]に、次のような記述がある。

「三春中ニ雷始メテ鳴ル、之ヲ初神鳴ト謂ウ。京俗デハ貯エ置イテ節分ニ熬豆《イリマメ》ヲ撒ク。初雷ヲ聞ケバ則チ其豆三粒ヲ食ス。又旅行人《タビタチヒト》ヲ送ル時ニ之ヲ供スル。俗ニ人ノ康健《（ママ）》ヲ称エル。曰痲米《マメ》与（ト）豆ハ語ヲ同クス。故ニ供ニ其ヲ以テ人ノ康寧ニテ而帰リ来ルコトヲ祝禱スル、亦古俗之微意也……」（一部を筆者意訳）（注。「三春」は、早春から晩春まで、春の季節の三か月をいう。松村明編『大辞林』三省堂）。

豆撒きは、地域によって「マメぬか」（きな粉を作る時にできる種皮の粉）撒きのように、香気の発散で厭わしいものの排撃を意図する節分の鬼払いを、より穏やかにしている例もあるが、仏教の影響で動物性食品の摂取が少なく、タンパク質栄養を大きく支えてきたダイズがもつ呪力、あるいは、威力への信仰があり、「潔め」に塩を撒くことにも共通するものだと考えられている。これは、ローマ、ギリシャ時代の「ソラマメ」撒き（第八章）にも共通する。万病治癒の祈願、妊娠・出産の祝儀、作試《だめ》し、悪疫祓禳《ばつじょう》、幸福の招来など多様な祭事・習俗にダイズが登場するが[39]、わが国への中国からのダイズが伝わる経路となった朝鮮半島にも同じダイズの穀霊信仰がある。ダイズへの畏敬は、ダイズ稈（がら・茎）を神聖視する習俗にも表れている。

②アズキの「赤色」の役割について

まず、ハレの日の赤飯だが、そのもとには、「小正月」の「アズキガユ」があった。中国の古い習俗の「赤色粥《かゆ》」が、その祖型だとも考えられているが、小正月にアズキ粥を食べる風習は古く、奈良・平安朝時代、一〇世紀の『延喜式』、あるいは、江戸時代（一六世紀）にまでさかのぼるといわれている。その起源は中国と関係が深く、冬至の日に死んだ子どもが疫鬼になったので、「赤豆」でこれを逐《お》ったという話の典拠としては、沈約『宋書』*5と、六〜七世紀ごろのものとされる中国民間の年中行事を伝える宗懍《そうりん》著『荊楚《けいそ》歳時記』に、「共工氏に不才の子あり。冬至を以て死し、疫鬼と為り、赤豆を畏《おそれ》る。故に冬至の日、赤色粥《しゅく》を作り以て之を禳《はら》う」とあるのが最も古い史料であろうと、守谷（一九七八）[40]は述べている。そして、正月に「赤豆」を疫病のために用いるとする故事もあり、その目的は同様に赤色を尊ぶことと関係があるらしいと述べている。中国では、冬至の日は、日が最も短く、陰陽が争うので君子は斎戒し、身を慎むべきとされ、また、唐代には、元日のように、訪問や進物をするとされて、「冬至節」を賀し、王朝の公式節日として元日と同じくらい重要視されたという。

（＊5）『宋書《そうじょ》』南朝梁の沈約の著。宋の歴史書。斉の永明年間（四八三〜四九三）に完成した（米山・鎌田『大漢語林』）

熊谷（一九七九）[41]は、朝鮮半島における、アズキの食文化や、儀礼・習俗の中国からの受容について検証している。冬至に、アズキ粥を作る習俗の初見は、三世紀後半の『周処風土記』であり、冬至に粥を作る目的は、「四気がめばえて動き出したので、粥を作って幼年の者を養い、病弱の者を扶《たす》けるためである」、そして、アズキを入れるのは、「陽気の色を象《かたど》るため」であったが、『荊楚歳時記』では、「赤豆を畏れた疫鬼を禳《はら》うため」になっていると指摘する。そして、朝鮮の慶尚南道では、冬至の日にアズキ粥を炊き、住宅の周囲に散布すれば悪疫に罹らないと信じられているという。また、アズキに関わる祓禳、辟疫《ひえき》の習俗が、中国では、江蘇、浙江、雲南の各省にはあるが、華北にはないことから、アズキの江南起源を考えている。

柳田（一九四二）[29]は、アズキが儀式の日の食物に加えられるようになった理由については、先行してあったダイズによる風習を、アズキが、むしろ拡張・改良したのではなかったかとして、それにはアズキの美しさがあったからだと述べている。ここで、アズキの赤色のもつ意味について考えてみると、アズキの薬草としての多くの処方と、その効能を述べている『本草綱目』（一六世紀）には、「アズキは心の穀なり」とあり、赤いアズキの色を心臓、すなわち、血の色と考えている。熊谷（一九七九）[41]は、一般に、原始のころや低層文化民にあっては、赤色に対しては神秘的観念を抱き、邪霊を禳《はら》う力があると信じられていたとし、『周処風土記』にある記述からは、少なくとも秦漢の時代の古代中国人には、赤色に対する神聖視の観念があったが、それは、血の（色の）神聖視、火の崇拝、赤色のもつ祓禳的な効力が「陰陽五行思想」に基づくものとしてあったとする。そして、「赤」は、火と大との合意文字であり、南方の色であり、「盛陽の気」、「太陽の気」、「陽の気」とされたという。そして、前述のように、昼夜を陰と陽との気の争いとみて、陽気が陰気に勝つ冬至の日に、陽気のごく盛んな赤色の食物を体内に入れることによって無病息災を招来することができるものと信じられ、ここに冬至の日のアズキ食の習俗が始まった。だが、その儀礼的な本来の意義が次第に忘れ去られて、前述の「共工氏の不才の子云々」という解釈が必要にな

った と考えている。

ところで、赤飯は、アズキを入れた「ご飯」、あるいは、もち米と一緒に蒸《ふ》かした「お強飯《こわ》」が慶祝とむすびついて、特別の意味を持つようになっているが、赤飯は赤米に由来するという説がある。赤米（アカゴメ・アカマイ）の文献的な初出は、天平六（七三四）年とされ、奈良時代には、全国的に広く栽培されていたが、作物学や民俗学からの考察は、嵐（一九七四）[42]に詳しい。柳田（一九八三）[43]は、赤米の文化史に関する討論で、アズキの赤色がもつ精神的要素を強調して、次のように発言している。

「アズキが『延喜式』などにも多く出ていて、当時、宮廷でも多く用いたが、それは豆が入用なのではなくて赤い色が入用だった。……現在でもアズキを食べるのは物忌みをしていて潔斎に入る日と、ふだんの生活に戻る日の境目を、この赤い食べ物で意識させようとしている。そのためにアズキや赤飯が使われた。……初めは赤い米があって、赤いごぜん（筆者注。「御膳」。食事、御飯のこと）を食べるということは何か儀式に集まるときで、所によっては不幸の時にも炊くのです。アズキは五穀というが、他のものとはちがう精神的要素がある」

同じ討論で、坪井（一九八三）[43]は、土着の神と赤米、そして、外来の神に白米が付随したり、神に供える赤米を栽培する時には、女性や、下肥《しもごえ》（人糞尿）についての厳しいタブーがあること、味のまずさから赤米を食べる貧民層に対して、白い米を食べる富裕な階層の人があったというような、赤と白の優劣、対立的関係があったようだと述べ、白はイネの水田耕作、赤は雑穀、根菜作物の焼畑農業を表わすとも述べている。さらにまた、赤い色は、白に対しては体制的には、「悪い」色であり、秩序を破壊する革新の色であり、白は、体制を維持する保守の色だとする観念の形成にもつながるとも述べている。

また、渡部（一九八三）[43]は、ブータンの宮廷の正餐には赤米が出ることや、ミャンマーでは、客の接待に赤いコメのご飯が出ることを紹介している。そして、おそらく日本にイネをもち込んだわれわれの先祖は、渡来の前後に食べていたのは赤いコメであったが、後世になって、それが、ハレの日に赤いコメ、あるいは、赤い色をつけたコメ――アズキの赤飯を食べる食習慣として残ったのではないかと述べている。

一九八五年に筆者がミャンマーを訪ねた時に、マンダレーから、シャン高原西麓の丘陵地帯をタウンジーへ向かう途中のピンダヤで、ダイズや、フジマメ、ラッカセイなどの煎りマメを売っていたが、そこに、女性たちが、直径が約一〇センチメートル、厚さが数ミリメートルくらいの部厚いせんべい状に、赤飯を干し固めたようなものを売りに来た。だが、それは、蒸した「糯《もち》」の赤米を乾燥したものだった。一包み一〇枚が三・五チャット（当時、約一〇〇円）だった。蒸し直して食べると、粘りが強く美味しかったが、これは、シャン高原地方で「ガ・チェク」と呼ばれており[44]、蒸してから搗くと餅にもなる。タウンジーでは、ダイズの糸引き納豆と、納豆をつぶして径三センチメートルほどのせんべい状にして乾燥したものも売っていた（第十章・図X―15）。湯に溶けば、インスタント味噌汁に近いものになる。

近年、アズキ汁で色づけしてアルファー化した糯ゴメに、丹波大納言アズキを加えた赤飯が市販されている。長期貯蔵が可能で、非常食にもなるが、この製品のアイデアは、ミャンマーの「糯赤ゴメせんべい」に通ずる。

サックス（一九七七）[45]は、植物としても、また、食用のマメとしても西欧では関心が低かったアズキについて、米国の自然食品愛好者たちの間で関心が高まっていると述べて、日本や中国の文献の記述を紹介しているが、「陰陽思想」についても触れている。

（4）日本のアズキ作

栽培アズキは、一四の分類学上の品種（アキアズキ、アネゴ、アオウズラ、チャアズキ、オワリアズキ、ケンサキ、クロアズキ、ミドリアズキ、ナツアズキ、ノンコアズキ、オオアズキ、シロアズキ、ウズラアズキ、ヨゴレアズキ）に分類されているが、[2・3] これらは日本の各地で成立した在来品種の子実の形態的な多様さに基づいている。東アジアの日本、韓国、中国でアズキの遺伝的多様性が顕著なことは、それぞれの地域での栽培の歴史が長かったことを示しているが、日本の各地域で生態的環境条件や作付体系に適した多くの品種が分化し、受け継がれてきた。

わが国最古の農書『清良記』[46]（伊豫国。一六〜一七世紀ごろ）は、「小豆」一二品種を挙げている。また、江戸時代中期の『諸国産物帳』[19]には、ダイズ、アズキ、「大角豆」（ササゲ）、「へんず」（フジマメ）、リョクトウの五種のマメが出ているが、驚かされるのはその品種の数である。

すなわち、アズキ——「小豆」・「赤小豆」・「あづき」・「あつき」と記す——の産地と品種数は、陸奥国盛岡領の五二品種が突出しているが、次いで、美濃、尾張国の各三七、周防国三五、肥後国二七、水戸領二六品種と続き、すでに蝦夷国松前藩（現在の北海道南端、渡島半島にある松前郡）にもアズキが栽培されており、全国では、実に五一四品種にものぼる。なお、「ミトリアズキ」とも呼ばれてアズキとの代替性を持つササゲは、六五品種が数えられる。一一二五品種あるダイズも同様だが、これらのマメの品種には、早生、中生、晩生など、作期を冠した名前や、種皮色や、地名、人名などの様々な名前が与えられている。マメの呼称の成立については第一章と、第六章「東南アジアにおけるマメの文化」でも論じたが、ある品種の種子が、近隣だけでなく、人々の往来や交易にともなって、他国領へも伝えられ、「異名同種」や、その逆の「同名異種」の在来品種として受け継がれてきたものも多いと思われる。

近年、栽培の減少と、地域における品種の画一化で、作物の在来品種が急速に失われつつある。農水省では、一九八五年から、これらの遺伝資源収集のための「ジーン・バンク（遺伝子銀行）」事業を始めているが、アズキでは、子実の大小、黒、茶、白、ねずみ斑、赤白かすり模様など種皮の色、そして、「あん」加工に適した薄い種皮など、形態的な特性や、耐陰性、早晩性の違いなどの性質は残っていたが、種皮の黄色い品種は失われていた。また、種子島、屋久島、奄美大島、そして、沖縄県で「アズキ」と呼ばれていたのは、すべてササゲであった。

明治中期に、全国で一〇～一四万ヘクタールあったアズキの作付面積はその後もあまり増加せず、昭和一四（一九三九）年には、約一〇万ヘクタールで、その約四〇％が北海道に集中し、残りが新潟、熊本、岩手、長野の各県となっている。その総収穫量は、七〇万石（アズキの一石は、約一八〇リットル＝一四〇キログラムで、約一〇万トンとなる）であった。だが、二〇〇〇年代には約三万ヘクタールに、また、収穫量は六～七万トンにまで減少している。そして、最近のアズキの国内需要量は一二、三万トンで、自給率――国内産の出回り量は約五〇％である（『雑豆に関する資料』平成二一年九月、日本豆類基金協会）。

北海道では、マメの栽培は、まず道南地方で始まったが、一九世紀になってから、開拓の進行と、移民の増加とともに、日高、厚岸、札幌地方などに広がった。しかし、すべて本州からの導入品種であったために、冷害による豊凶差が大きかった。北海道のアズキの総作付面積は、明治一九（一八八六）年には一七二六ヘクタールだったが、同三〇年には、約一〇倍（一万八三六〇ヘクタール）に増えている。十勝地方へのアズキ産地の移動は、大正年代（一九一二年～）からであるが、明治二九年当時の十勝地方の栽培面積は一七〇ヘクタールで、単収は、一〇アールあたり二俵（一二〇キログラム）と低かったが、今日では、育種の成果によって二五八キログラム（二〇〇四年）に倍増している。味の高品質性で知られている北海道産アズキは、一九八〇年代以降、一九八一年に育成（十勝農試）された、安定した耐冷性と収量性、品質に優れた「エリモショウズ」が現在も基幹品種の座にある。北海道産アズキの国内で占める生産量の割合は、一九五〇年代には五〇％程度だったが、その後、「エリモショウズ」の普及による生産量の増加や、道外生産量の減少によって北海道への集中性はさらに大きくなり、一九九〇年代には全国比八〇％、最近では九〇％前後で推移していて、十勝地方を中心にした北海道産アズキの全国消費量に占めるシェアは六〇～七〇％に達する。[47] アズキはまさに北海道の特産農産物になっているが、その歴史は、野村（一九九二）[48]、村田（二〇〇三）[49]、『北海道アズキ物語』（二〇〇五）[50]などに詳しい。

アズキは冷害、すなわち夏季の低温による減収が常習的に起こるマメで、その豊凶差の大きさから取引相場の変動がきわめて大きく、例えば、北海道でアズキ一俵の価格は「コメ一俵」（一俵は六〇キログラム）と同じと言われていたのが、不作だった一九五四年には、コメの三倍にも高騰して、「赤いダイヤ」と呼ばれた投機的作物でもある。したがって、収量の向上と安定のために、品種には、品質だけでなく、耐冷性や耐病性の付与が求められるが、中生の多収品種「宝小豆」（一九五九～一九九三年）や、「ハヤテショウズ」、「エリモショウズ」（一九八一年～）などが育成されて、作柄の安定に大きく寄与した。冷害年には、米国やカナダ、オーストラリア、アルゼンチンなどで栽培された「エリモショウズ」が輸入されたこともあった。

中国産アズキは、約二万トンの総輸入量の八～九割を占めていたが、中国産食品に対する不安感から減少傾向にあり、代わって高品質と評価されているカナダ産が増加して、二割を超えている。また、アズキの「あん」（餡）の原料の代用として、タイ国産のタケアズキが輸入されたこともあったが、最近では中国からの加糖「あん」の輸入の増加で、激減している。

北海道産アズキは、利用面では、外観的な品質、「あん」加工特性、そして、風味の良さから、輸入加糖「あん」との差別化が図られているが、最も大きな用途である「あん」は、菓子業者や製「あん」業者によって、加工技術や、品質評価の基準が異なり、また、「あん」の「風味」を客観的に評価する手法がなく、育種で、製「あん」適性の指標の設定が難しい。そのために、流通段階での評価指標である、粒大、粒ぞろい、粒色などの外観品質、また、最近では、生「あん」色と、「あん」粒子径が、選抜形質になっている。そして、有望系統を、「こし（漉し）あん」、「粒あん」、甘納豆などの用途別に、実需者――メーカーによる加工適正試験に供試して、加工適性評価や、試作品の食味官能評価が行われている。

（5）「丹波大納言小豆」

アズキの品種は、粒大や種皮色から、普通アズキ、大納言、白アズキに区分され、農水省登録品種（北海道立十勝農業試験場育成）は、「あずき農林一七号」（平成二一年）までが育成されている。アズキでは、北海道府県別の育成品種に、大粒、良質、暗赤色の品種に「大納言」や「ダイナゴン」をつけている品種が多く、小粒のアズキよりも高価格で流通している。また、子実一〇〇粒重が二四・一グラム以上が「極大粒」に分類されているが、普通のアズキでは、一三〜一六グラムぐらいであるのに対して、最も有名で価格も高い、兵庫県と京都府にまたがる丹波地方産の極晩生品種、「丹波大納言小豆」は三〇グラム近くもある。

京都では、桓武天皇の遷都（七九四年）以来、丹波地方の豪族たちが献上品としてアズキを宮廷に贈ったという記録がある。先に触れたが、一七世紀の農書『清良記』のアズキ一二品種の中に、すでに「大納言小豆」と「小納言小豆」の名が出ている。また、江戸中期の『諸国産物帳[19]』にも、各地の『大納言』と『小納言』と呼ばれる品種が出ているが、「大納言」はほぼ全国の二一産地、「小納言」は中部以東の四産地に見られる。なお、各地に、「たいなこん」、「なこん」、「大なごん」、さらには、転訛した思われる「おほなご」や、「せうなごん」、「こなご」などの名も記録されている[*6]（図Ⅴ—5）。

『和漢三才図会[51]』（一七一二）には、「河内国石川郡産の大納言小豆が優れる」とあり、また、同時代に、現在の兵庫県氷上郡春日町東中産のアズキが、とくに優れていたので、藩主から幕府に献上されたが、その一部が京都御所に贈られた。以後、同藩では「丹波小豆」としてその生産に力を入れたが、これが後に選抜、改良されて「国領大納言小豆」となったとされる。他方で、同時代の南部藩の五二ものアズキ品種の記録には「大納言」の名前がないので、「大納言小豆」の名前は近畿地方以西の起源と考えられている。また、今日の「京都大納言」アズキは、小規模に「あぜ（畦）豆」栽培されていた在来品種の「丹波大納言」から、選抜、育成（京都農試、一九八一年）されている。

また、今日、国内で最大のアズキの産地となっている北海道十勝地方は、他府県産の「大納言」品種は、成熟期の温度の不足で栽培が困難であった。そこで、日露戦争で旭川から従軍した一兵士が、旧満州から持ち帰った、早生で百粒重が約一八グラムあった大粒のアズキの種子をもとに、十勝農試で選抜が行われて、「早生大粒一号」が生まれた。そして、これを父親にして、熟期が中生で大粒の品種「アカネダイナゴン」が生まれた。その子実一〇〇粒重は約一八グラムあり、これが「あずき農林一号」（一九七四年登録）になった。その後も北海道では、「暁大納言」、「ベニダイナゴン」、「カムイダイナゴン」（あずき農林八号）などの大粒品種が育成されているが、種子の大粒化には、「丹波大納言」のほか、韓国のアズキ品種からの遺伝子が反復して導入されて、今日では、北海道でも栽培が可能な一〇〇粒重が二五〜三〇グラムの大粒品種が育成されている。(49・50)

伝統的な高級和菓子業界では、独特の「あん」の風味と香りが求められるが、丹波や、京都産の大粒の「丹波大納言小豆」が最高とされて、他の産地の「大納言」よりも二〜三倍も取引価格が高い。しかし、「丹波大納言小豆」は、在来系統の集合であるために、特性のばらつきが大きいことが、栽培管理や加工原料としての取り扱いの上で欠点となり、兵庫県の産地では、名声を得ながらも原料としての均質性と、生産の量的なまとまりを求める需要者側の要求に応えられず、市場競争力を発揮できない結果を招いてきた。このような背景から、「丹波大納言」の特性を持った新しい品種の育成が行われ、「兵庫大納言」(一九九五年)や、種皮が黄白色の白小豆系の「白雪大納言」(一九九七年)などが育成されている。(52)

国内では、多収性や耐寒性、耐病性などを具えた大粒の新品種が業界では不評という悩みもあるとされるアズキが、高級和菓子など限られた用途のみに利用されている限り、アズキの生産の伸びは期待できず、中国産アズキや、ササゲなどの代替品で賄われることになる。

(＊6)「大納言」という名前の由来

一説には種子の粒形が烏帽子《えぼし》に似ることによるという。しかし、殿中で抜刀しても切腹せずに済むほど、尾張と紀伊の徳川家のみに与えられていた武家としては最高位の「大納言」の位を、赤飯や、「あん」に煮ても腹が割れない、大粒で良質のアズキに与えたというのが通説のようである。(53) また、「大納言小豆」の異称として、「ほこりかずき(カヅキ)(埃被き)」という名がある(大槻文彦『大言海』一九三三年、新村出『広辞苑』第六版)。それらには、『本草綱目啓蒙』(一八〇三)(18) 巻之二十・穀之三の「薬ニハ、ホコリカヅキト呼者ヲ用ユ　一名尾張アヅキ　大納言アヅキ」として、「粒の小さい赤小豆の一種で、淡黒色に紫を帯び、李時珍が赤黯色というものである」とする記述を引用し、また、「外面麗しからざれども味美なり」ともある。また、『雍州府志』(一六八六)(54)(「雍州」は、山城国の別称)にも、「赤小豆」の項に、「近江からきた」とあり、前記の粒の特徴を述べて、民間では「鄰虚蒙《ホコリカヅキ》」と呼ぶと述べている。「赤黯色」とは、地色の赤に黒の斑点があって小粒では黒く見えることだが、これらの述べる特徴は、粒が大きく光沢のある深紅色の「大納言小豆」とは異なる。全く正反対のものを同じ名前で呼んだとは考えられないので、「大納言小豆」は、時代や地方によって呼び名が変わったのではという見解（村田吉平氏私信、一九九二年）がある。

三「綠豆」

（1）検証――「縄文のリョクトウ」

一九七〇年代に、縄文時代の前期〜中期（約六〇〇〇〜四〇〇〇年前ごろ）とされる福井県鳥浜貝塚から出土した、九粒の炭化したマメの種子を、農学の研究者は、「リョクトウ」（以下、作物名は片かなで、また、種名が未詳の場合は、「リョクトウ」のように表した）かもしれないと、慎重な見解を述べていた。しかし、当時、「縄文中期農耕論(1)」を受容する方向に向いていた日本の考古学界では、「照葉樹林農耕文化」論者たちの主張の根拠にもされて、南方系のマメである「リョクトウ」の縄文時代における栽培が定説のようになっていた。遺跡出土の微小な植物遺体の種の同定における、自然科学の寄与を評価する考古学者の中にも、「縄文時代に南方系の栽培植物であるヒョウタンやリョクトウの存在が確実になった」という発言(2・3)があった。

一九九二年から始まった青森県三内丸山遺跡（縄文前期中葉〜）の再発掘で出土したマメの炭化種子も、「リョクトウ」かもしれないとされたが、その後、縄文、弥生、そして、古墳時代の遺跡からのマメ、または「マメ」様の炭化種子の出土事例が大きく増えている。それらを「アズキ」や「ダイズ」のほかに、「リョクトウ」とする報告も多い（表V―1、図V―7）が、最近では、遺跡から出土する「リョクトウ」を、野生のヤブツルアズキとする見解が強い。これらのマメの出土は、「栽培していた」と考えるよりも、食料としての価値を知っていた採集・狩猟民たちが、野生のマメを、「食べていた」ことの証拠と考えるべきである。

先に、筆者は[4・5]、縄文遺跡出土の炭化マメ種子と、インド産のリョクトウ種子の形態や、人工炭化試料の表面、および、子葉の断面の走査型電子顕微鏡像などの比較からは、「ササゲ属のマメかもしれない」としか言えなかったが、鳥浜縄文人による「リョクトウの栽培」には、否定論を述べた。

それは、まず、農学の立場からは、野生の祖先種が自生しない日本で、インドで栽培の記録が現れるよりも二〇〇〇年あるいは三〇〇〇年も前に、「リョクトウ」が「栽培」[6]されていたのか、また、七〇〇〇年以上にもわたる鳥浜の生業活動は、五五〇〇年前ごろに最も栄えていたが、鳥浜貝塚遺跡に立つと、後には山地がひかえ、若狭湾、そして、三方《みかた》五湖に向かって平野が広がっていて、豊かな動・植物性食料に恵まれた自然環境にあった鳥浜の採集・狩猟民たちが、食料を「栽培」する必要があったのか、また、彼らは、すでに「植物を栽培する」技術をもっていたのか、などの疑問からであった。

また、わが国では、ダイズやアズキ、ササゲは、すでに「記紀」や、奈良平城京址から出土した木簡にも現れていて、国内各地に、それらの在来品種の数が極めて多いのに、「リョクトウ」の記述は、江戸時代になるまで本草書や農書に現れず、それまでの時間的空白が未だに埋められていないことや、リョクトウの在来品種がほとんどないことの疑問もあった。

日本の各地に自生しているツルマメは、群生していて子実を集めるのは容易である。そのタンパク質含量は約四〇%もあってダイズよりも多く、炒れば味も良く、煮れば容易に種皮が除かれる。筆者は、このツルマメを食べていたという考古学的事実はないのか、そして、日本列島では、ダイズの栽培化は行われなかったのかなどの問題も提起した。これらの疑問のいくつかの答えが、今日では次第に明らかになりつつある。

(2) 日本と中国の「リョクトウ」

ダイズ、アズキに比べて、作物学の領域だけでなく、食文化史の面でも関心が乏しかった、リョクトウ(ブンドウ)とケツルアズキについて、歴史から、分類、作物的特性、子実の利用まで詳しく述べた、森脇(作物学)(一九九八〜九九)による、わが国初の総説がある。(7) ここでは、拙稿を補足しながら、(8・9) 江戸農書と、その情報源であった中国農書での「緑豆」および「リョクトウ」について再検討する。

①「リョクトウ」は「緑小豆」か?

表(V—4)に、近世末ごろまでのわが国および中国の本草学や農書文献で、「リョクトウ」と考えられる植物、あるいは、食物や薬物としての名前である「菉《りょく》豆」、および、「緑豆」の記述が現れる年代をまとめて示した。

中国では、後で触れるが、「リョクトウ」と考えられる作物の名前は、ダイズ、アズキ、ササゲ、ソラマメ、エンドウ、フジマメ、およびツルマメなどとともに、すでに紀元前後から五〜六世紀ごろに現れている。これに対して、ともに崔禹錫『食経』を引いて、「小豆」八種の中で「赤小豆」などと併記される

表V-4　中国，日本の農書などに「リョクトウ」の記述が現れる年代（盛永ら 1986，前田 2000 による）

I．中国	『日本釋名』 1700	『諸国産物帳』(1735〜1738) ほか*
『斉民要術』 386〜534	『大倭本草』 1708	羽州庄内領
『種樹書』 618〜907	『和漢三才図会』 1713	常陸水戸領(アオアズキ)
『王禎農書』 13〜14 C・元代	『菜譜』 1714	佐渡島
『農桑通訣』 13〜14 C・元代	『東雅』 1717	能登(ヤエナリアズキ)
『農圃六書』 14〜17 C・明代	『物類称呼』 1775	加賀(長崎アツキ)
『本草綱目』 1596	『食物本草会纂』 1775	伊豆君沢他
『羣芳譜』 1621	『和名本草』 1799	遠江懸河
『天工開物』 1637	『重修本草綱目啓蒙』 1803	尾張
『農政全書』 1639	『成形図説』 1804	和泉岸和田
『欽定授時通考』 1742/1826	『経済要録』 1827	紀伊
『蚕桑実済』 1872	『北越新発田領 農業年中行事』（ヤエナリササゲ） 1830	播磨網干
『朱氏談綺』 年代未詳	『本草図譜』 1830	備前・備中
II．日本	『草木六部耕種法』 1832	長門
『本草和名』 918	『大和本草』 天保年間(1830〜1843)	周防
『倭名類聚鈔』 931〜946	『草木図説』 1856	対馬
『多識編』 1612	『箋注倭名類聚鈔』 1883	筑前
『毛吹草』 1645	『有用植物図説』 1891	越後名寄(1756)*
『庖厨備用倭名本草』 1671	『栽培各論』 1901	阿波・淡路(1872)*
『黒川道祐著述』1676〜1682	『食用作物各論』 1908	* 『産物帳』および他の地方志による記載の領地，地方の総数は 48。
『百姓伝記』 天和年間(1681〜1683)		
『会津農書』 1684		
『和爾雅』 1694		
『本朝食鑑』 1695		
『農業全書』 1697		

「青小豆」とは別に、「緑豆」を記載している『本草和名』（九一八）[10]か、もしくは、『倭名類聚鈔』（九三一〜九三八）[11]の「緑小豆」が最も古い記載であるとすると、わが国では、作物、食物としての「リョクトウ」の名前は、一〇世紀ごろには知られていたと考えられる。だが、この後、「リョクトウ」の記述が現れるのは、それから約六世紀も経った江戸時代の初期で、『多識篇』（一六一二）[12]に、「牟登宇（むんどう）也部那利（やえなり）」の和訓が与えられた「緑豆」が記載されており、「リョ

クトウ」は、アズキとは区別されていたとも推察される。[13]

だが、その後、『包厨備用倭名本草』（一六七一）では、「緑豆リョクツ、フントウ、フタナリ……倭名類聚鈔ニ緑豆ナシ赤小豆條下ニ緑小豆トイヘルハ此緑豆ナルヘシ」と述べ、また、『東雅』（一七一七）[14]も『倭名類聚鈔』と、さらに崔禹錫『食経』を引く『本草綱目』（一五九六）[15]からの引用として、「緑小豆といふは則（すなわち）緑豆。ブンドウ、ヤヘナリともいふもの是也。或説にブンドウとは粉豆也。その粉の餌（だんご）となすによろしきをいふ」と述べている。さらに下って、『成形図説』（一八〇四）[16]でも、『本草綱目』ほかを引用して、「緑豆」や「緑小豆」を、「此のもの即小豆の青きにて」と述べ、さらに、『倭名類聚鈔』の注釈書、『箋注倭名類聚鈔』（一八八三）[17]になると、『倭名類聚鈔』の「黒小豆、紫小豆、黄小豆、緑小豆皆同類也」にある「緑豆」は、「緑小豆」の「誤脱（誤字と脱字）なり」と断じて、「緑豆」が「小豆」の一種として記載されている。このように、江戸時代には、「リョクトウ」と「アズキ」は同種であるとする記述がもっぱらであった。

ここで、江戸農書が引用している中国の本草書や農書の記載を見ると、まず、最古の農書とされる『氾勝之書』（紀元前一世紀）[18]では、マメは「大豆」と「小豆」しか出ていないが、『斉民要術』（三八六～五三四）[19]に、「巻一耕種」の総論で地力の維持に関して、「およそ穀（アワ）の田（畑）には緑豆、小豆の跡地が一番良い」として、「小豆には緑豆、赤小豆、白小豆の三種がある」と述べられている。この記述は、時代を下って、『王禎農書』（一三～一四世紀）[20]の「今の世に小豆有り、緑豆、赤豆、白豆、菉豆有り、皆小豆の類也」にも通ずる。これらに対して、王禎の記述を引用する『本草綱目』（一五九六）[15]は、「赤小豆」を、大粒のマメと解される「大豆の條」から分離して、「赤豆、紅豆、荅」[22]（アズキ）とし、「緑豆」と区別している。同じ例は、『天工開物』（一六三七）[21]や、『農政全書』（一六三九）にもみられ、「小豆、荅」を「菉豆」と区別している。このように、中国でも「リョクトウ」と「アズキ」については、その種としての区別は必ずしも明かではなかった。

今日の植物分類では、リョクトウは、ケツルアズキや、アズキとともに、ササゲ属・アズキ亜属に属しているが、[23]わが国最初の体系的な作物学の教科書といえる『食用作物各論』（吉川、一八六四）[24]には、「緑豆、リョクトウ、八重成、文豆は元来、小豆と同種の植物なるが……」と述べられ、また、『栽培各論』（田中、一九〇一）[25]は、菽穀類「大豆、小豆、豇豆、豌豆、菜豆、蹘豆」の六種の記述で、「小豆には、通常小豆、ツルアズキ（蟹眼豆）、緑豆（ヤエナリ、ブンドウ）の三変種がある」と述べている。この変種とする説を批判してアズキ属を新設した高橋（一九〇九）[26]は、リョクトウ（ヤヘナリ）とアズキをインゲンマメ属の同種としている。また、原（一九四六）[27]は、リョクトウの分類では、とくに種皮色を重視して、ヤエナリ（ブンドウ）＝明緑豆、官緑、チャ（茶）ヤエナリ＝灰緑豆、油緑、キ（黄）ヤエナリ＝黄緑豆、クロ（黒）ヤエナリ、マダラヤエナリ、ヒラヤエナリの六品種に分類し、中国農書にある呼称をあてている。

ところで、わが国や韓国のアズキの在来の品種や系統の種皮色は、極めて変異に富み、深紅、赤、黄赤、黒、灰褐斑入りなどの他に、緑色系のものもある。[8・28]栽培や利用面で、アズキとリョクトウの厳密な区別をとくに必要としなかった時代には、「緑豆」、あるいは「菉豆」と「緑小豆」との混同や、記述の異同は、とくに意識されることはなかったであろう。だが、江戸時代の両種の混同の理由には、その典型的な例を「落花生」の記述に見るが、[29]近世の本草学が中国本草書の記載を直訳していたことにもあったであろう。

②「フタナリ」と「ヤエナリ」

リョクトウの作物としての性状や栽培法については詳しくは述べないが、リョクトウの異名と関係がある結実の性状や収穫法のことに触れておきたい。

『斉民要術』[19]では、地力の維持に関して、「およそ穀田には緑豆、小豆の跡地が一番良い」と述べているだけで、栽培法には触れず、また、リョクトウで作る「粉餅（はるさめ）」[30]（第十章）の製法は述べているが、「マメもやし」については言及がない。また、『種樹書』（六一八～九〇七）には、「扁豆」（フジマメ）、ダイズ、ササゲ、「蠶豆」（ソラマメ）とともに、「菉豆」の播種や収穫の時期などの記述がある。そして、江戸農書に多く引用されている、『本草綱目』[15]以後の中国農書では、以下のようにリョクトウの記述はかなり詳しくなる（筆者が一部を意訳）。

◎『本草綱目』

「緑豆　色が緑色でその名がある」、「古くは菉豆と書いたが誤りである（前記注参照）」、「緑豆は地方、地方により三～四月に播種する……秋になると小さな花を開く　莢は赤豆の如し　子実が大粒で色の鮮やかなものを「官緑」、種皮が薄く粉の濃い子実が小粒で色の濃いものを「油緑」、皮が厚く粉が少なく早く播くものを「摘緑」と呼び何回も収穫する。遅く播くものを「抜緑」という。収穫は一回だけである［遅種呼為抜緑一抜而巳］」

（＊1）種皮の「粉」は、莢の内側のある種の炭水化物が付着したものとされるが、種皮の表面にできる微細な網目構造のことを指す。種皮の光沢に関係する。

◎『天工開物』（一六三七）[21]

「二種あり　一つは摘緑という　熟した莢から摘みとり　毎日次々にとる　もう一つは抜緑という
十分に熟した時期をみて畑の株全部を一度に抜きとる」

◎『農政全書』[22]（一六三九）

「菉豆にはやせ地がよい　四月に播いて六月に収穫し　再び播いて八月にまた収穫する」

◎『農圃六書』[31]（明代）

「菉豆は三〜四月に播種して六月に収穫　その種子をまた播いて八月に収穫できる」

このように、中国の農書では、最初の播種期は三〜四月（新暦の四〜五月）で共通しているが、場合により収穫の回数が異なることや、播種期が一年に一回、または二回と書かれている。

これを江戸農書で見ると、中国の記述を引用して、開花や結実が周期的に繰返されるリョクトウの特性を正しく記述しているが、「二成（ふたなり）」や「八重成、八重生（ヤエナリ）」など、呼び名の由来にかかわる播種や収穫の回数の解釈に違いがある。

その一つは、「一年二作」とする例で、「四月に蒔て六月に収む　其種を蒔て八月に収む　此のゆへに農人是れを二なりともいふ」（『農業全書』[32]）、「早く熟《うれ》タルヲ又マケバソノ年ニ花実ヲ生ズ幾度モ取ナリ　遅ク植エレバ一度取也」（『大和本草』[50]）、「此のもの一歳に再び蒔きて実を取るゆえに二成という　八重成も夏から秋に頻に実が成るを以て名けり」（『成形図説』[16]）、「ブンドウ、ヤエナリ、夏ヨリ秋マデシキリニヲヒヲヒ実ナル　又早クウヘテ早ク実ノリタルヲマケバ其秋ニ又実ノル　一年ノ内ニ二度実ル故ニヤエナリト云」（『大倭本草』[33]）などの記述がある（傍線は筆者）。

これに対して、もう一つが、「一年一作で、二回、または複数回収穫する」という解釈である。すなわち、「一たびうへて二度みのるものなり　二度子を取るべし」（『菜譜』[34]）、「ヤヱナリとは八重生なり　其の早く実るものの頻に摘むべきをいふと云けり」(『東雅』[14])、「早く種を播いて、実った莢を採り、苗(その株を)畑中に残しおくときは花ありて(開花して)又莢を結(ぶ)故にやえなりといふ　是をまた　つみ(摘)ふんとうといふ」(『本草図譜』[35])などである。

なお、これらの二つの解釈に対して、江戸時代後期の『草木六部耕種法』(一八三二)[36]だけが、「緑豆ヤエナリ　リョクツ　三月種ヲ蒔テ　五月熟シ　五月又其ノ種ヲ蒔テ　七月熟シ　七月蒔テ　九月熟スルヲ以テ　又八重成トモ称ス」と、新暦では、四月に播くと、二か月ごとに実る種でさらに二回播いて、年に三回収穫できると述べている。極めて早熟性の品種ということになるが、これに相当する記述は、中国農書には見つからない。

リョクトウは、結実期になると、毎日、次から次に莢が熟してくる(第三章・図Ⅲ―4)が、自然に莢が弾けやすい(第一章)ので、前記の『綱目』や、『成形図説』が言う「摘緑」とは、とくに早播きの場合の減収を避けるために、毎朝、湿度の高い間に畑を回って完熟した莢実を摘みとることである。遅播きの場合では、生育が劣り、開花、結実数が減って、成熟が遅延するので、株ごと引き抜いて一回で収穫する。これが、すなわち、「抜緑」である。「つみぶ(ふ)んどう」と、「ぬきぶ(ふ)んどう」、「ヒキブンドウ」などの和訓と解釈[35・37]は適切である。

③記録が「消えた」日本の「リョクトウ」

江戸農書における「リョクトウ」の記述のほとんどは、輸入が盛んになった中国本草書からの引用、翻訳によっていて、その内容は、簡略で品種や栽培技術まで述べたものはごく少ない。

奈良平城京址から出土した木簡(奈良国立文化財研究所提供「データベース」資料、二三九点。一九九二年)

や、『延喜式』(一〇世紀)[38]に、「大豆」、「小豆」、そして「大角豆(ササゲ)」は出ているが「緑豆」は出てこない。しかし、江戸時代には、九州から関東地方まで四八の領地・地方の内の約四割の地方で、「リョクトウ、ブンドウ、ブントウ(粉豆)、マサメ、ミドリマメ、アオアズキ、カツモリ、トウロク、アズキブンドウ」など、他のマメには類がないほど実に多くの呼び名で現れてくる。[9]だが、もし「リョクトウ」の記録としての最初の出現が、『本草和名』[10]が書かれた一〇世紀ごろであるとすれば、その後、江戸時代までの数百年もの間、作物としての記録が「消えている」のはなぜだろうか。

「大豆」と「小豆」は、中国では、種子の大小によるマメの一般的な名称としても使われているので、「記紀」に出てくる「大豆」や「小豆」にも同じ疑問があるとしても、以来、ダイズやアズキでは、全国各地に数百に近い在来品種や、多様な作付け方式がみられ、農耕儀礼や民俗伝承、そして、伝統的な食文化などの記録もあって、今日まで作物、食料として存在してきた歴史を実証している。

わが国最古の農書といわれる『清良記』(一七世紀)[39]は、四国南伊予の作物の種類や栽培技術についての記述が詳しく、「菽の類の事」として種名未詳のものや異名を含めて、延べ五三種類のマメの作期などが述べられているが、リョクトウ、あるいはその可能性のあるマメは出ていない。暖地の四国土佐の『長曾我部地検帳』[41](一六世紀末)の「切り畑(焼畑)」の作物記録[40]、同中山間部の農業技術を述べた『物紛』(一七八七)のマメ一三種、『諸作物之事』(一八三六)[42]のマメ六種、さらに『農家須知』(一八四〇)[43]の「山草」(畑作物)八種の記載などでも、アズキ、ダイズ、ササゲ、ソラマメ、エンドウ、インゲンマメ(フジマメ?)はあるが、リョクトウの記述はない。

これらの背景には、作物としての普及が遅かったと考えるよりも、アズキとの混同、または同種として扱われていたのではということが考えられる。また、リョクトウの作物、食料としての価値や、地力維持の効用などの知識が不足していて、農民に関心が低く、また、先に述べたように、イネの不作の年には貢納の代用とされて栽培が強制されたり、奨励されたりした(44・45)、あるいは、課税対象にならない「畦マメ作」として、女性たちによって栽培が続けられたダイズやアズキ(46・47)よりも、畑作物としての地位が低かったこともあったのかもしれない。

江戸農書における「菉豆」、あるいは、「緑豆」の記述を、中国農書の記述と対比、検証する過程で、宮崎安貞のように、その著述において、『種樹書』や『本草綱目』の原文とは異なる『農業全書』(32)や『羣芳《ぐんぽう》譜《ふ》』(48)などの引用に拠って書かれたものもあった。江戸農書には、『綱目』の強い影響を受けているが、「国産植物の栽培や採取にもふれて、農の中に本草学が生きている……農書ではないが農書の性格を持ったもの」(『本朝食鑑』(49))や、「中国の植物の記述には忠実であったが、後にはその反省、批判にたって植物自体の記述だけでなく、人間の植物の利用のことにも関心があった」と評価されるもの(『大和本草』(50))もある(51・52)。また、「緑豆」に関する限りでは、『本朝食鑑』と、『和漢三才図会』(53)を除くと、『農業全書』に代表される江戸時代の多くの本草書の記述は極めて簡単で、畑作農業の先進国であった中国の文献の和訳と紹介ではあったが、農民の栽培への関心を高めるのには役に立たなかったのではと思われる。果樹園芸についても指摘されているように(54)、必ずしも、「農民ではなかった」江戸時代の本草学者たちによる作物の性状や栽培技術などの記述については、各地の農民の手による栽培の覚書などから再検討する余地がある。

一九世紀末の『有用植物図説』(一八九二)(55)や、二〇世紀初期のわが国の作物学の教科書も、その記述は欧州文献と中国文献に大きく負っている。外来作物についての知見がまだ乏しかった江戸時代から近代へかけての時代に、博物学の先達であった本草学者によって書かれた農書の記述は、現代の農学の知見に基づいて、それらを検証し、再評価することも意義があろう。

今日、わが国で大量に消費している「マメもやし」の原料のリョクトウや、ケツルアズキは、そのすべてを中国や東南アジアから輸入しており（第十章）、国内の栽培は皆無である。「縄文農耕論」ブームで関心を集めた「緑豆」だが、一九四〇年ごろには約二〇〇ヘクタールの栽培があった(56)リョクトウは、栽培技術や育種などの研究がほとんど行われずに姿を消したマメであった。

四 「隠元豆」の由来と『隠元冠字考』

わが国で、新大陸生まれのインゲンマメ（菜豆）（第七章）の本格的な栽培が始まったのは、明治政府によってアメリカから多くの園芸作物といっしょに種子が導入され、試作が行われた明治初期以後と考えてよい。

因みに、三重県伊勢市にある伊勢神宮の「神宮農業館」は、同館資料目録（一九八三年）によると、明治二四（一八九一）年に外宮外苑に建てられたが、同三八年に現在地の倉田山に移転、戦後の昭和二一年に、大阪市浜寺公園にあった農業博物館の閉鎖に際して、陳列資料の一括譲渡を受けている。二〇〇四年に見学したが、その展示品は、農機具から各種作物の種子、土壌標本、畜産や養蚕関係など、六〇〇〇点を超すが、『資料目録』の「農業関係資料」番号五九が、「大豆雁喰」、同七七〜八九までが、「菜豆」八品種、エンドウ三品種、ダイズとアズキ各一品種、そして、同二〇一〜二〇六が、アズキ二品種とダイズ四品種である。『隠元冠字考』（一九四二年刊）(1)（後述）によると、「（博物学者の）白井（光太郎）博士著『植物渡来考』（一九二九）によれば、当時わが国には七〇あまりの菜豆の品種があったが、神宮農業館に陳列されているのは三〇余種」とあり、北海道産の三八品種を挙げている。これらは明治四四（一九一一）年四月に北海道農学校から献納されたものである。名称から米国品種と思われるものが約二〇品種あるが、筆者が見た八標本はこれらの一部ということになる。

インゲンマメには、各地に、「ササゲ」、「ササギ」、「五月ササゲ」、「フロウマメ」、「ウズラマメ」など、ほかにも数え切れないほど多くの地方名があるが、ササゲは、全く別種のアフリカ生まれのマメである（第四章）。さらに、「隠元豆」と書くと、これもまた、別種の「フジマメ・藊豆（へんず）」である。この「隠元豆」の由来について述べておこう。

言うまでもなく、「隠元」は、江戸時代の承応三（一六五四）年八月に、日本へ招かれて長崎に到着した、明時代の中国福建省の黄檗《おうばく》派の高僧、隠元禅師のことである。三年間の滞在の予定だったと言われているが、寛文元（一六六一）年に、請われて、将軍家の保護のもとに、現在の京都府の宇治市五ケ庄に寺地を授かり、黄檗山萬福寺を開いたとされている。その時に、中国から携えてきた食べ物の中にあったフジマメが、関西を中心に、「隠元豆」と呼ばれて各地に広まった。

フジマメは、つる性だが、莢や子実の形態、香りなどで、インゲンマメとの区別は容易である。若莢を利用することが多いが、「藤豆」、「京都インゲンマメ」のほか、「センゴクマメ（千石豆、千穀豆）」、「カキマメ（垣豆、籬豆）」、「アジマメ」、「サンドマメ」、「ナンキンマメ」など、また、多くの異名がある。漢名では、「沿籬豆」、「蛾眉豆」などとも呼ばれている（表V—3）。バングラデシュでは、とくに好まれるマメで、庭の垣根などにつるを絡ませて栽培しているが、炒った子実もよく食べる（第三章・図III—3）。

先年、京都市に在住の方から手紙を頂いたが、ナスの実を台にして、まわりに数個の「隠元豆」の若莢を縦に爪楊枝で刺して飾り付けた、京都府南部の地蔵盆の供物の写真が添えられていた。昔から京都市民の食素材を賄って来た錦市場でも、「隠元豆」を「せんごく」と呼んで売られているとも書かれていた。

二〇一〇年の夏、京都新聞の記者から筆者に、「隠元豆」について電話で質問があった。その内容は、萬福寺で、二七年前に境内にあった蔵を取り壊す際に発見された箱に、三粒のマメがあったこと、それを、ある大学と種苗会社、そして、同寺の関係者とに分けて播いたところ、そのうち最後の一粒だけが発芽したこと、以来、それを殖やしてきたが、もし、元の三粒のマメが、隠元禅師がもたらしたものだったとすると三五〇年以上も生きていたことになるが、そのことについてどう考えるかということだった。筆者は、「普通の条件で保存されてきた三五〇年前のマメが発芽するとは考えられない。隠元禅師が伝えたマメの子孫と言う可能性はある。DNA鑑定でたどっていけば、中国のマメにつながるかも知れない」と答えた。それが記事になったことを知ったのは、先の手紙によってだった。

筆者は、二〇一一年の三月下旬に、「隠元豆」の由来などについてお聴きするために萬福寺を訪ねた。宗務総長の浅井聖道師と同主事の北大興師から、お話を伺ったが、境内で開花、結実している様子の写真と、毎年、同寺営繕部が栽培して維持してこられた種子を分譲して頂いた。それは、種皮が淡褐色のフジマメであった。「隠元豆」は、時期を限って同寺の精進料理で供されている。

九州産の黒色のフジマメの在来品種といっしょに、この「隠元豆」の発芽を試してみたが、同寺でも経験されていたように、やや硬実性があり、発芽をそろえるのには、種皮に傷をつける前処理が必要だった。五月下旬に畑に播いたが、つる性が現れてからの生育は極めて旺盛で、六月中旬ごろから開花、そして、結実が、七月上旬から始まって一〇月下旬まで続いた。以来、毎年、庭に播いて、若莢がわが家の食卓に上っている。この宇治黄檗山萬福寺系「隠元豆」は、採種が容易で、日本など温帯地域での栽培に適した、ごく豊産のフジマメである（図V—7・8）。

先に触れたが、「隠元豆」の由来に関する文献に、愛知県の僧侶であった山本悦心師（筆名、黄檗子廣

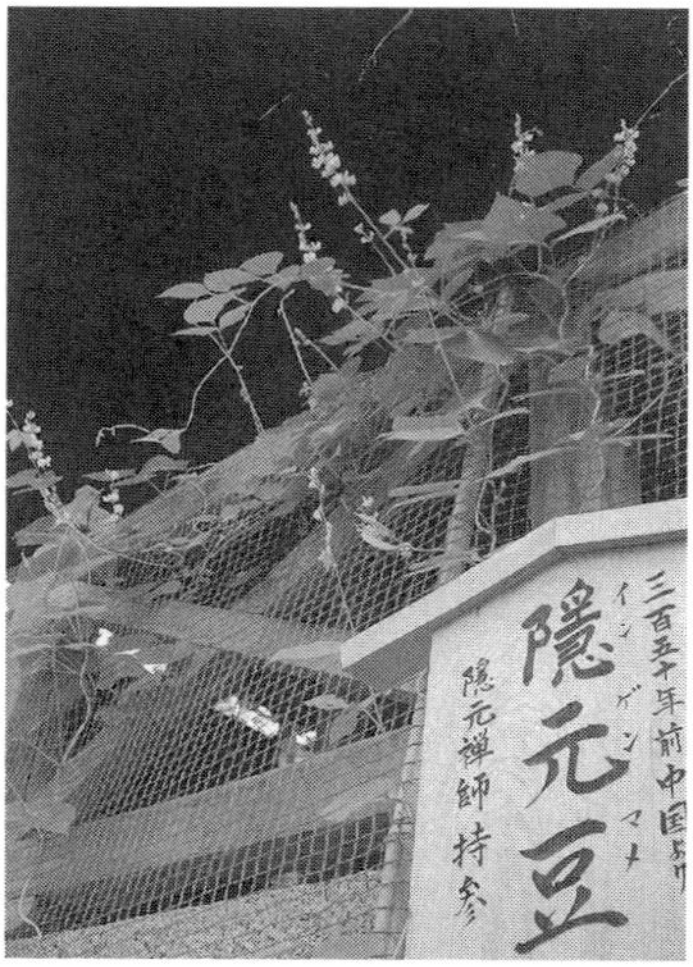

図V－7　黄檗山萬福寺で開花中の「隠元豆」

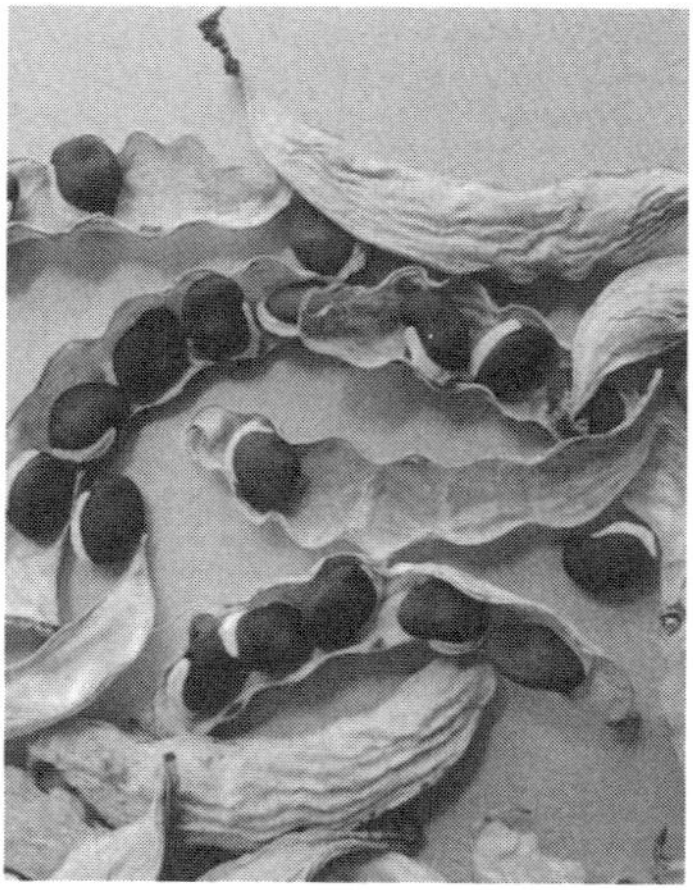
図V－8　黄檗山萬福寺系「隠元豆」の完熟した莢実（2011年9月，筆者栽培）

良）編による『隠元冠字考』（一九四二、黄檗堂刊）がある。五〇〇部が自家出版され、仏教関係や高等女学校割烹部などに贈ったとされている。現在では稀覯本となっているが、同書「巻下」所載の「隠元豆」関係部分を、気多（一九八二）論文（1）の複写原文で読むことができた。同書は、和装六三丁から成る「隠元」を冠した語句についての注釈集であるが、とくに関西地方で、フジマメを「隠元豆」と呼ぶようになった由来を知るのに参考になる。仏教用語が多く、難解な文章だが、以下、原文によって、その内容の概要を紹介する［「　」は原文。（　）内は筆者補注］。

「巻下」の冒頭には、「黄檗子廣良謹述」として、「隠元豆の緒言」があり、次のような文章で始まっている。

「藊豆、沿籬豆、蛾眉豆などの異称ありといえども同一種類にして、現今七十余種の多に至れり、是を隠元豆と云へり……（隠元禅師は）、本邦承応三年七月五日の晩我長崎の地に到り玉へり、此の時携え玉う処の多数の品物中に豆あり、是れ大師の高徳にて因て後に隠元豆と云へるものなり」

まず、著者は、「隠元豆」を、正しくフジマメとして扱っていることがわかる。そして、この「隠元豆」の由来については、後に、大師をはじめ、参禅、修行する人たちの常用の『添菜』、すなわち、食材の一つとして、多く輸入された「隠元豆」が大いに有名になり、『内外人士』の嗜好にも合って、ここに「隠元豆」の名称が生まれたとしている。

そして、「はるばる『南方支那国からの東渡』、すなわち、来日で、風土が異なり、老齢の大師の健康を心配した多くの弟子たちが、各種の調度や蔬菜（の種子）を数多く携帯してきたが、これらが日本の土地によく適した。このことはまた、国を豊かにし、民の助けにもなったという功績も大きいといわねばならない」、さらに、「この『珍中の珍』の隠元豆は、携行が便利で嗜好に合い、栽培するのにも土地を選ばず、繁殖がごく容易だったので、人々との縁がいよいよ深まり、数年も経たないうちに本邦津々浦々にいたるまで、黄檗の伝播と隠元豆の繁殖がともに普及した」と述べている。

また、『隠元冠字考』は、宮崎安貞著『農業全書』（一六九六）の「扁豆」や、寺島良安著『和漢三才図会』（一七一二）の「藊豆、沿籬豆、蛾眉豆　和名阿知萬女俗云隠元豆」、すなわち、フジマメの性状や、栽培法についての記述を引用しているが、本草学者の畔田翠山著『熊野産物志』によるとして、『台湾外記の記事によれば、菜豆と鵲豆の二種を隠元師の将来（持ってくること）せる事明白也、菜豆は和名「いんげんささげ」一名「五月ささげ」にして、鵲豆は和名「いんげんまめ」一名「ふじまめ」、古名を「あぢまめ」（『和名類聚抄』）と云う。この二種中「いんげん豆」は隠元師承応中（年間の）渡来前に既に「あぢまめ」の和名ありて、本邦へ前以て渡来せるものなるへし』と述べて、隠元師がもたらした「隠元豆」は、わが国には二回目か、また、菜豆は、隠元師が初めてもたらしたものかとも述べている。

そして、『大師は初め長崎の興福寺に登り演法の暇、当寺に豆を植えしより天下に繁殖するに至る、寺は、原（もと）は南京人の創するを以て一名南京寺と云えり、豆も元来、南京より来たり、南京寺に隠元大師の下種（種を播くこと）されしを以て又南京豆と云うもむべなり、……（大師は）新創の黄檗山に登り大法林を転し玉へり……当時全国に五百の末刹一千有余の法孫あり世はいわゆる元禄豪華時代なり、ここを以て隠元豆もまた法孫により黄檗の宗風と倶に全国に彌満せしものにして、其名を知らざるものなきにいたれり』と述べている。これらの記述で、フジマメの一異名「ナンキンマメ」の由来をうかがうことができるが、中国江蘇省の省都名の「南京」は、ラッカセイの異名のように、中国から渡来したものという意味もある。

第六章　東南アジアにおけるマメの文化

一　東南アジア——ダイズとラッカセイの受容

東南アジアでは、独自に栽培化されたことが確かなマメはまだ知られていない。代表的な農業国であるインドネシアは、香料など熱帯産物の産地として、東西交易の歴史の中で、東アジアの中国と、南アジアのインドという二つの巨大文明の影響を大きく受けてきたが、今日まで、中国生まれのダイズと、新大陸生まれのラッカセイという外来の二つのマメが、発酵食品を含む食文化や農業の上で、重要な地位を占めている。

インドネシアは、一九六〇年代には、世界第二位のダイズの大生産国である別格の中国（年間生産量約一〇〇〇万トン）を除くと、アジア第一位の生産国（同約四〇万トン）だったが、二〇〇〇年代（約八〇万トン）になっても、その地位は変わっていない。また、世界の総生産量約二億七〇〇〇万トン（二〇一〇年、FAOSTAT）に比べると、インドネシアのシェアはごく小さいが、日本やタイ国などとともに、輸入量が一〇〇万トンを超すダイズ輸入国でもある。また、ラッカセイは、インド、中国、ナイジェリア、および、米国の四か国で約七〇%を占める世界の総生産量（莢付き、約四〇〇〇万トン）で、インドネシアは、一〇〇万トン以上を生産して世界で第五位を占めている。一九三〇年代には、すでに約二〇万トンを生産しており、以来、常に世界の一〇位以内にランクされてきた。だが、この二つのマメの伝播の時代やルートは、必ずしも明らかでない。

マレー語圏における、ダイズとラッカセイの極めて豊富な現地語呼称（オクセ一九三一）[1]については、先に紹介したことがある[2]が、本章では、東南アジアの島嶼部――インドネシアを中心に、ダイズとラッカセイの受容と発展の背景について再考する。

（1）「マメ」を運んだ？――「陸」と「海」の道

東南アジアは、北はフィリピン、西はインド亜大陸につながるミャンマー、東は大小の島々が一万以上もあるといわれるインドネシアまで、自然や文化、宗教、風俗習慣、言語などを異にする多民族の国々から成り、極めて広く、自然も人種構成も複雑である。それらの国々の中で、ほぼ北緯五度から南緯一〇度までの赤道圏海域に広がる大国のインドネシアは、一三世紀末ごろには、強大な海洋国家「マジャパヒト王国」を形成していたが、すでに東アジアから元（一三～一四世紀）の勢力が、インドシナ半島を経てジャワ島に達していた。そして、一五世紀から一八世紀にかけて、北からは中国の海上交易、そして、西方からは、モルッカ諸島の香料を狙ってオランダや英国、ポルトガル、スペインなどの進入や、イスラム文化の波及があった。

欧州諸国の中で、とくにオランダとインドネシアとの関係は、オランダ東インド会社の創設（一六〇二年）から、一八〇〇年代に始まった政府による植民地支配が日本の軍政によって終わる一九四二年まで三世紀以上も続いた。その間、ジャカルタを拠点にした、オランダ政府のジャワ島全域の支配権確立（一七七七年）、経営の悪化と財政の破綻、第四次英蘭戦争の敗北（一七八〇年一二月）、アジア産品の大衆化で物珍しさが薄れて利益率が大きく下がったことなどの要因が重なったことによる、オランダ東インド会社の解体（一七九九年）があった。[3〜6]

このような東南アジアへの外国文化の影響の中で、ダイズとラッカセイの伝播と受容に関係が深い中国とインドについて見てみよう。

① 「シルクロード」

マレーシアや、インドネシア、タイなどでは、漢字ばかりの看板が並ぶ商店街——チャイナ・タウンに出会うことは珍しいことではないが、世界の華僑・華人人口の九〇%が、東南アジアに集中している。一六世紀以降、交易や商業で活躍し、華僑として財を成し定着した人々の子孫——華人たちが、その母国の文化を色濃く伝えている（後述）。だが、東南アジアは、中国とインドの「はざま」と言われ、両文化圏を結ぶルートにある「珍しい熱帯産物の生産地に過ぎない」[7]とか、東南アジアの大部分の地域は、東西海上交易の中継点という地理的位置にあって、朝貢など中国との外交関係を保ちながらも、結局は「インド化」が先行して、中国の影響が顕著でなかったともいわれている。

また、中国を中心として周辺の朝鮮、日本、ベトナムを含む多言語の領域では、ともに漢字文化社会が展開することで、仏教、儒教、道教など中国文明の他の要素が受容される基礎が形成された。だが、中国文明の中心地は黄河・長江流域であり、長江以南の地域は、長らく辺境の地と考えられていたし、その南方に広がる南海の国々は「蕃夷の地」と意識されていた。中国人が遠洋への航海に出るようになるのは、五世紀の北宋時代以後のこととされているが、十世紀になって宋朝によって統一されると、華中、華南は、イネ作の発展で華北との人口比率が完全に逆転し、巨大な農業生産力によって、杭州など大都市が生まれた。この時代には、中国造船史上の大革命、すなわち、巨大積載量を持つジャンクと羅針盤の発明もあった。(7・8)

インドへは、一世紀ごろになると中国の産物と人も渡っていたといわれているが、エジプトのギリシャ人商人による一世紀ごろの『エリュトラ海案内記』には、モンスーンを利用して、アラビア半島南岸とインド西海岸を片道四〇日間の海路で結ぶことが可能だと書かれているという。また、「東方にある絹の産地チィーナ（中国）」のことが書かれており、インドと中国とは陸路による交易があった。他方、一世紀後半ごろには、当時は、まだマラッカ海峡を通るルートは十分に確立していなかったようだが、すでに中国の勢力下にあったベトナムの中央部（現在のフエ地方）の日南郡にあった拠点から、ベンガル湾を通ってインドへの海上ルートが記録されている。それによると、南シナ海沿岸に沿ってインドシナ半島の海上を南下し、半島南端からタイ湾を西に渡り、マレー半島東岸に出る。そして、半島を陸路横断して西海岸に至り、再び海上を二か月かけて、南インド東岸のマドラス近くに到着する。

これらの東西の史料から、紀元前後には、モンスーンの発見、航海技術の発達、西方のローマ帝国と東方の漢帝国という熱帯産物を消費する巨大市場の出現などを背景にして、東西の海上交易ルートがすでに確立していた状況が浮かび上がってくる。このように、一世紀の初めから四世紀ごろまでには、東南アジアは東西海上交易ルートの中に組み込まれていたが、インド文明の要素が東南アジアの社会に明瞭に定着し始めたのは、およそ五世紀以後になってからのことである。この時期になると、マレー半島を陸路横断するルートや、マラッカ海峡を通る交易ルートが確立して、七世紀後半には、これらのルートでパレンバン、ジャンビ、ケダーなど、スマトラ島の南東部沿岸に沿って港市が開かれていた(8)。

漢代になって、より統一された中華帝国になるが、今日の中国の中核地域の定住農耕民に対して、その外側の「夷狄《いてき》」は騎馬遊牧民であり、彼らとの争いが、春秋戦国時代に始まって秦の始皇帝が大増築し、明代に完成したとされる、東は山海関（河北省）から西は甘粛省嘉峪関《かよくかん》まで、延長約二四〇〇キロメートルと言われる「万里の長城」を築かせた。外交儀礼としての贈答行為である「朝貢」に伴って行われた公的貿易という、非市場的な形の双方的交易も十九世紀までつづいたが、この辺境も、利益の上がる市場だった(9)。そして、漢の中期以降、中国商人が西に向かって中央アジアを横断する旅行をするようになる。これが、いわゆる「絹の道・シルクロード」で、洛陽から敦煌、そして、楼蘭からペルシャを経てヨーロッパのローマをつなぐ恒常的な陸上交易路として七〜八世紀ごろまで用いられた(3・10・11)（図VI—1）。

「シルクロード」は、事実上、真冬の旅行は不可能で、遊牧民の地帯は危険をともなったが、隊商が移動するコースの中心には、タクラマカン砂漠（新疆維吾爾《ウイグル》地区・北緯約三七〜四〇度）もあった。だが、その南には崑崙《こんろん》山脈が、北には天山山脈が東西に走って、高峰の万年雪と氷河が豊富な水を供給して南北からタクラマカンへ河川が流れ、山麓にはオアシスが点々と存在した。オアシスの町は食料と水の供給源であり、乾燥しきった砂漠にはキャラバンを襲う者はいなかった。地勢的、距離的にも「シルクロード」は、元来、南側のオアシス帯に沿っていた（天山南路）が、必要に応じて北側（天山北路）も利用された。

また、この砂漠と草原の道のほかに、すでに、前漢の外交使節、張騫《ちょうけん》の遠征によって知られている、唐から北インドを経て西トルキスタンに至るヒマラヤ南麓の交通路も多少は利用されていた。このルートは、長江の上流域にひろがる四川から南下し、雲南を経由してイラワジ川上流の渓谷をたどり、ビルマから北インドに出ていたが、当時の雲南は未開の蛮族の土地で、交易路としてはあまり大きくは役立たなか

図VI-1　8世紀ごろの東西交易路──「シルクロード」と「海の道」──（クリス・カー編『朝日タイムズ考古学地図』1988年，ほかにより作成）

った。また、新疆の西には別の砂漠の中のオアシス帯を通る恒常的な交易路がローマに通じていて、インドのインダス高原へは、ヒンドウクシュ山脈を越えて容易に旅ができ、ここからインド亜大陸の各地へ行くことができた。

中国から東へは、有史以前の「イネの道」がすでに日本に通じていた。漢字文化とともに、「菽（ダイズ）」と「絹」が伝来していた。だが、西のインドでは、ずっと遅れて二〇〇年ほど前ごろにヒマラヤ山麓部で黒い種皮のダイズを食べていたとか、インド中央部の丘陵地帯の一部でダイズが栽培されていたとされ、ヒマラヤ南麓ルートによる、インドネシアからビルマ経由でインド北東部に伝わったともいわれている。だが、中国から西への「マメの道」については記録が乏しい。

「シルクロード」に代表される、東西の「陸の道」の東の出発地には、ダイズがあった。そして、西からの入り口には、ムギ類と、エンドウ、ソラマメ、ヒヨコマメ、ヒラマメなど、多くのマメが生まれた「肥沃な三日月」地域があった（第二章）。だが、これらのアジア大陸の東と西のマメが、互いにこの道を通って運ばれたという記録が出てこないのはなぜだろうか。「シルクロード」を数世紀もの間往き来した人々は、これらのマメを「食べもの」として携えることはしなかったのだろうか。

② 「海上の道」

「シルクロード」による陸路の東西交易は、七〜八世紀ごろまで続いたが、それ以後は、航海技術の進歩で、季節風を利用するインド洋から太平洋にかけての広大な海上の交通が陸上交通よりもはるかに重要となる。そして、一一〜一五世紀になると、船の大型化で、香料や薬品に代わって大量消費用のコショウのような調味料など、かさばる商品が登場する。さらにコショウや香辛料はインド洋交易のほんの一部になって、加工品、家具材など原材料、それにコメ、砂糖、コムギ、オオムギ、塩など食糧の交易量が飛躍的に増大する。

中国からは、中国商人が、麝香《じゃこう》、大黄《だいおう》、樟脳、真珠、金、銀、生糸、絹織物などをマラッカ（マレーシア）に運び、その帰りには、コショウなど各種香料、象牙、錫、白檀などの香木、紅玉髄などを積んで帰った。琉球商人の仲介で、日本からは、銅、金、銀、樟脳、陶磁器、刀剣、漆器、扇子、紙などが輸出されている。[3] だが、この「海上の道」でも、東アジアからダイズが運ばれたという話は、出てこない。

篠原（一九八三）[12] によると、帆船時代の英国船内の食事は、一五世紀になるとかなり改善されていて、塩蔵や燻製の魚肉類、生の魚肉類、パンやビール、卵、バターなどが、毎週、日をきめて一〜三回支給されていた船もあったが、それにエンドウが出ている。エンドウは、一八〜一九世紀の英国の軍艦や汽船の食料の中にもある。そして、第二次世界大戦直後になると、商船の毎週の食料のリストに、ヒラマメとソラマメが加わっている。これらのマメは、ビタミンB1の補給のためであろうとされているが、冷蔵による生鮮品か、乾燥子実かは明らかでない。一八世紀ごろまでは、船員のビタミンC不足による壊血病対策としてオレンジの支給や、ライム・ジュース、レモン・ジュースを飲むことが出ている。欧州で古くから食べられていたエンドウ、ソラマメ、ヒラマメなどが出てくるのは当然だが、肉や野菜の缶詰が発明されて英国軍艦に積まれるようになったのは一八一五年だとされている。新鮮野菜に代わるマメの「もやし」利用のことも出ていない。

ところで、各国の東インド会社のアジアへの航海は、およそ一〇か月もかかった長い船旅だった。一七世紀ごろの英国船の記録だが、船員や船客たちの食料のリストの中に、「干しダイズ」(ダイズの長期保存には、子実水分を約一五%以下にするのが望ましい)がある。東インド行きの船員を集めることは必ずしも容易ではなく、「豪華な食事」が船員集めの条件にもされたようだが、やはり壊血病の予防から、新鮮な野菜や生きた羊も積載されている。飲み物には、水、ビール、リンゴ酒、ワイン、ジン、ラム酒などが積み込まれている。水は、テムズ河の水がそのまま樽詰めされていて、悪臭があり、腐ることもあったというが、乾パン、コムギ粉、干し肉、塩蔵のブタ肉と牛肉、チーズ、干し魚、オートミール、コムギのかゆ、干しエンドウなど、ヨーロッパ人の食べ物とともに、「干しダイズ」が出ている。コメは出ていないが、ダイズをどこで調達して、どのように調理して食べたかについては述べられていない。また、当時は、欧州ですでに知られていたと思われるインゲンマメやササゲのことが出てこない。水や食料、物資の補給、船員たちの休息などで、途中寄港は絶対に必要だったが、アフリカ西方のセント・ヘレナ島に英国船の拠点があった。[13]

欧州でダイズが最初に知られるようになったのは、早くても一七世紀以後のことである（第五章）。したがって、東インド会社時代には、欧州でダイズを調達したとは考えられないので、一七〜一八世紀ごろの英国船で食料にされたという「干しダイズ」は、東南アジアかインドの寄港地で中国人から求めて積み込んでいたものかも知れない。

③ダイズとラッカセイ受容の基底要因

ところで、ダイズとラッカセイの東南アジアへの伝播の時期や経路だが、諸説があるが、確かなものがない。ブルキル（一九六六）[14]は、ダイズは熱帯性の植物ではないので、マレーシアで育つ品種がないことや、ジャワで広がっている子実がやや扁平のダイズは、おそらくインドから入ったのだろうと推察している。ラッカセイは、サツマイモや、トウモロコシなどと一緒に、まず中国沿海部の住民とポルトガル人などとの活発な海上交易でもたらされ、中国各地に広まったと推察されている。雲南の地方誌に、一七世紀ごろにインドやビルマなど、陸路からの伝播を示唆する記録があるが、[15]「カチャン・タナ・チーナ（中国から来たラッカセイ）」と呼ばれた極晩生の品種が、一六世紀ごろにマラッカ経由で、ジャワ島のジャカルタにもたらされたとされている。[16]また、南米大陸から太平洋を越えて、三粒莢のラッカセイが、フィリピンのマニラを経由して中国に伝わり、中国人がマレーシアにもたらしたことは、「バツン・チナ」というラッカセイの呼称がフィリピンにあることが証拠になるという説もある。[17]しかし、フィリピンでは、ラッカセイをスペイン語で「マニ」と呼んでいるが、スペイン統治時代に伝播したという記録がない。

アフリカ大陸で広がったラッカセイが、インドを経て、陸上、あるいは、海上ルートによって東南アジアに伝播した可能性についても、実は、インドへのラッカセイの伝播の時期がはっきりしていない。ヴァスコ・ダ・ガマの最初のインド西海岸、マラバル地方への上陸は一四九八年だが、それから間もなくポルトガル人のジェスイット派の宣教師がもたらしたとか、一五一九年ごろ（一四八〇？～一五二〇）のマゼラン探検隊によるとする説も、フィリピンへの伝播が確かでないので疑問とされるが、「新大陸発見」の年代からも早すぎる。その後の約三〇〇年間は記録がない（第三章）。

中国で栽培化されたダイズは、朝鮮半島や日本での栽培利用の歴史（第五章）からみても、海上の交通が盛んになる以前に、東南アジアへも伝わっていたと考えられ、それは、アフリカ、インド亜大陸経由のラッカセイよりも早かったのではと考えられる。だが、マレー語圏――インドネシアに限って言えば、次に述べるように、呼称の数では、ラッカセイがダイズに比べて二倍も多い。このことは、ダイズよりもラッカセイのほうがずっと早くから伝わっていたか、あるいは、同じころ、あるいは遅く伝わっていたが、その広がりかたが、より速く、より広かったという可能性も否定できないのではと考えられる。

「マメの国」インドでは、今日でも、マメのにおいからダイズを嫌う人が多いが、独自のマメを栽培化しなかった東南アジアでは、人々の食べ物として、そして、とくに、発酵態食品に対しても嗜好が共通していたので、外来のマメであったダイズが、ラッカセイとともに受容され、栽培が急速に拡大したと考えられる。だが、その大きな要因になったのは、「華人社会」の存在と、ハッショウマメを用いる「テンペ・ベングーク」という伝統的な発酵食品文化（第十章）が基底にあったことではなかっただろうか。

二　ダイズとラッカセイ——呼称からみたその広がり

（1）「オーストロネシア諸語」

先ず、東南アジアのマレー語圏への北方からの中国文化と、西方のインドからのイスラム化の波及を、主要言語である「マレー語」と、「インドネシア語」の起源から見ると、[18～28]次のようである。

太平洋に点在する島々と、太平洋周辺、そして、マダガスカルという、地理的に極めて離れた広い地域で一億五〇〇〇万人を超す人々によって話されている、一〇〇〇を超える言語には共通性が見られる。この一つの系統に属する「オーストロネシア（南島）諸語」（「マラヤ・ポリネシア諸語」）と呼ばれている言語に、「マレー語」と、「インドネシア語」が属している。

「オーストロネシア諸語」は、「オーストロネシア祖語」から発達したが、「オーストロネシア祖語」を話す人々は、今から五〇〇〇年前ごろに、中国揚子江（長江）流域から台湾に渡ったモンゴリアン（漢族）だと考えられている。その後、台湾の各地から南下し、フィリピンを経てインドネシアに達し、さらにマレー半島を含む東南アジアの大陸部、島嶼部に拡がった。その一部は、ニューギニア島沿岸部を伝って、ソロモン諸島にまで至っている。さらに、初期の移動後に起こった、「オーストロネシア祖語」話者の最大の移動が、七〇〇〇キロメートルも離れたマダガスカル島への移住である。マダガスカルでは、台湾山地民と、東南アジア島嶼部との農耕文化の類似性が指摘され、さらに、「アフリカに最も近いアジアの国」と呼ばれる、マダガスカルの基層文化の中には、言語的には、「オーストロネシア語」族の「インドネシア語」派に属する民族集団が伝えたイネ作農耕文化がある。[29]

「オーストロネシア祖語」を話す人々を祖先に持つ人々の、今日見られるような分布は、ほぼ一五〇〇年前ごろに出来上がっていたと考えられている。新しい作物の伝播にも寄与したであろうこれらの人々は、言語の祖語が共通するが、文化的、民族的にまとまったものではなく、数千年の時間をかけて、広大な地域で、それぞれの土地の環境に適応して、多様な言語と農業や漁撈の文化を発達させてきた。その結果として、数千もの言語が話されているが、今でも一つの言語にさかのぼることができるのである。

ところで、マレー語は、マラッカ海峡沿岸、リアウ諸島、リンガ諸島などに土着的に分布していたが、その分布域が海上交通の要衝を占めていたため、古くからそこに往来する人々の交易語として利用され、欧州人が初めて渡来した一六世紀初頭には、インドネシアの諸港とその後背地に交易語として広まっていた。

インドネシア語と、マレー語とは、主に外来語の受容に由来する語彙《ごい》のちがいと、わずかな発音上のちがいがある。両国語間でつづりを統一する「正書法」が、一九七七年から用いられており、「マメ」の総称語は、マレー語の〈*cachang*〉と、インドネシア語の〈*katjang*〉が、共通の〈*kacang*〉とつづるが、発音は同じ「カチャン」である（後述）。

インドネシアでは、スマトラ（六）、ジャワ（五）、ボルネオ（一七）、セレベス（一一）、小スンダ（七）、そして、モルッカ（八）など、各島嶼部の諸言語族の数は総計五四にのぼる[20]（カッコ内は各語族の数）。また、土着言語の数は二五〇以上、民族集団は三〇〇を超すともいわれるが、言語と同様に、人類学上のタイプ、習慣、民間伝承、伝統なども多様である。全域で「マレー語」が通用するが、「ジャワ語」は、ジャワ島の支配層であったジャワ人の母語で、島中央部に最も多い[28]。ジャワ島西部（ジャカルタを除く）には、インドネシア第二の民族集団で、大部分がイスラム教徒である、「スンダ語」を話すスンダ人が、また、諸民族中で人口が多いものの一つで、「マドゥラ語」を話すマドゥラ人が、マドゥラ島から多く移住してきている。

島嶼部のチモール島の住民は、そのほとんどがマレー系（チモール族）である。モルッカ諸島は、インドネシア北東部のセレベス（スラウェシ）島とニューギニア島の間に散在する、大小多数の島々の総称で、「香料列島」の名で知られるが、外部からの他民族の到来も多く、住民構成は複雑である。スマトラ島の民族分布はもっと多様で、北部のアチェのアチェ族はアラブの影響を受けてイスラム教徒であるが、中央──西部の高地には、マレー語に近い言語を話すイスラム教徒グループが住む。また、ボルネオ島の大部分は、マレーシア（サラワク州）とインドネシア（カリマンタン）に分かれているが、主な言語は、ダヤク語（イバン族）である。

東南アジアの大陸部とつながっている南インドでは、「ドラビダ語」族に属する言語の中で、テルグ語、タミル語、カンナダ語、マラヤーラム語の四言語が全体の九割以上を占めて、早くから南インドの主要言語となった。話者の数は、タミル・ナドゥ、カルナタカ、アンドーラ・プラデシュ、および、ケーララの四州を中心に居住して、インド総人口の約二五%を占めている。ドラビダ系の民族は、古来、インド亜大陸のみならず、海外に雄飛するものが多く、東南アジアの各地と交易関係を持ち、文化交流も盛んに行ったとされている。(30・31)

（2）マレー語圏におけるマメの呼称とその地理的分布

では、ここで、少なくとも新石器時代以後、中国から南下した「オーストロネシア語族」の東南アジアのマレー語圏への広がり、そして、七～八世紀ごろに始まる西方のインドからのイスラム化の波及を、ダイズとラッカセイの伝播と広がりの道筋と重ねて見てみよう。

まず、はじめに、マレー語圏のすべて外来種である、ほかのマメの呼称を見ると、次のように、総称語の「カチャン」に、性状を意味する修飾語が結合した語が多い。しかし、注目されるのは、大陸部のベトナムやタイ語のマメの呼称に見られる、総称語としての中国語の「豆」――〈dâu・dāo〉、または、その転訛語（タイ *tua, thua*・ベトナム *dâu*・*thua*）が結合した呼称がないことである。

・アズキ *kacang mérah*・*kacang mirah*（*mérah, mirah* 赤い）・*kacang azuki*
・ラッカセイ *kacang tanah*・*kacang tanah*＊（*tanah* 土）
・ラッカセイ *kacang goreng*・*kacang guring*＊（*goreng, guring* 炒る・油で揚げる）
・ヒヨコマメ *kacang arab*（*arab* アラブの）
・ササゲ *kacang panjang*・*kacang panjai*＊（*panjang, panjai* 長い）
・リョクトウ *kacang hijau*・*kacang jijau*＊（*jijau* 青い・緑の）
・インゲンマメ *kacang buncis*・*kacang pandak*＊・*kacang buncis*＊（*buncis* 莢・短い）
・エンドウ *kacang kapri, kacang polong*（*polong* 細毛がある）
・キマメ *kacang kayu*（*kayu* 木）
・ダイズ *kacang soya*（*soya* 醤油）・*kacang Jepun*（*Jepun* 日本の）*Kedelai putih, kedelai hitam*（*kedelai* につ

いては後記参照)

・シカクマメ(ゴアビーン)*kacang belimbing* ＊(*belimbing* 縦長で角がある)(図VI—4)

・*kacang putih* ＊ダイズ・インゲンマメ・ヒヨコマメなど白い輸入マメ類の総称(*putih* 白い)。

・*kacang ngerampu* ＊ベニバナインゲン(ランナービーン)(*rampu* 広がる)

・*kacang buahretak* ＊(長い・ほふくするマメ)(種名不明)・(*retak* ひび割れ)

(注。＊ボルネオ島「イバン語」の呼称[32])

マレーシアとインドネシアでは、外来のマメのダイズとラッカセイが今日では重要な作物、そして、食物となっているが、伝播の起源が必ずしも明らかでないのに、その呼称の数が極めて多いことを前著[2]で指摘した。そのもとになったのは、オクセら(一九三一)著『蘭領東インドの野菜類——食用イモ類・球根・根茎・香辛料類を含む』(一九八〇年、アムステルダム)である[原著は、一九三一年、ボイテンゾルフ(現在のボゴール)で刊行された『熱帯の野菜類[1]』(オランダ語)]。

図VI-4　シカクマメの若莢
(東南アジア起源説もある)

主著者のJ・J・オクセ(一八九二～一九七〇)は、オランダ人の熱帯有用植物の研究者であるが、インドネシアが「蘭領東インド」だった時代に、現地でチャ、コーヒー、ゴムなどの栽培試験に従事し、日本統治時代には六年間、強制収容所生活を送っている。後に、米国のマイアミ大学教授やコスタリカ国立農業研究所長などを勤めている。

同書は、一〇〇〇ページを超す大著だが　熱帯地域の人々の栄養や健康にとって野菜や果実類が重要であるという考えから、「野菜」を広義にとらえていて、マメ科の木本種、二四属三五種も含めて、記載する種数は四〇〇種を超える。それらの植物学的特性と、栽培法にも触れているが、利用法や食べ方についても詳しい。さらに、諸地域で収集された、マレー語と、ジャワ本島のジャワ語のほか、島嶼部地域の諸種族の言語による、農業、植物や作物、そして、食べ物とその加工・調理・食べ方などに関する膨大な語彙とあわせて、作物の呼称、約七〇〇〇例が記載されており、民族言語学的資料としての価値も大きい。

それらによって、マレー語圏の各語族による、ダイズとラッカセイの呼称の地理的分布を見てみると次のようである。

①ダイズ

マレーシアの半島部とインドネシアにおけるダイズの呼称、五二例は、マレー語の「マメ」の総称語〈カチャン〉と結合した「カチャン型」、「ダイズ」の呼称の〈ケデレ〉と結合した「ケデレ型」、そして、各地域の部族言語による特有の呼称（「その他」）の三系列に分けられる（図VI—2）。

A 「カチャン型」

マレーシア半島部と、ほぼモルッカ海峡を境にした、インドネシアのバリ、マドゥラ島以西の地域の島嶼部で卓越した分布を示す（計二一例）。

B 「ケデレ型」

〈ケデレ〉と、その転訛語と結合した呼称は、マレー半島部からインドネシア島嶼部の全域に分布しているが、傾向としては、チモール、モルッカ地域の北部、すなわちフィリッピンに近いセレベス、ハルマ

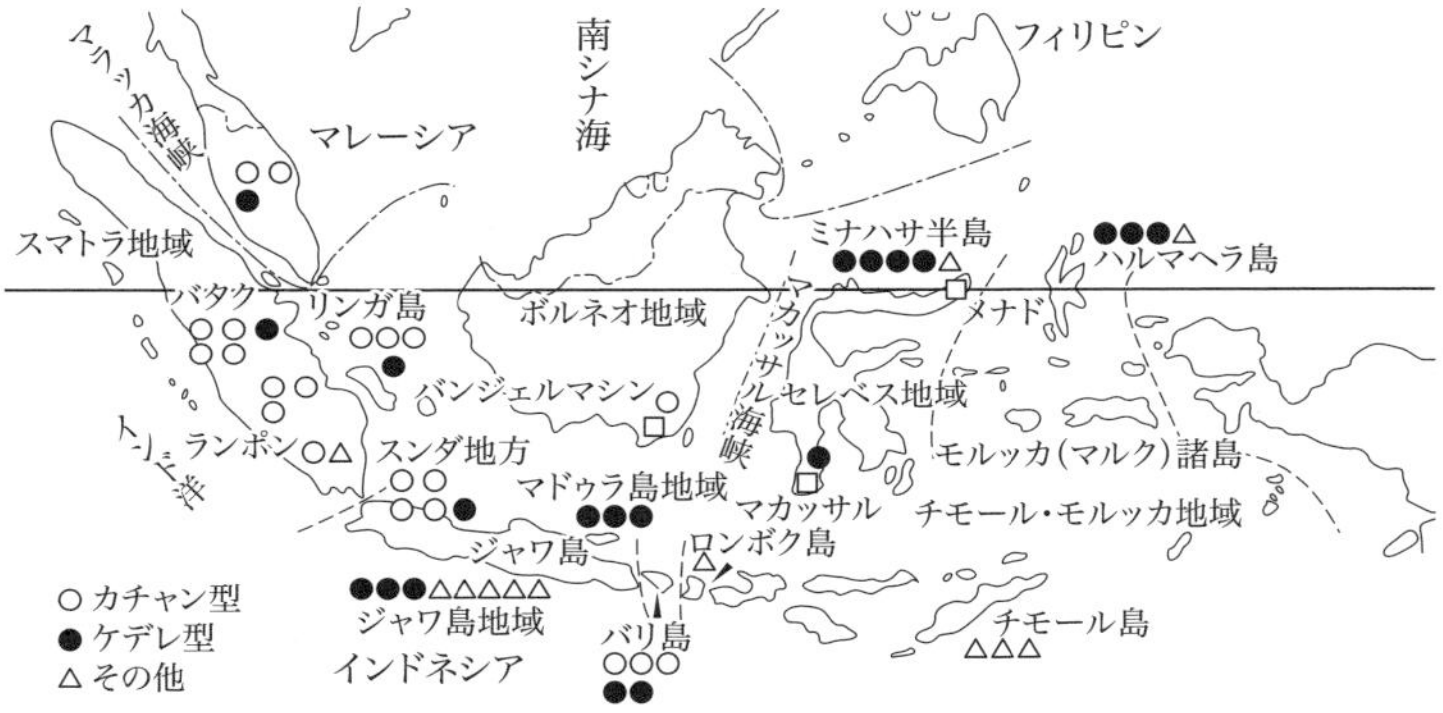

図VI-2　マレーシアとインドネシアにおけるダイズの呼称の地理的分布
(オクセら 1931 により作成原図)

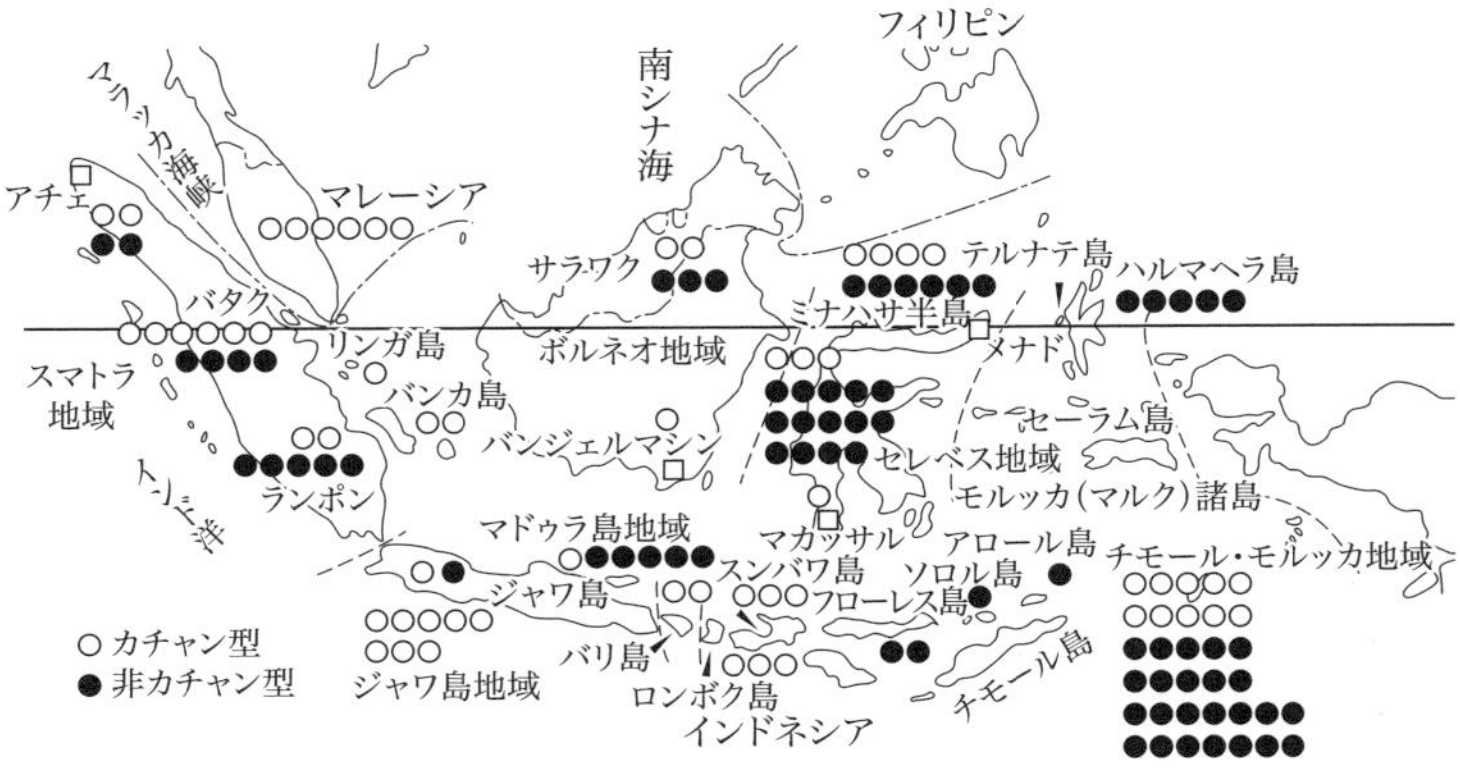

図VI-3　マレーシアとインドネシアにおけるラッカセイの呼称の地理的分布
(オクセら 1931 により作成原図)

ヘラ島に分布する（計一九例）。

C 「その他」

マレーシアの半島部には見られない、〈*rĕtak medjong*〉（スマトラ島南部）、〈*dangsool*・*ĕkĕman*・*dĕkĕnan*・*dĕmĕkan*・*kĕdoongsool*〉（ジャワ島）、〈*haän monar*・*kase beti*・*lawooi*・*lĕbooi bawak*〉（チモール島）、〈*saroopapa Teetak*〉（セレベス島）、および、〈*poowè mon*〉（ハルマヘラ島）など部族言語の呼称が、インドネシアの主な島々に分布する（計一二例）。これらの語源や、語義については、明らかでない。

これらの呼称のうちで、〈ケデレ〉の語源と、ダイズのマレー語圏への伝播との関係を示唆するものとして注目されるのは、福井（一九七二）[33・34]が、エチオピアの部族言語の「エンドウ」の呼称の一つの〈*atär*〉の語源が、インドのヒンディ語の「エンドウ」や、「ヒヨコマメ」――〈*matar*〉と関係があると述べていることである。すなわち、ヴェーダ時代からのインドの古いマメである「ヒヨコマメ」が、南インドのタミル語で〈*kadalai*〉、カンナダ語で〈*kadale*〉、ベンガル語で〈*garikalai*〉、また、スリランカのシンハリ語で、〈*konda-kadala*〉と呼ばれていること[35・36]（第三章）である。だが、筆者はこれまでに、「ケデレ」の語源、語義について述べた他の文献をまだ見ていない。

②ラッカセイ

ラッカセイのマレー・インドネシア地域での基本的な呼称は、「カチャン・タナ（土の中にできるマメ）」であるが、計一八例があり、これに、その他の地域の八七例を加えると、一〇五例にのぼる。さらに各地域で重複するものを加えると、一三二例に達し、ダイズの二倍以上もある（図VI―3）。

これらを整理すると、総称語の〈カチャン〉と、その転訛語の、〈*hansang*・*hasang*・*kasa*・*kasang*・

katja・*katjango*〉と結合した「カチャン型」（六三例）と、その他の諸部族言語名からなる「非カチャン型」（六九例）とのほぼ同数の二系列に分けられる。

これらの地理的分布を見ると、「カチャン型」が、マレーシアの半島部全体と、インドネシアの西部のスマトラ島からジャワ、スンバワ、バリ島地域で計三〇例あり、「非カチャン型」（一七例）よりはるかに多い。これに対して、ほぼマカッサル海峡あたりを境にして、東部のセレベス島を含む島嶼部から、チモール・モルッカ地域では、「カチャン型」（一七例）が減って、ボルネオ島地域の北部のダヤク語系や、漂海定住民の呼称などの六例を含む「非カチャン型」（五五例）が圧倒的に多くなり、両型が対照的な分布の地域的傾向を示している。西アフリカで、ラッカセイ栽培[15]の普及が速く進んだのは、粗悪な環境でも栽培が比較的容易なマメであったことにもよるといわれているが、インドネシア島嶼部でも、同じ理由でラッカセイが選択されたかもしれない。

以上の結果を見ると、ダイズの呼称は、ジャワ島から、マレーシア半島部、および、スマトラ地域西部にかけて「カチャン型」が多く、東部島嶼部では、「ケデレ型」と部族語の呼称が多く、かなり明瞭な二元的分布の傾向が見られる。これに対して、ラッカセイでは、マレーシア半島部と共通する「カチャン型」の呼称に、それとほぼ同数の現地部族語による呼称の「非カチャン型」呼称が重なって分布するが、「非カチャン型」は、とくにマカッサル海峡あたりから、東部のセレベス島やチモール・モルッカ諸島などの島嶼部地域に多い。

これらの結果については、呼称の語義や語源など、「オーストロネシア語」族における農業関係の民族言語学の知見の検討が必要だが、マレー語圏へのダイズの伝播は、一四世紀ごろ以前は、南シナ海経由の海上のルート、それ以後は、陸上のルート経由も加わった中国の漢字文化や、華人による農耕と食文化の波及によるものと考えると、東南アジアの大陸部まで広がっている〈*dāu・dāo*〉系の呼称が、「芽出しマメ」の「豆芽」――〈*taoge*〉(インドネシア)や、〈*toge*〉(フィリピン)にはあるが、「ダイズ」の呼称にはないことが注目される。同時に、先に触れたように、ダイズの基本呼称の「ケデレ」が、ドラビダ語系諸語の「マメ」の総称と関係がある(36)とすると、南インドの「オーストロネシア語」系の「ドラビダ語族」(タミル・カンナダ・マラヤーラムの諸語)の言語を話す部族の役割が示唆される。

ラッカセイについては、一三世紀ごろから、主に南インドからのイスラム文化とともに、アラビア海から、ベンガル湾、マラッカ海峡経由の海上と、東南アジア大陸部からのマレー半島経由の陸上との両ルートでもたらされたと考えられるが、ラッカセイにも、中国とのつながりを示唆する〈*dāu・dāo*〉系の呼称がない。このことは、マレー語圏へのダイズとラッカセイの「種子」、あるいは、「作物」としての伝播には、大陸部からの漢族の関与が小さかったことを示唆する。

また、インドネシア島嶼部で、外部からの他民族の移住も多く住民構成が複雑とされる、「モルッカ語系」の人々のラッカセイの総称語、〈*booe・boowen・fooe・hoi・ooue*〉などが、南インドの「ドラビダ語族」のラッカセイの呼称の構成語、〈*bhui*〉(グジャラティ・ボンベイ・マラティの諸語)に近く、また、ダイズの呼称の「ケデレ」に近い「カダライ・カダレ・ガダレ」と結合した呼称が、同様に「ドラビダ語族」のラッカセイの呼称に見られることとの関係が注目される。マレーシアのマレー語には、英語とアラビア語からの借用語が顕著であるのに対して、インドネシアの言語は、一般的にはインド語的といわれるが、インドネシアのマレー語には、オランダ語と、ジャワ語経由のサンスクリットからの借用語が多いとされることも、「ダイズ」の呼称の「ケデレ」の語源とのつながりから興味深い。これらのことについては、なお検討が必要である。

外から伝播した作物が、新しい土地に馴れて栽培が広がるためには、種子や栽培の技術だけでなく、まず食べ方や加工の方法をもった人々の存在が必要である。東南アジアでダイズが普及するのには、まず、定住する「華人社会」の形成が必要であっただろう。明帝国との間で、朝貢と相互の産物の貿易に応じた国の数は、日本、高麗、琉球も含めて四〇か国以上にもなるとされるが、実際には貿易商人、いわば民間人が国の使節として活躍していたともいわれている。朝貢関係が通商関係に発展して、各地の交易都市には移民が定住して、拠点が形成されるが、中国と東南アジア各地との間には、次の三つの交易路線があった。

(3)「華僑」と「華人」

まず東側路線は、福建省の泉州や福州を起点にして琉球、台湾、蘇祿(フィリピン南部のスールー諸島)が結ばれ、福州からさらに北上して華北からのダイズやダイズ粕の交易にも役割を果たしたとされている。中央路線は、コメの生産地域である華南の広州を起点として、シャム(タイ)、マラッカ(マレーシア)、スマトラを結び、そして、もう一つの西南路線は、中国西南地方の雲南省の昆明を起点として、ラオス、ベトナム、ビルマ(ミャンマー)に接続していた。これらの通商路の維持には、中国の商人や、「華僑」すなわち、現地に本拠を移していた中国人の活動によるところが大であった[13・37]。

東南アジアにおける中国人の居留地の形成は、最初はジャワの北岸の港で盛んだったが、次第に西のマラヤ、スマトラ、北東のチモールから、北はフィリピンに至る島嶼部にもひろく見られるようなった。一四三三年、中国の海上交易が、明朝の「海禁令」により突然、禁止されて終るが、「華僑」や東南アジア人が交易を続けていた。[9] 一六八四年に清朝によって「海禁令」が解除されると、とくに島嶼部や、マレー半島、ボルネオ（カリマンタン）島、そして、スマトラ島東岸のバンカ島や、リアウ諸島などの各地に、コショウなど商品作物の栽培や、錫鉱山の開発に従事する中国人労働者の集団が基礎になった、多数の「華人社会」が成立した。そして、交易の拡大を背景にして、一八世紀には、東南アジアの各地に多様な「華僑社会」が形成されるようになって、交易関係の緊密化が一層進んだといわれている。[38]

第七章　新大陸におけるマメの文化

一　メソアメリカと南アメリカ大陸

アメリカ大陸は、中央部で細く括《くび》れた北極から南極にまで広がる巨大な一つの「島」であるといわれるが、南アメリカ大陸の頭部にあるブラジルのアマゾン河口付近を赤道が横切っている。従って、自然環境はごく複雑で、極北、北方森林、中緯度混交林、気温と降水量が異なるサバンナ草原、熱帯雨林、乾燥地域、地中海性灌木林、そして、低緯度山地と、地球上のすべての植生相が見られる。これらのうちで、農業の発展には貢献が小さかったと考えられているのは、次の地域である。

・低温で極度に乾燥する、極北、および北方森林、アメリカ西部からメキシコ北部にかけての地域。

・自然の動物性、植物性食料に恵まれた、アメリカからカナダ国境付近に至る原野と、東部ブラジルからコロンビア東部とベネズエラ南部に至る地域、および、ガイアナ南部のサバンナ地域。

・大量の降雨と高温、そして、土壌流亡が著しい、熱帯雨林（アマゾン、オリノコ両河流域）地域。

・チリ中央部、カリフォルニアなどのカシ・針葉樹林地域。

すなわち、野生植物の栽培化で、最も重要な役割を果たしたのは、低緯度地域にある山地であったが、

表Ⅶ-1　栽培植物の推定原産地と種類別の地理的分布（ハーラン 1992による）*

種　類	近東複合地域	アフリカ	中国地域	東南アジア・太平洋諸島	メソアメリカ・北アメリカ	南アメリカ	計(%)
禾穀類	9	9	6	5	2	1	32(7.7)
偽禾穀類	—	—	—	—	7	—	7
マメ類	7	4	3	9	5	3	31(7.5)
根菜作物	4	6	7	8	5	14	44(10.6)
油料作物	6	5	4	3	2	2	22
果実・ナッツ類	15	3	15	22	22	21	98(23.6)
蔬菜・香辛料類	16	13	17	7	11	6	70(16.8)
繊維作物	2	2	4	5	5	1	19
でん粉・糖料類	—	4	—	—	—	—	4
飼料作物	16	12	—	6	1	4	39(9.4)
薬用・麻薬作物	6	7	5	6	4	8	36(8.7)
有用作物	—	1	5	—	4	4	14
合　計	81	66	66	71	68	64	416(100)

*種類により二地域で重複する種がある（本文参照）。

それは、メソアメリカ[*1]と、南アメリカ大陸の、とくにその背骨ともいえるアンデス山脈沿いの地域であった[1〜3]（第一章・表Ⅰ—2、表Ⅶ—1）。この両地域の農業的自然環境と、主な作物の起源は、次のようである。

（＊1）アメリカ大陸中央部。地理的には、メキシコの北部を除いた全域、グアテマラ、ベリーズ、エルサルバドルの全域、ホンジュラス、ニカラグア、コスタリカの西側部分を含む地域を指す。

メソアメリカが、「初期農耕期」と呼ばれる新しい段階を迎えるのは紀元前七〇〇〇年ごろである。紀元前二〇〇〇年ごろになると、定住生活による村落が各地に形成されるようになる。メソアメリカの北辺部では、氷期の末期から数千年の間に、インディオの遊動的な小集団が、トウモロコシ、マメ、カボチャ、トウガラシなど、今日の重要な食用作物の野生種の栽培化を始めていた。メキシコ湾沿いの海岸低地部では、キャッサバが、主食として高地部におけるトウモロコシに代わる役割を果たした[4]。「メソアメリカ核地域」とも呼ばれた地域は、農耕の起源における独立性と、その成立の年代からも、近東の「肥沃な三日月地域」にも匹敵する重要な地域であることが次第にわかってきた。

植物性遺体の分析の結果では、紀元前八〇〇〇年ごろに、採集・狩猟段階から原始的な作物の栽培段階への移行が始まっていて、初期の植物性食料は、ドングリ、マツの実、野生のメスキート（マメ科・*Prosopis juliflora* ハニーローカスト）、サボテンの実、タマネギの鱗茎、カボチャの種子などだが、紀元前七二〇〇〜同五二〇〇年ごろには、作物の栽培が、すでに行われていたらしい。そして、トウモロコシの栽培化が確かになるのは、紀元前八〇〇〇年ごろから同二四〇〇年ごろで、同じころにインゲンマメと、タチナタマメが現れている。テワカンでは、トウモロコシよりもインゲンマメの栽培化の方が早かった可能性もある。紀元前二〇〇〇年ごろになると、灌漑も行われていて、作物の生産力が高まったことが推察される。紀元前九〇〇〜同二〇〇年ごろ以降には、リママメとラッカセイがテワカンのマメに加わっており、メソアメリカ地域と南アメリカのアンデス地域との間で、栽培植物を伴った人々の往き来があったことがうかがわれる(5)。

南アメリカ大陸で、世界有数の山脈であるアンデス山脈には、標高七〇〇〇メートル前後の山がいくつもあるが、その西側には、世界でも最も乾燥した海岸砂漠が広がり、世界で最も漁業資源が豊かだといわれるフンボルト海流の海域に接している。そして、東側には、世界中で最も広くて多くの種類の樹木が茂る森林、さらにまた、世界最大の河川、アマゾン河がある。熱帯気候の低地から雪に覆われた高地までの降水量の差異は大きく、ゼロから、年間一万ミリメートルも降るコロンビアの太平洋の海岸地帯のようなところもある。海岸地方の砂漠地帯で、ペルー海流の影響で発生する霧がもたらす水分によって、四月〜五月から一一月〜一二月ごろまでの冬の季節の間、出現する草地（ロマス）には、約一万年前ごろから、その時期が雨季になる高地の採集・狩猟民たちが移動してきて居住していた。

図Ⅶ-1　トウモロコシの神の像（メキシコ，テオティワカン，1980年）

図Ⅶ-2　熱帯のイモ：(左上から) ヤムイモ・サツマイモ（ケニア，1980年），キャッサバのイモと畑（タイ，チョンブリ県，1997年）

また、アンデスの東と西の間では、食料を求める人と物の動きが盛んになったが、チチカカ湖畔に暮らしていたルパカ族が、アンデス山脈の東側の低地や西側の海岸地域、さらには、アマゾンの低地まで人を送って、トウモロコシやキャッサバなどを栽培して自給していた。また、数百キロメートルの距離を一〇～一五日がかりで移動して、生産物の交換や交易を行っていた。

メソアメリカと、南アメリカの大部分の地域の季節の変化は、気温ではなく、雨量の違いで区別される。また、高地での温度変化は、季節による差よりも日変化の方が大きい。このような自然環境条件にあって、野生植物と栽培植物の種は極めて多様であるが、南アメリカでは、栽培化された種の数はアンデス地域が圧倒的に多い。アメリカ大陸における主な作物六一種の考古植物学的記録の再検証(6)によると、栽培化された種が多いのは、マメ科と、ナス科、ついでウリ科だが、最も栽培化が早かったマメは、ラッカセイ（紀元前五五〇〇年ごろ）で、タチナタマメとリママメが紀元前三五〇〇年ごろ、そして、インゲンマメが紀元前二五〇〇年ごろで最も遅い。なお、最近のペルーのリマ市北方の遺跡からの出土で、ラッカセイの栽培化の推定年代が、約一万年前と大きく早進している(5)。これらのマメと、トウモロコシ、ジャガイモ、サツマイモ、キャッサバが、新大陸の「創始者作物」となった（図Ⅶ―1～5）。

二　新大陸の栽培植物

新大陸に関する知見は、まず、一五世紀の末、クリストファー・コロンブスによる「新大陸の地理上の発見」から始まった。彼は、「自分は、『地上の楽園』を発見したのだ」と言ったが、彼が、新大陸の多くの有用植物を旧大陸にもたらすきっかけをつくったことは確かである。

だが、「コロンブス以後」、新大陸と欧州大陸の間では、人間（奴隷を含む）の交流だけでなく、それぞれの土着の有用植物や家畜、さらには人間の伝染性病原菌の「交換」も行われた。欧州人が持ち込んだ天然痘で、一五〇〇年から一六五〇年までの間に、免疫がなかったインディオの人口が激減したが、欧州では、新大陸から持ち帰って主食になったジャガイモが疫病で大凶作となると、大飢饉（一八四九年）が起こっている。これらの一連の歴史上の大きな出来事を、クロスビー（一九七二）[7]が、「コロンブス交換」と呼んでいる。

スペイン人は、北アメリカで植民地を開いてからの約一〇〇年の間に、ユーラシアや、アフリカの栽培植物を新大陸にもたらし、また、新大陸では、北アメリカの南西部や東部へ、メキシコや南アメリカのトウモロコシ、タバコ、トウガラシ、カボチャなどを広めて、新大陸における作物のひろがりにも大きな影

図Ⅶ-3　マメ科のイモ形成種——アメリカホドイモ（アピオス）高知県で栽培されたもの（新谷さん提供。2004年2月）

図Ⅶ-4　マメ科のイモ形成種——クズイモ（ヒカマ）（マレーシア, ジョホール州, 1989年）

図Ⅶ-5　アンデス高地のマメ「タルーイ」（ペルー, クスコ近郊, 2003年）

響を及ぼしている。一六世紀には、新世界の自分たちの居住地や、カソリックの伝道施設へ世界各地の作物を持ち込んでいるが、そのおかげで、北アメリカ南西部の先住民たちは、コムギ、オオムギ、エンドウ、ソラマメ、ヒヨコマメ、モモ、アンズ、クルミ、ブドウ、メロンなどを入手し、自分たちの食物を豊かにすることができたのだという、スペイン人の貢献を評価する意見[8]もある。

ともに農耕がその基底にあった、初期のアメリカとユーラシアの文明は、その栽培植物の種では完全に異なり、類縁関係もないということについては、全く議論の余地はないとするのが通説である。そのことについて、メリル（一九三八）[9]は、次のように述べている。

「アメリカ大陸の初期の人間は、北方ルートを通って北アメリカにやってきた。彼らは農耕を伴っていなかったし、また、おそらくその知識もなかった。その地では、移動による狩猟と漁撈の暮らしがメキシコに到達するまで、何世代にもわたって続いた。メキシコで彼らは間もなく、栽培に適し、より優れた食料を生産する植物に出会った。その後、メキシコ、そして南アメリカで、自生していた植物を栽培化し、動物を馴化して恒久的な食料の生産ができるようになって、ユーラシア大陸で発展したものからは何ら影響を受けていない独特の文化を、メキシコ、ユカタン半島、中央アメリカ、ボリビア、そして、ペルーで漸進的に発達させていった。アメリカ大陸の農耕と、それに基礎をおいた文化は、独自のものであった。……コロンブスよりもはるか以前に、文明の進んだユーラシアの人間が、偶然にアメリカ大陸に達していたとしても、彼らは食料になる植物をもっていなかったので、到達したところで独自に発達していた農耕文化に出会うことがなかったら、彼らは文明をもった人間として存在できなかっただろう。また、彼らの農耕に関するどんな知識でも、数千もの土着の植物のなかから栽培植物を選び出して根づかせることはできなかっただろう。メキシコ北部のインディアンが利用している土着の食用植物は、一二〇科、四四四属、一一〇〇種以上もある（ヤノフスキー、一九三六）。だが、このなかで栽培されたことがある種はごくわずかしかないのだ」

ユーラシア大陸から、ベーリンジア陸橋を渡ったモンゴリアン集団は、約一万数千年前ごろに北アメリカ大陸に達して、アメリカ先住民の祖先となった。アメリカ大陸で、彼らによって栽培化されて「コロンブス以前」にあったことが確かな栽培植物は約五〇〇種といわれ、また、ハーラン（一九九二）[3]によれば、約一三〇種（表Ⅶ―1）だが、世界全体の栽培植物の約二〇〜三〇％を占めている。これらの多種の栽培植物が世界の農業や食文化に対して与えた影響の大きさは、旧大陸の近東で生まれた栽培植物のそれにも匹敵する。

新・旧両大陸の文化の独立性や、相互の交流の歴史に関して、「コロンブス以前・以後」という言葉がよく出てくるが、「コロンブス以前」に、新・旧両大陸間の人間の接触があって、それに伴って新大陸の栽培植物が旧大陸にもたらされていたとする、昔からあった主張が、近年、文字としての史料の発掘や、年代が明らかにされている人工遺物の記録などの考証によって、また盛んになっている。

三 「コロンブス以前」の栽培植物伝播論

米国ニューメキシコ州サンタフェで開催された、「コロンブス以前」に旧大陸と新大陸間の接触があったことの証拠となる栽培植物の伝播などに関するシンポジュウム（一九六八年五月）[10]で、ジェットは、「今日では、旧大陸と新大陸との間の文化的な類似が明らかにされている。……問題は、この類似のなかで、どの程度まではアメリカ大陸内部だけで（独立した発達の）成果と見なせるか、そして、どの程度からは他大陸との交流や、他半球からの移住のせいと見なさねばならないのか、だ」と述べて、移動の手段としての舟や筏について世界の事例を検証し、また、伝播の証拠としての「文化の類似」をどう考えるかについても論じている(11)。

古くは、プラトンの創作が生んだ「アトランティス大陸」や、太平洋に存在したとされる空想上の「ムー大陸」の話を背景にして、旧大陸の人間がパイオニアとなったとする強硬な「文明伝播論」もあった。ユダヤ人が地中海からアメリカ大陸に渡来し、そこに最初の「先コロンブス文明」を創始したことを証明しようとする『モルモン教書』*2があるが、新・旧両大陸間の人間の接触が、「一四九二年」よりはるか以前にあったとする説で最も人気があったとされるのは、次のようなG・E・スミス卿（一九一七・一九三一）と、彼の弟子のW・J・ペリーによる、古代エジプト人が古代アメリカ文明の祖先であるという説（一九二三）である(9・12)。

「メキシコのユカタン地方、中央アメリカ、ボリビア、ペルーなどに見られる高度な農業を含むすべての文明は、エジプトで生まれた。……紀元前九〜八世紀ごろから、この文化複合をもった人間が各地に移住した。最終的には数百年かかったが、アメリカ大陸の太平洋岸に到達した彼らによって、旧世界の古代文明のパン種《だね》が移植されて、南、北両アメリカの先住民を発酵させたのだ。」

（＊2）『モルモン教書 Book of Mormon』およそ紀元前二二〇〇年から五世紀の初めごろに、アメリカ大陸に暮らしていた古代の預言者による教義を信奉する「末日聖徒（Latter-day Saints）」たちの間で、口述で伝えられていた内容が一八三〇年三月に、ジョセフ・スミスによって初めて書物として刊行された。『教書』には、古代の新世界の住民の一部が、旧世界から航海によって渡って来たセミ系の人々（「セミ」は、旧約聖書に見える人名。ノアの長子でユダヤ人の始祖と伝えられる）の子孫であると述べられ、モルモン教の擁護論者たちによってこれが信じられている。

(http://en.wikipedis.org/wiki/Book-of-Mormon)。

有名なハイエルダールのコン・ティキ号による風と海流による一〇一日間の漂流実験(一九四七年)[13]で、彼は、ポリネシア人の祖先が東南アジア起源ではなく、東から西へ吹く風にのって南米から最初に移住が行われ、後に、北アメリカ西海岸から第二の移住の波が押し寄せてきたのではないかという仮説を実証しようとした。実験は成功したが、学界の評価の多くは否定的であった。しかし、一九五〇年代になって、ガラパゴス島やイースター島などの考古学的調査や研究によって、南アメリカ大陸からポリネシアへの最初の民族移住が、「コロンブス以前」の一一～一二世紀ごろにあったが、栽培植物の種に、さまざまな時代の両者間の交流があったことなど、両文化の関連性に関する研究が増えて、ハイエルダールの主張がようやく認められるようになった。だが、批判的な見解[14]もある。

最近になって、ソレンソンとヨハネッセンら(二〇〇一・二〇〇四・二〇〇八)[15~17]が、両大陸間の栽培植物の伝播や、共通する栽培植物の栽培と利用に関して、考古学や言語学、植物学、さらにDNA遺伝学の分野にまで及ぶ、六〇〇編を超す文献にあたって実証を試みている。

ジェット(二〇〇〇)[10]は、新大陸の栽培植物の旧大陸への伝播の証拠として、サツマイモとトウモロコシのほかに、「疑いもなくコロンブス以前のもの」だといえる例の一つとして、中国浙江省で出土した紀元前二一〇〇～同一八〇〇年ごろの「ラッカセイ」を挙げている。また、ソレンソンら[16]は、新大陸と旧大陸が、植物、動物を共有していたことを明らかにするためには、確かな科学的、生物学的事実をさらに追求しなければならないとして、多数の文献を検証したが、考古学的事実として、インドやインドネシアの遺跡からの出土や、寺院の神像や壁などに彫刻されている、トウモロコシ、ラッカセイ、インゲンマメ、リママメ、トウガラシなどの例も挙げている。

「コロンブス以前」の新・旧両大陸間における、人間や文化の接触と交換、栽培植物の伝播などに関しては、わが国では論文が少ないようだが、トウモロコシとサツマイモについては、幾つかの報文がある。[18〜23]ここでは、拙著（前田、二〇一二）[5]で割愛した、「ラッカセイ」についての彼らの主張の問題点を指摘しておこう。

まず、ラッカセイは、アンデス山脈の東側のボリビア、パラグアイ、そして、アルゼンチンの国境が接するあたりで栽培化されたことがほぼ確かで、南米大陸以外では、ラッカセイも近縁の野生種（図Ⅶ―8）も自生していない。また、古代中国の記録に現れる「落花生・花生」は、ラッカセイではない。しかし、ソレンソンら（二〇〇四）[16]は、「語彙類似性」（lexical parallels）のような言語学的考証の適用の例として、南アメリカ先住民の言語におけるラッカセイの呼称（第一章）が、インドのサンスクリット語や、ヒンディー語、グジャラティ語の呼称と酷似することを挙げている。そして、大洋を横断する航海によって、ラッカセイがその名前とともにアジアへ到達したことが、アジアにおける出土植物試料で確認されていると主張している。

ところで、彼が、「コロンブス以前」のラッカセイのアジアへの伝播の事実の根拠として引用している、アンダーソン（一九五二）[24]の「小粒の原始的なタイプのラッカセイが中国南部で栽培されている」という記述は、次のようである。

「ラッカセイは、その栽培だけでなく、類縁種もすべて南アメリカでしか知られていない。古代ペルーの墳墓から原始的な形状のラッカセイが発見されている。したがって、ラッカセイは、コロンブス以前から新世界にあったと考えるのがもっとも妥当である。だが、ペルーで出土するまでは、専門家たちは、おそらくラッカセイは、広く拡がっていた旧大陸からもたらされたものと確信しており、出現例のすべては、アジアとアフリカで非常に長い間にわたり栽培されていたことを示している。アフリカ、あるいはアジアから来たとする昔からの主張があったが、コロンブス以前の時代に太平洋、あるいは、大西洋を横断して交流があったという仮説は考えたくなかった植物学者たちが、そのころ両半球にラッカセイがあったかどうかを知るために、再調査をしたという事実は全くない。だが、ここに、今日ではもうペルーでは栽培されていないが、墳墓で発見されている、細くて小さい靴ひも状のラッカセイ（*）と同一の最も原始的なタイプのラッカセイが、中国南部で栽培されているという事実の記録がある。それらは、どうしてそこにあるのか？ もし、スペイン人、あるいは、ポルトガル人が運んだものだとしたら、世界のラッカセイの変種を調査すれば、そのような旅をしたということについて何らかの事実が示されるだろう。もし、ある時代に、また、あるルートでそれらが到達していたのなら、その調査は、ラッカセイが最も変異の多い作物であることを実証するだろう。……我々が最も必要としているのは、さらなる事実である。

（*傍線部原文「……The most primitive type of peanut, the same narrow little shoestrings which are found in the Peruvian tombs,……」）

この記述の引用元のエイムズ（Ames, O. 1939）による特異な莢実の形状の記述については、ラッカセイ属野生種に詳しいクラポビカス（一九六九）[25]は、スクヴォルツィオフ（Skvortziow 1920）によるものだとしか述べていない。また、ラッカセイの起源や伝播の歴史に詳しいハモンズ（一九七三）[26]は、全く触れていない。だが、この記述について筆者が思い当たるのは、ラッカセイと近縁のモンチコラ種など、ラッカセイ属の野生種には、莢実のくびれの部分が、まさに「靴ひも」のように細く伸びる性質があることである。そして、エイムズの誤認と思われる、もう一つの根拠は、もし、彼が古代中国の文献で「落花生」の記述を見ていたとすると、それは、筆者が、「コロンブス前・後」の中国文献に現れる「落花生」は、「ラッカセイ」ではなく、マメ科の「香芋・ホドイモ」であると同定したが、「ホドイモ」は、イモ（塊根）とイモの間が、まさに「靴ひも」のよう細長くのびて、数珠玉状に連なる性状が、彼の記述と一致することである。(5)

四　マメの「コスモポリタン」——インゲンマメ

（1）インゲンマメの仲間と起源

第一章で述べたが、食用のマメ三三種のうち、二三種が、系統分類ではインゲンマメの仲間の「インゲンマメ連」に属している。植物区分では、新大陸の新熱帯区（北回帰線以南）起源であるインゲンマメ（*Phaseolus*）属は、世界の他地域では野生の種は知られていない。植物形態学、生化学、さらに、種子タンパク、アイソザイム、核・葉緑体のミトコンドリアのＤＮＡなど、分子レベルの技法による研究で、属内の野生種と栽培種が一元的起源であることが確かとされている。インゲンマメ属には、救荒食として利用されてきた野生種もあるが、栽培化されて、今日も広く栽培が続いているのは、インゲンマメ、ベニバナインゲン（ハナマメ、スカーレットランナービーン）（図Ⅶ—６・７）、リママメ（ライマビーン）、テパリービーン、および、*P. polyanthus* の五種のみである。また、野生の九種は、生育日数の短い多年生で、地下部が塊根になるが、夏と冬の長い乾燥の期間を耐えて、雨季後に大量の種子を形成し、分布の拡大や長期の生存に適した特性をもつことが知られている。

図Ⅶ−6　種皮の色や模様が多様なインゲンマメの市販品種

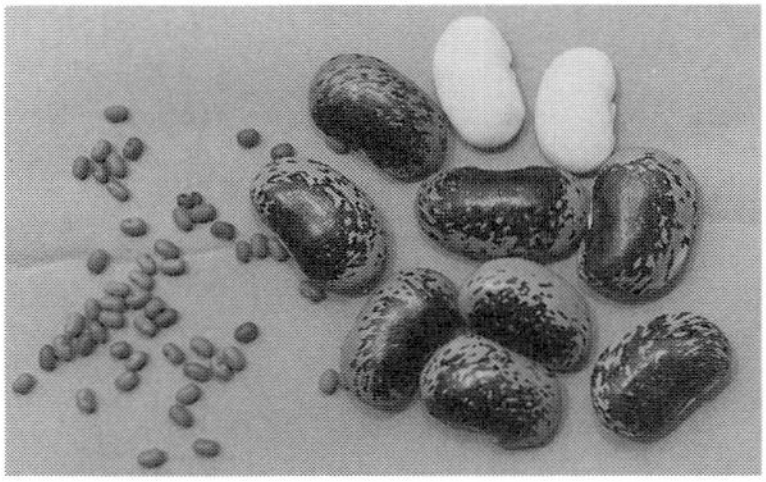

図Ⅶ−7　ベニバナインゲン（ハナマメ）2品種（東北地方産）と最も小粒な食用のマメ——モスビーン（インド産）

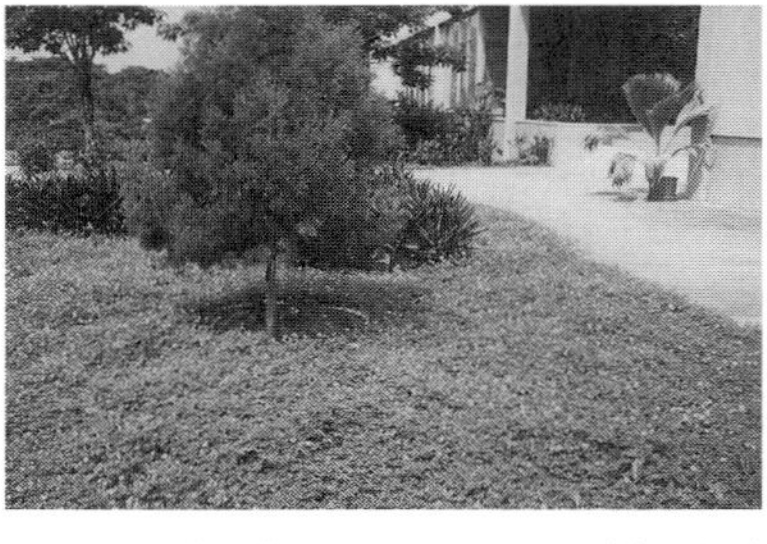

図Ⅶ−8　芝生代わりのラッカセイ属野生種（南米産，多年生）（ナイジェリア，イバダン，国際熱帯作物研究所ゲストハウスの庭，1980年）

インゲンマメの原産地については、メキシコ一元説と、メソアメリカと南アメリカで独立して栽培化されたとする二元説（カプラン、一九八一）[29]があった。近年、インゲンマメの野生型の発見の報告が増えて、その分布地域は、メキシコ北部からアルゼンチン北西部（サン・ルイ州）にまで及んでいるが、それらの地域は、標高が五〇〇～二〇〇〇メートル、年間の降水量が五〇〇～一八〇〇ミリメートルである。そして、エクアドルからペルーに分布する野生型から、第一次の遺伝子のプールとして二つの地域、すなわち、メソアメリカでは、小粒種子のレース（系統）が、そして、アンデス南部では、中～大粒種子のレースが生まれた。これらから、さらに、メソアメリカ、アンデス、コロンビア、エクアドル・ペルー北部の四地域が、第二次の遺伝子プールの中心になった[28・30～33]。

（2）「ビーンズ」と「パルセス」

インゲンマメは、英語の一般名では「コモンビーン」と呼ばれるが、今日では、世界のマメ類消費量の約半分を占めるといわれ、まさに「世界のマメ」だといえよう。アメリカとカナダの国境辺りに暮らすイロコイ族は、トウモロコシ、インゲンマメ、カボチャを「三姉妹」と呼ぶというが、新大陸の低～中緯度地域で栽培化されて、主要な食用のマメの一つとして発達してきた。

ところで、第一章で世界の「マメ」の呼称について述べたが、英語の「マメ」の総称語には、〈ビーン bean〉と、〈パルス pulse〉がある。辞書には、「ビーン」は、「豆《特に》インゲンマメ：豆の莢」とある。だが、国際食糧農業機構の作物生産統計（『FAOSTAT』）には、インゲンマメの作付面積や生産量は載っていない。すなわち、『FAOSTAT』では、日本語では、どちらも「マメ類（乾燥子実）」となるが、「Beans Dry」と、「Pulses Dry」に二大別されている。そして、前者のグループに、インゲンマメが、同属のベニバナインゲン、リママメ、テパリービーンの三種と、ササゲ属のアズキ、リョクトウ、ケツルアズキ、タケアズキ、モスビーンの計九種といっしょに一括されている。

そして、こちらも適当な日本語訳が見つからないが、後者のグループに、ササゲとバンバラマメ（ササゲ属）、そして、それぞれ属の異なるソラマメ、ヒヨコマメ、ヒラマメ、ルーピン、エンドウ、キマメの計八種の統計値が種ごとに示されている。このような種類の区分は、統計利用の面で、いささか不便であるが、その根拠については明らかでない。

以上のようなインゲンマメに代表される〈ビーンズ〉の定義を前提として、最近の『FAOSTAT』（二〇一〇年）を見ると、〈ビーンズ〉の生産国は一二一か国で、総生産量は約二三〇〇万トンである。そのうち、アジアのインド（四九〇万トン）、ミャンマー（三〇〇万トン）、および、中国（一三三万トン）の三か国で全体の五二％を占めている。そして、ブラジル（三一六万トン）、米国（一四四万トン）、および、メキシコ（一一六万トン）を加えた六か国が、世界全体の八四％を占めている。これらのほかに生産が多いのは、東アフリカの五か国（タンザニア、ケニア、エチオピア、ウガンダ、ルワンダ）で、一四％を占めている。

生産・輸出入統計で、「グレートノーザン」、「スモールホワイト」、「ネイビービーン」、「モットルド・ピントビーン」、「レッドキドニービーン」、「ハリコットビーン」、「ブラックビーン」、「スモールレッドビーン」などと出ているのは、いずれも米国産のインゲンマメの品種名である。インゲンマメの総称名の「キドニービーン」は、子実が腎臓の形に似ていることに由来するが、卵形や球形、大小などの形、そして白や黒、褐色など種皮の色や、斑入り模様など、その形状の変異は極めて多様である（第一章）。わが国でも、金時豆、鶉《うずら》豆、虎豆など多くの品種名があるが、白色の高級ブランド品種名の「手亡《てぼう》」は、「つるなし」で、栽培に支柱（手）が要らないことに由来する。関西地方で、「インゲンマメ（隠元豆）」はフジマメである（第五章）。

インゲンマメの単位面積当たり収量は、小農作が多いラテン・アメリカやアフリカの国々では、ほかのマメ類よりも低い。イモ、穀類など炭水化物本位の主食で不足するタンパク質を補うために欠かせないマメは、収量の安定性よりも、もっと多収性を考えるべきだという意見が強い。国際熱帯農業研究センター（ＣＩＡＴ、コロンビア・カリ）が中心になって、アフリカ、ラテン・アメリカの開発途上国を対象とした支援事業を行うインゲンマメの国際的な育種研究組織（「ファセオミクス・ＰＨＡＳＥＯＭＩＣＳ」）では、栽培種二万五〇〇〇系統以上、野生型一三〇〇系統が、遺伝資源として収集、保存されている[27・28]。

第八章　精神生活のなかのマメ

一　「神話」のマメ

世界各地の初期農耕民文化の指標ともなる神話について広範な比較・検証を行っている大林（一九七三）(1) は、「伝統的な社会における農耕は単なる技術ではない。農耕には農耕作業の重要な諸時点における儀礼も伴っているし、また農耕を基礎づける神話も重要な地位を占めている」と、神話のもつ意義を指摘している。作物の起源に関する神話・伝説は、キャッサバ（マニョク）（図Ⅶ—2）の起源に関する南米のナムビクワーラ族の伝説(2・3)や、ココヤシとヤムイモの起源に関する東部インドネシア、セラム島西部の先住民ヴェマーレ族の「ハイヌヴェレ神話」などに代表される、イェンゼン（一九四九）の「死体化生《かしょう》型神話」(1・4〜9)の系列に属するものがよく知られている。すなわち、一九三七年にイェンゼンが記録してから、同型の神話・伝説がひろくメラネシア、東アジア、さらに南米などにも濃密に分布していることが明らかになって、初期農耕民の文化の世界像を理解する上での意義が注目されている。この原型としての「ハイヌヴェレ神話」から、千数百年前のわが国の神話、「記紀」などに出てくるマメは必ずしも多くはない。

南米のアマゾン河流域で、食料を採集と狩猟に依存する移動生活が基本で、それを作物の栽培で補って暮らしている先住民のナムビクヮーラ族は、ラッカセイを栽培している。ペルーでは、スペインに滅ぼされたインカ文明に先立つシパン文化（七〇〇～一三七五年）の貴人の墓から、金・銀製のラッカセイのネックレスが発見されて考古学的な関心が高まっているが、副葬品としてのラッカセイの莢実がもつ宗教的、あるいは象徴的な意味については明らかでない。だが、ナムビクヮーラ族の伝説には、旧大陸生まれのソラマメ（原文 fava bean）が出ているが、ラッカセイは出てこない。このことは、この伝説の発生は、スペイン人によりソラマメがペルーにもたらされてから以後だが、ラッカセイがアンデスの東側からアマゾン河下流域に伝わる以前で、ナンビクヮーラ族の祖先たちがラッカセイをまだ知らなかったころであることを示唆する。ラッカセイは、紀元前二〇〇〇年ごろのペルーの考古学的遺跡からの出土が知られているが、筆者は、これまでに、ラッカセイの神話に触れた文献にまだ接していない(3)。

①『古事記』(10)（七一二年）

・「上巻四　大八島国」

「（イザナミ、イザナギ二神の契りによって、淡路島が生まれてから）……次に伊《い》予《よ》之《の》二名島《ふたなのしま》を生みたまひき。此の島は身一つにして（四箇国に分かれていて、めいめい名がある）。故《かれ》（そこで）伊予国を愛《え》比賣《ひめ》と謂ひ、讃岐国を飯依比古《いひよりひこ》と謂ひ、粟国《あわのくに》（阿波国）を大宜都比賣《おおげつひめ》と謂ひ、土《と》左国《さのくに》を建依別《たけよりわけ》と謂ふ」

［（ ）澤田(10)『精解』により筆者補足］

・「上巻一四　穀物と蚕の起源」

「又食物《おしもの》を大宜津比賣に乞ひたまひき。ここに大宜津比賣鼻口及《また》尻より種種《くさぐさ》の味物《ためつもの》を取りい出て、種種作り具えて進《たてまつ》るときに、速須佐之男命其の態《しわざ》を立ち伺いて穢《きたな》汚き物（＊）奉進《たてまつる》ると以爲《おも》ほして、乃《すなわ》ちその大宜津比賣神を殺したまひき。故《かれ》殺さえたまへる神の身に成れる物は、頭《かしら》に蚕《かいこ》生り、二つの目に稲種《いなだね》生り、二つの耳に粟《あわ》生り、鼻に小豆《あずき》生り、陰《ほと》に麦生り、尻に大豆《まめ》生りき。故是に神産巣日《かみむすび》御祖命《みおやのみこと》茲を取らしめて種《たね》と成したまひき」［注。工藤（二〇〇六）[6]により訓を補った。＊工藤の引用では、「穢《けが》して」[1]となっている。］

②『日本書紀』「四神出生章・一書十一」（七二〇年）

「葦原中国に保食神《うけもちのかみ》有り……保食神、（月夜見尊に殺されて）已に死《まか》れり。唯し其の神の頂に、牛馬化為《な》るなり、顱《ひたひ》の上に粟生れり。眉の上に繭《まゆ》生まれり。眼の中に稗《ひえ》生まれり。腹の中に稲生れり。陰《ほと》に麦及び大小豆《まめあずき》生まれり。……天照大神喜びて曰《のたまわ》く。……乃ち粟稗麦豆を以ては、陸田種子《はたけつもの》とす。稲を以ては水田種子《たなつもの》とす」（一部、筆者略）

神話は本来、記録として存在したものではなく、この世のはじめにおける重要なできごとが、神とのかかわりあいにおいて語られた言葉でつくられたものであった。そして、「記紀」は、わが国の書かれた神話でもっとも代表的なものであるとされる[11]。また、直木（一九七〇）[12]は、物語の原型は、政治的理念に基づいて七世紀以後にまとめられた「記紀」の古代の部分について、研究者の共通認識として、「神代の物語の各部分は、弥生時代以後、大和朝廷成立後の宮廷の儀礼と関係が深いが、……物語の形成に及ぼした外国の影響は、南方系と北方系の二つがあり、物語の中核を成す『高天原神話』は、遅れて入ってきた北方系の思想・信仰によって成立した。……神代の物語はこうして成立したのであって、大和朝廷以前の歴史的事実を神話化して伝承したものではない。……神代の物語は単なる机上の造作ではないが、天皇を中心とする宮廷の信仰や儀礼を基にして形成され、天皇の立場から構成されたものであり、民衆が自ら作った民族神話ではない」(1)と述べている。

また、大林(一九七三)(1)は、日本、朝鮮、中国、そして、東南アジアの各国におけるイネを中心にした、食に供する作物に関する数多くの神話や口承伝説を比較しているが、「昔話が、農耕起源伝承としてはそれほど大きな価値をもたないのに対し、伝説は、しばしば歴史民族学的研究に対して豊穣な源泉である」と述べている。

これらの諸説に対して、工藤(二〇〇六)(6)は、『古事記』は、八世紀に編纂された日本最古の書物の一つであり、それは突然出現したものではなく、縄文・弥生期から連綿と続く無文字時代の神話がその源にあるとする。六〇〇～七〇〇年代の都市に住む官僚や知識人たちには、すでに、生きている神話や「歌垣《かがい》」は、かなり縁遠いものになっていたが、『古事記』の書き手は、イメージの中で純化された、ヤマト的なるものを〈たった一つの神話〉として『古事記』に結晶させた。ただし、『古事記』は、書き手による最初からの創作ではなく、かなりの部分が六〇〇年代初頭には、すでに文字で記録されており、大和朝廷によって集められていた神話や物語資料によって、編纂事業が始まっていたらしいと述べている。そして、今なお残る中国長江流域の少数民族の文化を調べて、神話の成立過程のモデルを構築し、『古事記』の深層を考察しているが、作物の誕生や、作物への施肥のことにも触れていて示唆的である。

ところで、日本神話における神々の誕生のしかたには、古代人の神々の生成の観念＝「自生」(自然発生的)、「所生」(男女二神の生殖関係から生まれる)、「化生《かしょう》」(神の嘔吐、屎《くそ》、尿などから生まれる)、および、「依生」(アマテラスとスサノオの間の誓約の時に生まれた)の四種類がある。(1)「所生」は、もっとも自然的で、世界のどの文化、どの系列にもある程度存在するが、「化生」の観念は、ある特定の系統を持ち、特定の文化複合を背景としているようだという。すなわち、わが国の「記紀」で、「オオゲツヒメ神話」系列とされる「穀物起源」神話の特徴は、神の生体からの排出により、また、その神の死後は、その死体からの「化生」によって、食物ないし作物が発生したというモチーフである。そして、古代中国の「死体化生型」神話に現れる作物は、菽（ダイズ）、稲、黍《たかきび》、稷《しょく》（キビ）で、日本神話の雑穀、マメ、イネの組み合わせに酷似するが、朝鮮にも類似の神話があり、これらの作物は、東南アジア大陸北部から華南にかけての地域に起源をもち、一つが南鮮、また一つが日本へ縄文時代の終わりごろに入った可能性が高いが、南鮮経由で朝鮮系住民とともに日本に入った可能性もあるとされる。

このことについて、工藤（二〇〇六）[6]は、「海幸山幸」神話ほかの『古事記』の神話のいくつかのルーツは、インドネシア神話とも関係があるとする。それには、イザナミが陰部を焼かれ、病になって死ぬ時に際して、嘔吐物や、屎、尿（ユマリ）など、「排泄物」から神々が生まれるという『古事記』の「化生」の話が絡んでいる。そして、「死体化生神話」は、世界の各地で見られるが、「排泄物」から食物など、「良いもの」が生まれるという神話は、中国少数民族の間にはない。「食物」が生まれるという点からは、『古事記』の神話は、古代のずっと古い時代の日本で、独自に形成されたと考えられると述べている。

戦前、そして、戦後の化学肥料が不足した時代まで、わが国の農村では、人糞尿は貴重な作物の肥料だった。昭和の初期、筆者が暮らしていた京都市の伏見では、サツマイモの産地の木津川流域の農家が、肥桶を積んだ車を牽《ひ》いて、下肥集めに家々を回っていた。工藤（二〇〇六）[6]は、古代には、人糞処理は日本独自の「伝統技術」であったと、興味深い説を述べている。すなわち、『延喜式』（九二七年成立）（第五章参照）には、「内膳司」が所有する天皇や宮廷用の作物を栽培する農園に「糞」を肥料として運ぶ規定がある。「馬糞」説もあるが、これが、文献上、人糞肥料の利用の初見であるとしている。ヨーロッパに人糞肥料文化がないのは、江戸時代のころのパリ、ロンドンでは、排泄物をセーヌ河やテムズ河に流していたからである。そして、中国の辺境の少数民族の村では便所がなく、人糞肥料の利用は一般的には見られないが、その代わりに、糞尿の、人から作物への回路の間に介在するブタの役割があったことも指摘している。

二〇〇一年に筆者が訪ねた中国山東省の半島部の農村では、どの家にも家屋に接してブタを飼う囲いがあり、大きな堆肥の山が家の前に積まれていた。これは「有機肥料」とか、「土雑肥」などと呼ばれ、人糞尿、畜糞、作物残渣や雑草、下水路の土泥、草木灰などを混ぜて発酵させた「農家肥料」である。人糞尿には、チッソ〇・五〜〇・八%、リン酸〇・二〜〇・四%、カリ〇・二〜〇・三%、そして、有機物成分が五〜一〇%含まれていて、分解が速い(13)。ブタ小屋が住居に接しているのは、人が便所で用を足した後、ブタがすぐそれを食べるのだと聞いたが、同じような便所とブタ小屋の組み合わせは、古くは、少なくとも約二〇〇〇年前の前漢時代の漢族文化にあった。わが国でも、沖縄地域にあったが、このことは、祭祀にブタを生贄《いけにえ》として殺すことや、ブタ食文化の伝統のルーツが中国西南地域に求められることとあわせて(6)、沖縄地域が、日本と中国との農耕文化、作物の伝播の中継地としての役割を果たしていたことのあかしの一つといえる。

作物起源に関する神話や伝説は、それぞれの地域で、作物が栽培されていたことを物語っているが、それらの作物がその地域で起源したことを必ずしも物語るものではない。日本の「記紀」神話の作物のすべてがそうだが、他の地域から渡来した人々が、農耕の精神文化とかかわる神話・伝説を、種子と栽培の技術と一緒に持ってきた。そしてもう一つ、作物学の視点から興味がもたれるのは、それぞれの地域での神話・伝説の中に出てくる作物の種類と、それらの変(品)種の数である。

すなわち、インドネシアのヴェマーレ族の伝説では、ヤシ、バナナのほかに、主食としてのヤムイモの一種しか出てこないが、変種が多いことを示唆する。これに対して、同じインドネシアのドゥスン族の神話では、コメのほかに、ココヤシ、ビンロウジュ、コショウ、ヒョウタンに加えて、新大陸生まれのトウモロコシが現れているし、南米アマゾンのナムビクヮーラ族の伝説では、主食のキャッサバと、マメや野菜などの食物のほかに嗜好料のタバコもある。熱帯地域の先住民たちの作物の多様さの二面性ともいえるが、作物の種類の多さは、他地域の農耕民との交流があったことを、そして、ある作物の変種の数が多いのは、その地域の固有の作物としての古さや重要さを示唆する。また、ナムビクヮーラ族の伝説にある「ソラマメ」や、ドゥスン族の神話の「トウモロコシ」は、その神話・伝説の誕生が、「コロンブス以後」で、新しいことを示しているし、台湾のブヌン族の最初の作物が「落花生」であったという例(1)も、彼らの農耕の採用が新しいことを物語っている。東南アジアの農耕伝説に新大陸生まれの作物が加わることは、太平洋、そして、メラネシア、ポリネシアを経由して、新大陸の作物を持った初期農耕民が東南アジアまで移動していたという話題ともつながってくる(第七章)。

二　「信仰」とタブーのマメ——ソラマメ

(1)　ソラマメの起源

ソラマメは、エンドウなどとともに近東で栽培化された、古くからよく知られているマメである。だが、その祖先種については、すでに収集されているがまだ同定されていないのではという意見もあるが、ソラマメの変種や亜種、そして、東部地中海地域で栽培されている近縁の野生種などがその候補として挙げられている。しかし、まだ確定していない[1・2]。

ポトキナら（一九九九）[3]は、ソラマメの野生型が事実上見つからないのは、野生型の直接的な栽培化、あるいは、野生種から栽培種の原種への変化がごく速やかに起こったのだと考えると、ソラマメの野生の祖先種が、東部地中海地域と近東地域に古くから生育していた今日の栽培種とあまり大きな差異を持っていなかったのではないかという仮説が支持できるとしている[4・5]。また、DNA変異から見て、栽培型のソラマメの伝播は、最初の栽培化の中心となった地中海・近東地域から、まず欧州地域へのコース、次に、中央アジア・アフガニスタン・インド地域へのコース、そして、欧州地域からエチオピアへという三つのコースがあったと考えている。

中国系は、地中海・欧州系と類縁の近い新しいグループであるが、神農帝の記録が現れる紀元前二八二二年には中国まで東漸していたとする説もある。しかし、当時の五穀のマメは、「菽」、すなわち、ダイズであり、中国で、ソラマメの伝播が確実になるのは一五世紀になってからである。元朝（一二六〇〜一三六七年）の時代に、シルクロードを通って伝わったと考えられるが、一七世紀には日本に達している[1・6]。

エンドウやヒラマメの近東から欧州への伝播のもっとも古い年代は、ギリシャ、スイス、チェコスロバキアなどで、紀元前四〇〇〇年ごろとされているが、栽培種のソラマメの西方への広がりは、青銅器に使う錫《すず》を求める「最初の金属渇望」の時代に発達した通商ルートを通って伝わったとされている。欧州で農業が始まるのは、近東に比べて約三〇〇〇年遅かったが、ソラマメのドイツで最古の出土は、鉄器時代（紀元前一〇〇〇年ごろ〜）、また、北イタリア、スイスの湖上杭家屋遺跡、ハンガリー、スペインなどの初期青銅器時代の遺跡（紀元前二三〇〇年ごろ）で出土が知られていて、一般に、欧州でのマメの出現は、青銅器〜鉄器時代になってからが多い。

（2）ソラマメの印欧語の呼称と語源

物理学者で、植物学者ではなかった寺田寅彦（一九三四）[7]だけでなく、欧州史家による文献でも、ピタゴラスの死にまつわる「マメ」は、「Bean」のままでの記述が多く、種名が特定されていない。それには、「ソラマメ病」と呼ばれていた病気の医学的原因がよく知られていなかったことにもよるが、人文系、自然科学系両分野からの、生物文化学的なアプローチがなかったことも大きな理由であった[8・9]（後述）。

世界のマメの呼称については、第一章で述べたが、アンドリュース（一九四九）[10]が、印欧語の系統における、「マメ」とソラマメの呼称の語源と、古代ギリシャ、ローマ時代の記述との関連を精査している。そして、ピタゴラスの話に出てくる「マメ」は、当時は、新大陸産の「bean」――インゲンマメ（第七章）がまだ知られていなかった時代であり、旧大陸での「bean」は、「ソラマメ、faba bean」であると断定している。このテーマについては、わが国では文献があまり見られないが、ソラマメの呼称の語源と、いわゆる「ソラマメ・タブー」の歴史について、彼の考証などでたどってみよう。

先ず、ソラマメの英語名や、学名にも含まれている、ラテン語名〈*faba*〉は、南欧起源の古い言葉で、その原型は、「膨張」、「ふくらみ」、「肥大」、「肥満体」、「丸い形」などを意味する〈*bhabhā*〉であろうとされ、語義論的には、ギリシャ語の呼称とごく近く、その基本形は、おそらくギリシャ語の「ファコス」〈*φάκος*〉、古英語の「ビーン」〈*bean*〉、そして、一一世紀ごろまで使われた、高地ドイツ語の「ボナ」〈*bona*〉だと考えられている。なお、ギリシャ語で〈*faba*〉に由来する「ファコス」〈*φακος*〉は、レンズマメ（ヒラマメ）を意味する。

ラテン語名の〈*faba*〉は、イタリア語の〈*faba*〉、サルデーニャ語[*2]の〈*fa*〉、カタロニア語の〈*faba*〉、スペイン語の〈*haba*〉、ポルトガル語の〈*fava*〉、フランス語の〈*feve*〉、イタリア北東部スロヴェニア国境地方のフリウリ語〈*fave*〉などの語源にもなったが、ギリシャ語に借用されて、現代ギリシャ語の〈ファバ *φάβα*〉や、ボヴァリア語[*3]の〈*fava*〉に発達した。

また、ギリシャでは、ソラマメのことを、正確には、「キュアモス　エルニコス」〈*κυαμος Ελληνικος*〉、すなわち、「ギリシャのマメ」と呼んだともいわれているが、〈エルニコス〉は「ギリシャ」を意味するアテナイでの転訛語である。寺田寅彦[7]のエッセイにも出てくる、このギリシャ語の「マメ」――〈キュアモス *κύαμος*〉は、ルーピンや、カラスノエンドウ、そして、食用のマメの総称名詞としても用いられたが、その語源は、〈*küein*〉と関係していることがほぼ確かで、その基本的な意味は、「膨れる、膨満する」で、動詞としては、「膨れさせる」、「(牛など家畜が)鼓腸症に罹る」からきているとされる。現代ドイツ語で、楕円形のマメの子実と、その植物を意味する〈bohne〉の語源は、「膨張する」――〈*bhouna*〉だという説があるが、ソラマメは、〈dicke bohne〉で、〈dick〉には、「厚い」、「肥満した」、「膨れた」、「妊娠した」、などの意味がある。若い莢や子実の豊満な形状によるものであろうか(図Ⅷ―1)。

しかし、「マメ」ではない、スイレン科の「インドハス」〈*Nelumbo nucifera, Nelumbium speciosum*〉は、英語では、「ピンク・ロータス」とか、「ナイル・リリー」と呼ばれる水生の植物だが、その種子を、ギリシャ語で「キャモン・エジプチオン」〈*kyamon aegyption*〉、すなわち、「エジプトマメ」と呼んで食べたという混乱もあった。これは、その形がマメとよく似ているので、ローマ時代のエジプトで、茎や地下茎(蓮根)といっしょに食べられているのを見たギリシャ人が、ソラマメのギリシャ語名の〈キュアモス〉を連想して、「キャモン・エジプチオン」という名前で呼んだのが、後々までの混乱を生じた原因らしいという[11]。

このように、ソラマメの呼称は、古代ギリシャ時代にまでさかのぼることになるが、その起源は、ソラマメを食べると、ガスが発生して胃や腸が膨れることと関係があり、それがソラマメのタブーにも結びついた。だが、語源が異なるラテン語とギリシャ語で、「膨れる」や、「鼓腸」の意味が共通することや、印欧語に、とくにソラマメを意味する言葉がなく、印欧語のアジア系[*4]では、また語源が異なることは、言語学的に興味深いと、アンドリュース（一九四九[10]）が述べている。

図Ⅷ－１　ソラマメ：開花期の植物（上）と若莢・子実

（＊1）「印欧語（インド-ヨーロッパ語）族」インド、イラン、トカラ、ギリシャ、イタリアック、ケルト、ゲルマンなどのほか、古代の小アジアとその他の地域の少数の言語が知られている。現在の英・独・仏・露語などに至る約三五〇〇年の長い伝統を持つ語族である[12]。

（＊2）地中海コルシカ島の南にある島で、一八～一九世紀まで王国があった。

（＊3）イタリア北部のヴェロニアの近くの都市。

（＊4）例えば、インド諸語族では、一〇以上のソラマメの名前がある（第三章）。因みに、和名の「ソラマメ（空豆）」は、莢が空を向いて成長することから、また、中国名の「蚕豆」は、莢の形が成熟した蚕に似ていること、あるいは、養蚕の時期に結実することによる。

（3）ソラマメは「生殖力」の象徴、そして「死者の霊魂の棲みか」

食べものとしてのソラマメの古さは、欧州の南から南東部の地域ではよく知られていた。したがって、ほかのどの穀物よりも早くから栽培されていた野菜の一つであったかどうかは明らかではないとしても、このマメが、ギリシャ、ローマ、さらには、インドや欧州の先人たちが、「古代の医師たちは、ソラマメは元気づける良質の食べ物だと言っている。野菜も同じだ。だから、職人や大工、農民、剣闘士たちが食べるのだ」[*5]と言って、ソラマメは、生命に強さを与えるものであり、精神的にも重要な「生命の本源」であり、「生命力を持つもの」だと確信されていた。そして、それは、ソラマメの生長が他の植物よりも速いことからもわかるとされ、それはすなわち、活力であり、活力化することであり、元気づけることであるという要素が付け加えられて、ソラマメは生命力を内蔵するものという信仰が生れるのを助長した。そのような〈バイタライザー＝元気づけるもの〉が「イエポス *iepos*」であり、これをもとに、「生命をもつ偉大なもの」という意味をもつ、先に示した「キュエイン」、さらに、「キュアモス」という言葉が導かれたと、アンドリュース（一九四九）[10]は述べている。

「生命力を与えられているもの」は、また、豊かな実りの象徴でもあった。一六世紀の前半、あるいはもっと前にさかのぼる時代に、ある儀式でソラマメが主役になったのは、次の作季の大麻（タイマ）の豊作と関係があり、ソラマメのもつ「生殖する力」が、ほかの作物に影響するほど大きかったことを示すものであった。また、ローマ時代のサーカスで、ベッチ、ソラマメ、ルーピンなどのマメを観衆に向かってばら撒いたのも、もし、ソラマメが生命を持つ原動力になるものとすれば、それはまず生産力のシンボルであり、今日のコメと同様に、それをばら撒くことで人々を多産、豊穣、至福にするという、重要な意味をもつと考えられたのだろうとされている（表Ⅷ―1）。

だが、「生殖する力」という概念は、萎れたソラマメの花を瓶に挿すと、子どもの頭か女性の外陰部になる、元気なソラマメの花を瓶に閉じ込めると二個の男根と精巣になる、肥料を与えて育てたソラマメは男たちになるなど、途方もない話も生み出した。ソラマメは食べてはいけないと信じて純潔な生活を過ごしてきた人々にとっては、おそらくこのような「生殖に関係する力」は、死と無縁のもので、必然的に性に関する強固な観念を意味した。純潔な状態を維持するのには、死と誕生、食用の肉と死んだ動物の肉、卵と卵を産む動物、そして、ソラマメのような、死か生殖かに関係したものや出来事を避けることを心すべきだとされた。

表Ⅷ―1　ソラマメに関する祭儀・信仰事例（Andrews 1949ほかによる）

ギリシャ神話	・「ソラマメの祝宴」――アポロ神や、季節、盛衰、秩序を司る女神「ホーラー」の栄誉を称えた。 ソラマメは、「キュアムプシア」、「プアノプシア」など、さまざまの名で呼ばれ、野菜としてスパルタ人によって、「クリーヴァーズ」（＊）と呼んで宴会に供された（＊ギリシャ名――コプルデス、アカネ科カナムグラ）
（古代ギリシャ）	・古代アテナイのアッチカの都市エレニウスの小神殿で、ソラマメの神「キャミテス」を礼拝した。その執政官アルコンはソラマメによる投票で選ばれた。また、近くにソラマメの市場があった。 ・パウサニアス（二世紀のギリシャの旅行家）の言葉――「キャミテスが最初にソラマメを播いた？」

旧イタリア・カルナ王朝（古代ローマ）

・密儀宗教のオルフェウス教、エレシウス教の密儀にソラマメ・タブーが結びついていた。
・テオフラトスの時代（紀元前三世紀）にはソラマメの栽培がひろまっていた。
・ディオゲネス（紀元前四一二？〜三二三？）「人とマメは天地創造の時に、一緒に分解して同時に生まれた」
・ヒッポトリウス（ローマ人教父、二〜三世紀ごろ）――「天地創造の時にマメが生まれた。その時、地球は、まだ、生まれつつあり、煮えたぎっていた」
・「カレンダエ・ファブリアエ（ソラマメの月）」六月一日には、マメ・肉・ラードを捧げた。
・毎年の「レムーリアの祭」で、ソラマメで死霊を弔った。敵意をもつ死霊「レムーレス」をなだめるのに、生命のある食べもの――ソラマメ――を供えて死者の霊魂を戸外に追い出した。
・ある儀式で、家の長が肩越しに投げたソラマメを、死霊がひろう。家の長は手を洗って清めてから、数個の黒いマメを口に入れる。そして、「このマメとともに私と私の家族を救え」と九回唱える。背後の死霊がマメをひろう。また、手を洗って、青銅のシンバルを打ち鳴らし死霊が立ち去るよう求める。これを九回繰り返す。そして、「私の家の霊魂よ、去れ」と唱える。
・女性が妊娠すると、出産の時に最高齢の女性が九粒のソラマメをテーブルに円錐状に盛り上げて、まじないの呪文を唱える。これで産婦の痛みが和らぐ。
・死者の神「タチータ」や「ムタ」を崇める魔術の祭儀には、ソラマメが欠かせなかった。
・死者の祭りで、ソラマメの女神「ファボーラ」を崇めるのにソラマメを用いた。畑の女神「アッカ・ラーレンティーア」は、ソラマメの女神の権能下にある。

ローマ神話（欧州・一六世紀〜）

・国家のかまどの女神「ウエスタ」に仕えた尼たちを、ソラマメ（ファーバ）に由来する「フエティア」と呼んだ。
・フランス、ベルギー、ドイツ、イングランドでは、王を、また、「一二日節」（一月六日の前夜、すなわち、五日の夜）に「ソラマメの女王」を投票で選んだ。また、この夜に、ケーキにソラマメ、または銀貨を隠した。この行事の主人公が「ソラマメの王」、または「ソラマメの女王」と呼ばれた。

ローマ

・サーカスで、観衆にベッチ、ソラマメ、ルーピンなどのマメをばら撒いた。ソラマメは、生産力の象徴であり、ばら撒くことで、多産、豊作、至福がもたらされることを願った。

エジプト

・ヘロドトス（紀元前四八七?〜四二五）――エジプトでは、ソラマメを栽培しないし、生のままでも、料理したものでも食べない。司祭たちは見ることも許されなかった。だが、第一二王朝の墳墓からソラマメが発見されている。
・パピルス文書に、「紀元前三世紀ごろからファイユームで栽培され、紀元五世紀には、アレキサンドリアでも栽培されていた」と書かれている。
・ラムセスⅢ世（第二〇王朝）が、ナイルの神に一一九九八杯と、二三〇六杯のソラマメの子実を捧げた。

古代インド

・『ヤジュールヴェーダ』、『マイトラヤサーミータ』、『カータカ』には、ソラマメのタブーが述べられている。

また、ジュピター神の祭司は、死者との接触には慎重であること、それらにかかわるすべてを避けることが求められたが、死者の霊魂の「棲みか」であるソラマメには、触れることもその名を口にすることも禁じられた。だが、他方で、常にソラマメが葬儀に供えられ、葬儀の宴にも供されて、死者への祈禱の時に食べられたという。そして、「古代ギリシャの人間がソラマメに対して抱いた気持ちは、畏敬と恐れが入り混じったものであった。それは、触れることで利益にも有害にもなる、ある種の超自然力であり、前者は〈マナ〉[*6]と呼ばれ、後者は〈タブー〉と呼ばれたが、ソラマメは、まさにこの両者を併せ持つ存在であった」と、アンドリュース（一九四九）[10]は、述べている。

ソラマメに触れたり、食べたりすることのタブーには、ほかにどのような理由づけがなされていたのだろうか。それは、次のように多岐にわたっている。[10]

・「ソラマメは地獄の門のように、ひとりでつがい目が離れて開くから」
・「ソラマメは生殖する力そのものであり、皮を剝いた緑色のマメの形が人間の精巣に似ている」
・「ソラマメを食べることとは、男性に女性を妊娠させようとすることである」
・「ソラマメは、媚薬の効果や催淫作用、生殖行動の気持ちを衰えさせる作用がある」
・「欲情を刺激するソラマメによって欲望が弱められる原因は、腹が膨れることによるものかもしれない」
・「ソラマメの茎には節がないので、[*7]死者の霊魂が現世に戻るのを妨げない」
・「ソラマメが悪夢を誘うのには十分な理由がある。それは、正しく良き夢は神から得るものである。不正で悪い夢は悪魔か亡霊の霊魂によるものである。そのような状態になるような食べ物は遠ざけるのが良い。マメ、特にソラマメは腹を張らせ、黙想する力をさまたげる。死者の霊魂が、強く良くない作用をするのは、ソラマメに死者の霊魂が棲んでいるからである」

・「ホラチウス（ローマの詩人）が、ソラマメを〈ピタゴラスの女系親族〉だと言っている」[*8]

・「ソラマメは人間と共通の祖先を持っている」

・「ソラマメは死んだ両親の霊魂を持っているので、それを食べることは、それぞれの両親の頭を食べることに等しい罪悪である」

・「噛んだり、陽光に曝したりしたソラマメは、人の血や、精子のような匂いがする。煮たソラマメからは人の血が沁み出る。ソラマメの色は人の血に浸したようだ。ある時間、容器の中におくと緑色のソラマメが血に変わる。もし一粒のソラマメを煮て何日か月の光に曝すと、それから血を抜き取ることができる。もし、一粒のソラマメを一昼夜、水に浸けておくと、その水が傷口から出た血になるだろう。「キュアモス」という言葉は、事実、「アイミア〈*aima*〉＝血」から生まれたのだ」

これらを、荒唐無稽だと笑いとばすことは容易だが、その真義をどのように理解したらよいだろうか。次節で述べる、ピタゴラスと彼の信奉者たちがソラマメ畑で死んだという有名な話のあらましは、次のようである。

「ピタゴラス派のソラマメのタブーの厳しさは、生育中のソラマメの茎を誤って踏むことにまでも及んだ。シラキュウスの兵士たちに追われていたピタゴラスは、ソラマメ畑を横切って逃れることよりも、殺されることを自ら選んだ。また、敵の兵士から逃れてきたピタゴラスの信奉者たちも、開花期のソラマメ畑まで来て進めず、死んで自らを守った[(10)]」。

ピタゴラスの信奉者たちは、ソラマメは、死と黄泉《よみ》の世界、腐敗、死者の霊魂、鼓腸、肉食と食人習慣、性と繁殖、純性と不純性などと結びついていると信じていたので、食べることを想像するだけで激しい嫌悪感を覚えるようになったと考えると理解しやすいと、シムーンズ（一九九八）[13]はいう。また、ギリシャの哲学者イアンブリコスが、三～四世紀ごろに書いた書物で、ピタゴラスの食物哲学と動物肉の神聖さについて説明しているが、その中で、ピタゴラスが、「ソラマメには死者の霊魂が宿っている。ゆえに、マメは人肉と本質は同じなのだ」と言って、信奉者たちにソラマメを食べることを禁じたのだと述べているとされる。

ピタゴラスは、また、若いブタと柔らかな仔ヒツジの肉は、彼にとってはごく普通の食べ物だったが、ソラマメを、消化が良すぎて下痢をおこすという理由で遠ざけただけでなく、野菜もあまり食べなかったという。そして、このようなソラマメのタブーは、ほかのカルト集団にもあったので、ピタゴラスだけが禁じたのではないが、「霊魂は空気であり、マメは空気を生みだす。ゆえに霊魂はマメの中にある」というような考え方が古くからあったと述べ、「それにしても、事実、印欧語族に知られる植物、または動物で、ソラマメほど信仰の対象として大きく広まったものはない」と、アンドリュース（一九四九）[10]は述べている。

このようなソラマメやソラマメ食のタブーの由来について考える場合、まず、最初に考えられるのは、マメの子実が含む有害成分との関係だろう。タンパク質給源としてマメが重要なことを知っている採集・狩猟民たちは、加熱などいろいろな調理の方法で無害化して食べていて（第十章）、マメを怖れることはない。また、健康な成人がマメを多食すると、胃腸内に炭酸ガスと水素ガスが発生し、呼気として出され、時間がたつと肛門から出るが、この胃腸の膨満――「鼓腸」は、宗教的理由や貧困のためにタンパク質給源としてマメを多食している人々には、周知のことである。

そして、次に考えられるのが、未開の時代から古代にあった「トーテミズム」、すなわち、特定の自然物の霊力に対する強い畏怖や、植物霊に対する「アニミズム」のような霊的信仰や迷信など、精神的な要素との関係である。

古代ペルーでは、モチェ（モチーカ）文化（一〜八世紀）の貴人の墓から、金や銀のラッカセイの莢実をデザインしたネックレスが、副葬品として出土している。ラッカセイは、貴重な食料として畏敬の対象でもあったと考えられるが、筆者は、貴人の死や、埋葬儀礼が、ラッカセイの特異な地下結実性と何らかの関係をもつのではと想像するが、ラッカセイがもつ精神的な象徴性について論じた報文にはまだ接していない。わが国では、明治の初期、千葉県でラッカセイの栽培が始まったころには、地上で咲いた花はすぐ萎れてしまうのに、地下で結実しているのを見て、農民は不吉な作物だと敬遠した。だが、ラッカセイにまつわるタブーは生まれていない(14)。

節分のマメ撒きのような広く各地に伝わる民俗的な伝承行事は、前述した古代ローマの行事にも通ずる*9（表Ⅷ—1）。だが、「ソラマメ病」（後述）のようなマメに起因する病気が知られていないわが国では、「マメ」は、「まめに暮らす」という言葉があるように、暮らしの中で健康につながる食物、そして、作物として大切な存在であり、「マメ」の種子の霊力への信仰や、感謝、畏敬の念はあっても、怖れやマメ食のタブーは生まれなかった。

カッツら（一九七九）(8)は、「食物のタブーは、生物的適応において不可避なものであり、また、ソラマメを嫌悪することは、人間の集団内でのソラマメ病の蔓延に対する反応である」と述べている。

（＊5）　ローマの将軍、官吏で、『博物誌』三七巻（現存）の著者、大プリニウスの言葉。
（＊6）　「マナ mana」はオセアニア起源の語で、原始宗教一般に見られる超自然的・非人格的な力または作用で、人間のもつ通常の力を越えてあらゆるものに作用する超自然力である。常にそれを行使する人間に結びついており、転移性、伝染性を持っている。呪術的な信念・儀礼の基盤、「トーテム」のような原理と同一だとする説もある（佐々木宏幹『文化人類学事典』一九七七）。

（＊7）「デラッテの説」は、ソラマメの茎が中空で、節がないことが昔の人間には強い印象を与えたという。それは、地下に閉じ込められている死者の霊魂は、地表に出て現世へ戻るのには、節のない植物の茎を通るほかに道がないからで、死者の霊魂が地表に出てくるのは、「アンセステーリオンの祭」の時だけである(10)。この祭りは、古代ギリシャで、毎年、アンセステーリア月（太陽暦では二～三月に相当する）の一二～一三日に行われたアテネの祭りで、ディオニュソスに捧げた。奴隷たちも自由に大騒ぎをして春の到来を喜び、前年のワインの熟成を祈った（『リーダース英和辞典』）。

（＊8）フロイデンバーグ（二〇〇六）(15)は、「ホラチウス（Horace）が、自分の畑で食べることを夢見た食べ物、とくにピタゴラスの〈親族の女（kinswoman）である bean（*Pythagorae cognata*）〉」と述べている。加藤（一九七六）(16)は、ピタゴラスの死について触れているが、「Horace は bean を *Pythagorae cognata*（＝cousin of Pythagoras）と呼んだ」（原文のまま）と述べている。本稿では、〈*cognata*〉を、「女系親族」と訳した。

（＊9）アンドリュース（一九四九）(10)。

「古代ローマで毎年行われた『レムーリア』の祭りでは、敵意を持つとされた幽霊のレムーレスをなだめるために、生命力のある食べ物――ソラマメ――を供えて、死者の霊魂を戸外に追い出した。これは、ソラマメには死者の霊魂が宿っているので、新たなる生命力を分け与えるためである。これと非常によく似た慣習が日本にもある。真夜中になると、儀式用の羽織を着た家族の長が、炒ったマメの入った箱を左手に持ち、漆塗りの小卓の上から、『鬼《デーモン》は去れ！　福（富）は入れ！』と唱えながら、右手でマメをひとつかみして畳に撒く。すべての部屋を順番に回って同じことを行う。この行事は、春が始まる前の夜に行われるが、床だけでなく壁にもマメを投げつける。」

（4）ピタゴラスは「ソラマメ畑」で死んだか？

筆者は、前著(17)で、マメの食文化の歴史では、多くのマメが多種類の有害成分を持つことがギリシャ、ローマ時代からのマメ食のタブーや、宗教的な信仰、時には、迷信とも結びついていたと述べた。その中で、寺田寅彦(7)が、エッセイの中で、ギリシャの哲学者ディオゲネス・ライルチオスの『哲学者列伝』からとして、マメの畑でのピタゴラスの死にまつわる話に興味を持って、「豆と哲人――ピタゴラスの最期」(東京毎日新聞、一九三四年七月一六日夕刊)と題して発表していることに触れた。

寅彦は、「このえらい哲学者が日常堅く守って居た色々の戒律の中に〈食べてはいけない〉というものが色々あった。……この〈豆〉(キュアモス)というのが英語では「ビーン」と訳してあるのだが、併し、それが日本にある、どの豆にあたるのか、それとも日本にはない豆なのか、わからないのが遺憾である。それは兎に角、何故その豆がいけないのかといふ理由については色々のことがある」と述べているのだが、筆者は、その「豆」は、ソラマメであることや、「ソラマメ病」(後述)のことなどについて紹介した。

その少し前になるが、一九八三年に、朝日新聞の「研究ノート」欄で、定方晟先生(東海大学名誉教授、インド宗教思想史)が「種子の霊力」と題するエッセイを書いておられた。それは、『アラビアンナイト』の「アリババと四〇人の盗賊」の中に、「開け! ゴマ」と言うと岩屋の扉が開く場面があるが、欲張りのカシムが、「ゴマ」と言うべきところを、オオムギ、エンバク、ソラマメ、などと言ったので扉は開かなかったという話から始まって、インドには、カラシ菜の種子で扉が開いたという、次のような話が紹介されている。

すなわち、南インドに、この話が書かれている経典『金剛頂経義訣《こんごうちょうきょうぎけつ》』を収めた鉄塔があり、ある高僧が、そのまわりを呪文を唱えながら回り、「白芥子《びゃっけし》(カラシ菜)」の種子七粒を投げつけたところ、塔の扉が開いたという。『アラビアンナイト』の話では種子を投げていないが、種子の力で扉を開ける点でインドの話と似ている。『金剛頂経義訣』は、八世紀にインド僧不空によって漢訳されているので、完成がそれよりも遅い『アラビアンナイト』は、インドの説話文学の影響を受けて成立したといわれている。したがって、「開け！　ゴマ」の話のアイデアは、あるいは、インドから来たのかもしれないという、たいへん興味深い指摘をされている。また、ほかの経典（不空訳『菩提場荘厳陀羅尼経』）にも、呪文と白芥子で種々の障害を取り除くことが説かれているという。

種子に障害を取り除く力があるというのは、種子に宿る生命力と関係があるだろう、また、小さな種子から大きな茎や葉が生長するのを見て、種子には霊力が宿っていると古人が思ったとしても不思議ではないだろうとして、わが国の節分の豆撒きについて、マメのもつ霊力、マメを「炒る」という行為、「撒く」という動作の意味などから考察して、紀元前一世紀のローマにも、「聖なる時に」、夜、マメを投げて「鬼霊たちは家の外へ出て行け」と唱える風習があったことを紹介されている（表Ⅷ—1参照）。

私ごとになるが、筆者がこのエッセイを読んで、定方先生に「ソラマメのタブー」についてご教示をお願いしたところ、サンスクリット学者、L・v・シュロエデル（一九〇一）[18]の「ピタゴラスとヴェーダにおけるマメのタブーについて」という、古いドイツ語の論文をわざわざコピーして送って頂いた。だが、定方先生には、改めてお礼とお詫びを言わねばならないのだが、筆者の力不足で、原文がドイツ語ということだけでなく、その内容が難解で文献として十分に活用できなかったということがあった。だが、本稿で紹介しているアンドリュース（一九四九）[10]やシムーンズ（一九九八）[13]が、このシュロエデルの論文を引用していて、その内容を勉強することができた。

これまで、筆者は、「ピタゴラスの死」とソラマメとの関係について書かれたわが国の文献を探しているが、加藤（一九七六）[16]が少し触れているのみで、ヨーロッパの民話・神話の中の悪魔、幸運、治療、愛、護身などに関係がある、植物約八〇種について書かれた文献[19]にも、エンドウしか出てこない。ピタゴラスが、ソラマメ畑で、逃げることよりも殺されることを選んだのは、彼が幼少のころに、一度ならず何度も死ぬくらいの重い症状の「ソラマメ病」に罹ったのではというのが一般の解釈だが、だとすれば、彼の症状は、大人になってからも死と引き換えにするくらいに苦しいものだったという説もよく理解できる。

ところで、ニューキルク(二〇〇三)(9)が、「ソラマメ・タブーに関する生物文化学的進展と人類学的諸説」と題する論文を、「一つかみの平たくて分厚いマメ」を買った、少年ジャックが主人公の民話から始めている。

この有名な英国の口承民話『ジャックとマメの茎』については、次節で改めて述べるが、ジャックが買った「マメ」は、これまでの多くの再話や翻訳が、「エンドウ」としているのに対して、彼は、植物の大きさと、丈夫な茎という特徴から、「ソラマメ」であることが示唆されるという。そして、この民話と、ほかの多くの迷信や昔話ともあわせて、実際にも、また象徴的にも、ソラマメが昔のイギリス社会では重要な意味を持っていたのだと考えている研究者は多いと述べている。この論文で興味深い点は、先に述べたように、これまでの「ソラマメ病」の研究は、いわゆる「ピタゴラス派」のようなカルト信奉集団での霊魂や食物にかかわるタブーなど、魔術や、宗教的信仰に基づいた精神面での結び付きからの論議が多かったが、一九六〇年代中期ごろから始まったとされる、生物学、人類遺伝学、医学、疫学、さらに発症生化学的知見など、異分野の研究が協力する、「生物文化学」[*10]的な視点から考察していることである。そして、「ソラマメ病」の発生率が高い集団が、なぜ、今日でもなお食料源としてソラマメに依存し続けているのか、また、ソラマメの消費パタンが、地理的、歴史的にみてどのようになっているかという点にも関心がもたれるようになって、「ソラマメのタブー」[*11]の研究に新しい展開が見られることを指摘している。

そして、シムーンズ(一九九八)(13)は、アリストテレス、アリストキセニュウス[*12]、そのほかによって、

「ピタゴラスの死」のことが最初に書かれたのは、紀元前四世紀ごろとされていることについて、「ピタゴラスの死」と「ソラマメ畑」の話が生まれたのはずっと遅く、ピタゴラスが死んだ紀元前五〇〇年ごろから七〜八〇〇年も経った三〜四世紀ごろであり、当時のギリシャの哲学者、イアンブリコスらが、次のような紀元前三世紀ごろの記述があると述べているという。

・「武器を持っていなかったピタゴラスの信奉者たちは、待ち伏せていた暴君ディオニュサスの武装した兵士たちには捕らえられなかった」

・「彼らは、開花期のソラマメ畑に来るまでに逃げおおせていた」

・「彼らは、ソラマメに触ることを禁じた教えに逆らうことなく、全員がソラマメ畑にとどまって死ぬまで追手と戦った」

・ピタゴラス信奉者のミリウスと、その妻テイミチャのこと。

「彼ら二人は捕まって暴君のところに連行され、なぜ信奉者たちがソラマメ畑へ逃げ込むことよりも死を選んだかを問い詰められたが、カルトの秘密を明かすことを拒否した。そのために、二人は引き離され、妊娠していた妻は拷問にかけられた。だが、彼女は舌を嚙み切り、秘密が暴かれることはなかった」

(＊10) 〈Bioculture〉の仮訳である。この用語とその概念について論じているわが国の文献にはまだ接していない。医学、社会学、地域研究、生物工学、疾病、人文科学、経済、地球環境などのジャンルの知見を総合化する、新分野の研究領域だとする見解がある (goo Wikipedia—Bioculture)。

(＊11) アリストテレス (紀元前三八四〜同三二二年)。

(＊12) アリストキセニュウス　紀元前三五〇年ごろに活躍した、アリストテレスの弟子で、音楽家。

シムーンズ（一九九八）[13]は、この数十年来、無批判のまま、「歴史的事実」のように流布され、信じられてきたソラマメ畑での「ピタゴラスの死」の話は、次のような仮説的な説明がされてきたとする。

・ピタゴラスと彼の信奉者たちが自ら死を選ぶくらいに、ソラマメのタブーを厳守した理由は、彼らが重症のソラマメ病に罹ったことがあったからである。

・ピタゴラス派の集団は、ソラマメの開花期になると、花粉を吸うことや、ソラマメの匂いにさらされることで、〈ソラマメに触るな〉というタブーを破ることを極度に怖れた。それで、彼らは、ソラマメの開花期になると、畑のある低地部から山間部に移って暮らしていたが、それは、皆がソラマメ病を経験していて、ソラマメに過敏な者が多かったからである。

そして、ギリシャ・ローマ時代から現代までの記録や文献を検証すると、次のような疑問があるとする。

・ソラマメは、古代ギリシャ・ローマ時代にはそれほど多く食べられてはいなかったのではないか。

・ポルトガルとイタリアのシシリー島で、「ソラマメ病」がソラマメと関係があることが明かになったのは、ようやく一九世紀の中ごろのことである。ソラマメを食べた誰かの症状を見たピタゴラスが思いついた、ソラマメを食べることに対する突飛な禁令がカルトのメンバーにひろまったと、ワルドロンが述べている（一九七三年）が、「ソラマメ病」は、ピタゴラスの時代にはよく知られていた病気で、ピタゴラスたちがその病気に罹ったという事実はあるのか。

・古代の医師たちの記録に「ソラマメ病」のことが出てこないのは、驚くべきことだが、これをどう考えるか。

・ピタゴラスの出自や生地は確かか。また、彼の生地で「ソラマメ病」があったか。当時、「ソラマメ病」が発生したとされる地域では、今日でも発生が多いか。彼の活動の中心地だったイタリア南部のクロトン、マグナ・グラエシア、そして、シシリー島ではどうか。

・「ソラマメ畑の話」は、信頼できる歴史的記録があるのか。開花期のソラマメ畑を横切ることを拒否した理由は、飛散している花粉や、害のある物質を吸い込むと思って怖れたためか。そして、「ソラマメ病」が花粉の吸入で起こることは、今日、科学的に実証されているか。

これらの疑問に対する彼の見解は、次のようである。

先ず、古代ギリシャの医師たちは、ソラマメの野生の仲間のビター・ベッチは食べると有害であることや、ガラスマメの摂食による「ラチルス病」(第三章) のことは知っていたのに、「ギリシャ医学の父」と言われるヒッポクラテースは、「ソラマメは食べても健康に害はない食べ物だ」、「すべてのマメは鼓腸や胆嚢の障害を起こす。しかし、ソラマメは、栄養があり、赤痢や腹の不調を直す好ましい食べ物だ」などと述べている。これは、「ソラマメ病」がヒッポクラテース学派のころには稀だったのかという疑問や、昔からよく知られていたといわれていることが確かだったのか疑問を生じさせる。また、医者ではない哲学者のピタゴラスや、歴史家のヘロドトスが、「ソラマメ病」のことを知っていたということにも疑問がある。そして、ピタゴラスたちがシラキュース軍と戦った場所ははっきりしていないが、古代ギリシャ研究の権威者、バーカート (一九七二〜一九八九) によれば、ピタゴラスはソラマメ畑を避けようとして捕まって殺されたが、彼の信奉者たちは、後に他の罪で火刑に処せられたという紀元前二〇〇年ごろの話がある。

ソラマメ花粉の吸入と「ソラマメ病」の発病との関係の科学的証明については、生のソラマメ子実からの抽出物は、人間の赤血球細胞の抗酸化作用酵素の濃度を速やかに低下させるが、「ソラマメ病」の劇症者では軽症者よりも、その濃度の低下が顕著であったという研究結果が、花粉や、めしべの抽出物でも得られている。

また、イタリアのサルデニア島やシシリー島で、とくに開花期の四月と五月ごろと、新マメが出回る五月と八月に発症が見られること、開花中のソラマメ畑から一〇〇ヤード（九一メートル）の範囲内にいた幼児の発症例の報告がある。だが、ソラマメの花粉は、比重が大きく粘着性があるので、花粉による病気の拡散は制限されるだろうという意見や、ギリシャで同様の事例が実証できなかったなどの疑問もある。

次に、ピタゴラスの生地についてだが、両親の生地は、古代のほとんどの記録がアナトリア（現トルコ）のエーゲ海沿海部のサモス島であるとしており、現代の研究でも、ほぼ一致している。だが、ピタゴラスの時代に、サモス島のギリシャ人の間にソラマメ病の発症と密接な関係がある「グルコース―６―リン酸脱水素酵素（G６PD）」欠失遺伝子（後述）保有者が広がっていたとする説には疑問がある。したがって、もし現代のサモス島人が古代の先祖からの遺伝子を受け継いでいるとすれば、ピタゴラスがG６PD欠失遺伝子をもっていたか、あるいは、「ソラマメ病」にかかったことがあるということにも疑問が出てくる。さらに、彼の母系の先祖がサモス出身だと言われているが、父系の先祖はギリシャ本土南部のペロポネソス島の北東部に関係があるとする説や、他の土地からサモスへ来たという説もある。したがって、もし、ピタゴラスがサモス人の遺伝子を持っていなかったとすれば、「ソラマメ病」には罹ったことがなかったかも知れない。

また、イタリアやギリシャで、もし今日のG６PD欠失遺伝子保有者、あるいは、「ソラマメ病」発症者の割合が昔と変わらないと仮定すると、ピタゴラスの時代の南部イタリアやシシリー島の男子の発症率は、今日の平均二～五％よりも高かったと推定される。だが、これまでのギリシャ人成人男子の発症率の調査結果からは、女性も含めて数千人程度だったといわれるピタゴラス派集団の「ソラマメ病」の劇症者、あるいは罹病経験者の数はごく僅かだったのではと考えられる。だとすると、「ソラマメ畑での死」の動機になったという、ソラマメに対する厳格なタブーは、「ソラマメ病」の怖さによるものだったとすることの根拠は弱くなる。さらに、症状が似るマラリアについての常識に比べて、それが「ソラマメ病」であることを示す医学的な記録がない。ソラマメのタブーは、単に文化的な意味と結びついていただけだったのではないか。

以上のような検証の結果から、ピタゴラスの時代に「ソラマメ病」が病気として認識されていたことには疑問があるとする、シムーンズ(一九九八)[13]の結論は、次のようになる。

当時の人々は、ソラマメを食べると溶血性の病気になる危険があることは、知らなかった。ソラマメ食と「ソラマメ病」との関係が明らかになるのは一九世紀の中ごろになってからであり、それは、ピタゴラスが死んでから二五〇〇年も後のことである。また、ピタゴラスと彼の信奉者たちがソラマメ畑に踏み込むことを拒否したという話が初めて現れるのは、彼の死後、二〇〇年ほど経ってからだが、この話の記述者は、歴史的に事実を確かめずに書いたのではないかという大きな疑問もある。ピタゴラスたち全員が、「ソラマメ病」の怖さを経験して知っていたので「ソラマメのタブー」を堅く守ってソラマメ畑で死んだという話は、虚構だったということにもなる。今日の医学的知見からは、「ソラマメ病」が花粉の吸入で起こることは、まだはっきりしていない。ピタゴラスの「ソラマメのタブー」の話と、G6PD欠失遺伝子の保有、そして、マラリアとの間には、まったく関係がない。

(5)「ソラマメ病」の歴史

「ソラマメ病」[*1]の歴史は古く、地中海地域を中心に、ギリシャ、ローマ時代から知られていた。ソラマメを食べたか、あるいは、ソラマメの花粉を吸入することで起こるが、ソラマメの開花期と、新マメが出回る初夏との二回、発症のピークが見られるとされてきた。急性の溶血性貧血を起こし、黄疸、衰弱、顔面の蒼白、血色素（ヘモグロビン）尿症、虚脱状態などの症状を示すが、六歳以下の幼児、とくに男子で六〜八％の死亡率があるとされる。

発病の原因は、ソラマメの子実に含まれる、酸化力の強い物質ビシン、および、コンビシンの加水分解物によって、抗酸化作用が弱まり、赤血球細胞が破壊されて溶血を招くことになる[8・9]（表Ⅷ―2）が、ビシンとコンビシンの含量は、収穫直後の若いマメに多く、成熟とともに減る。水溶性で調理の時に滲出するが、熱には安定で、これらの有害物質の完全除去の方法はまだ見つかっていない。

「ソラマメ病」患者は、世界全体では約四億人いるとされるが、ソラマメは栽培の歴史が古く、世界の各地で食べられているのに、発病者がとくに地中海地域に多いのは、ソラマメ食だけでなく、人体の全細胞に含まれていて、抗酸化作用を通じて生命の維持機能に関与しているグルコース―6―リン酸脱水素酵素（G6PD）が生成されない遺伝的体質、すなわち、G6PD欠失遺伝子の保有と関係があることが明らかになっている。この遺伝子の保有率は、ギリシャの男性では、〇〜一三・五％、イタリアの男性では、地域により〇〜二五％である。男性が女性に比べて二倍から二五倍も高く、また、若い男性で高い。

ソラマメの有害成分は母乳中にも出てくるが、ソラマメを古くから食べてきた中東や北アフリカでは、離乳食用のコムギの必須アミノ酸のリジン含量が少ないのを、安価なソラマメで補完しており、それを妨げているのが「ソラマメ病」の心配であった。ベルシー（一九七三）[20]は、ソラマメを離乳食として与えることを勧めてもよいか、有害成分を除去できるかなどの疫学的調査を行っているが、「ソラマメ病」の病

表Ⅷ-2　食用マメ類子実の有害物質――作用と症状（リーナー 1975ほかにより作成）

物質名	作用と症状	マメの種
Ⅰ．タンパク質・アミノ酸誘導体		
1. 抗トリプシン物質	すい臓肥大	ダイズ，ラッカセイ，インゲンマメ，リママメ，ヒヨコマメ
2. 赤血球凝集作用物質	赤血球細胞凝集作用	
a）ヘマグルチニン（レクチン）		ダイズ，インゲンマメ，ヒラマメ，エンドウ
b）リシン		ダイズ，ナタマメ
c）コンカナバリン		ナタマメ
3. ラチルス病誘起物質*（ノイロラチノーゲン）	神経中枢に障害，震え，けいれん	ガラスマメ
Ⅱ．配糖体		
1. ゴイトローゲン	甲状腺肥大	ラッカセイ
2. 青酸配糖体	呼吸毒	リママメ，ササゲ，インゲンマメ，ヒヨコマメ
3. サポニン	溶血作用，消化不良，トリプシン，キモトリプシン（タンパク質分解酵素）活性の阻害	ダイズ，ラッカセイ
4. イソフラビン	女性ホルモン的作用など	ダイズ
Ⅲ．その他		
1. ソラマメ病誘起物質**	生長阻害，溶血性貧血，ヘモグロビン尿症	ソラマメ，カラスノエンドウ
2. フイチン酸塩	マンガン，亜鉛，銅，鉄などの摂取阻害	ダイズ，インゲンマメ，エンドウ
3. 抗ビタミン作用物質		ダイズ，インゲンマメ
4. アルカロイド	消化不良	各種のマメ

* *β-N-oxalyl*-L-*α*, *β* diaminopropionic acid（ODAP）
**グルコース＝6―リン酸脱水素酵素の活性を低下させる物質＝ダイヴィシンおよびイソウラミルなど。

徴が現れるまでの時間は、マメに接してからわずか二、三時間後という例や、数日間という例もあった。また、ソラマメに初めて触れて発症した例や、常食しているが、全くその兆候や症状を示さなかったという集団内からの発症例もあった。

ところで、歴史の古い熱帯の風土病に、ハマダラカの媒介で起こるマラリアがある。マラリアがギリシャ文明終焉の一因となったとする史家もあるが、「マラリア」は、その言葉自体がローマ起源で、「悪い空気、邪悪な空気」を意味する〈Malaria〉からきている。紀元前一六〇〇年ごろに書かれたインドのヴェーダ文献に、マラリアと思われる熱病のことが出ているが、ギリシャが繁栄を誇っていた紀元前六〇〇年ごろに、マラリアに罹ったことがある交易商人、兵士、奴隷などが現地のハマダラカにマラリア原虫をもたらしたと考えられている。マラリアは、カが終宿主、ヒトが中間宿主として世代交代を行うマラリア原虫が、赤血球に寄生、繁殖して起こる。

第二次大戦中に、「ソラマメ病」にかかるとマラリアの症状が軽いことが知られていたが、G6PD欠失遺伝子をもつ兵士の集団では、マラリアの死亡率が低いことが明らかになった。これは、赤血球細胞内でマラリア原虫が増殖すると、その代謝産物による強力な酸化作用で溶血が起こるが、G6PD欠失遺伝子保有者では、すでに赤血球細胞が壊されて溶血が起こっているので、原虫がそれ以上増殖できなくなるためにマラリア抵抗性が現れると考えられている。

「ソラマメ病」の発症頻度は、世界中では赤道圏の集団で最も高いが、ソラマメの栽培と消費、マラリアの発生、および、G6PD欠失遺伝子分布の三条件がそろっているのは、地中海周辺地域、すなわち、アルジェリア、スペイン東部、イタリア～ギリシャ、トルコ～イラン、エジプト、そして、インド・ベンガル地方、マレーシアなどである(8・15)。

（＊1）「ソラマメ病」という用語は、「Favism　ファビズム」に対して、ガラスマメの摂食で起こる「ラチルス病」（第三章）とともに、筆者が訳語として用いた(17)。

三　民話とマメ――英国民話「ジャックとマメの茎」

（1）「マメのつる」か？「マメの木」か？

童話や絵本でなじみの深い「ジャックとマメの茎」〈原題 Jack and the Beanstalk〉（この原題の訳については、後で触れる）の話は、世界の各地に多くのバージョンがあるとされるが、英国（イングランド地方）のもっとも有名な古い民話の一つであり、子ども向けの多くのアニメや絵本、映画やビデオ、舞台作品にもなり、新しい語り言葉で書き換えられ、受け継がれてきた。

その最初の出版は、一八〇七年、ロンドンで、ベンジャミン・タバルトとジャック・ニコルソン（タバルトの編集者だったマリーおよびウィリアム・ベンジャミンの編によるともされる）によって、無名の語り手による口承の原話を集めた三四ページの民話集『ジャックとマメの茎の歴史』であるとされている。また、これと並んでよく知られているのが、ジョゼフ・ジェイコブス（一八五四～一九一六）が約一二〇編の原話から八七編を選んで収めた二冊から成る『英国おとぎ話集』（一八九〇～九四）の中の一編である。さらに、彼の死後、一九四二年に出版された六〇編の中にも収められている。後で触れる、木下順二訳『ジャックと豆のつる』(1)の原著は、その第四版（一九五三）から四四編を選んだものである。(2~6)

タバルト版では、物語の発端は、八七一年に即位した「アルフレッド王のある日」という設定になっているが、当時は、北海のノルマン人バイキングが、英国に盛んに侵入して、イングランドのアルフレッド王国のみが抵抗して独立を保っていた。そのため、この原話の原題は、「巨人殺しのジャック――Jack the

Giant Killer」で、バイキングがもたらしたものだとする説がある。そして、ジェイコブス版が原話に最も近く、今日まで最も多くの版を重ねているのは、タバルト版は道徳的な配慮が欠けていたためだとされている。また、この民話を、思春期に入った少年が、「幼児期の楽園」から健全な男性に成長することを意味するものだとする児童心理学の見解や、「Bean――マメ」は、「睾丸、精巣」を、「stalk――茎」は、「男性器」を象徴し、また、本章でも述べるが「マメ」は魔力をもつという説もある。なお、「ジャック」は、男子に多い「ジョン、ジェイムス、ジェイコブ」などの名前の愛称で、「少年」も意味する。

「ジャックとマメの茎」の話のあらすじは後で述べるが、登場人物や物語の展開について、そのパターンの特徴、構造を比較し、解析することも興味深いが、ゴールドバーグ（二〇〇一）[7]によると、現代版では、乳牛と交換する話はなく、例えば、ジャックは畑仕事の賃金としてマメをもらう。また、米国版では、ジャックの母親（または祖母）が部屋を掃除していて、たまたま、マメを見つけるという話になっている。

さらに、「ジャックとマメの茎」の話の翻訳本や、版によって、主人公のジャックほか、登場する人物のイメージや、それぞれの関係と役割、出来事、話の結末などが違っており、また、世界各地の同じモチーフの古い民話では、「マメ」が、別のさまざまな植物になっている。このことについてはまた、後でも触れる。

このような、英国生まれの口承民話「ジャックとマメの茎」がもつ道徳的意味や、世界各地でのモチーフの類似性などの考証については、専門の研究者にゆずり、本稿では、「ジャックとマメの茎」の話で、芝居でいえば最も重要な「大道具」である「マメ」[1・8]について考えてみたい。

わが国での翻訳版は、木下（一九六七、一九九二）などの作品で読むことができるが、いくつかの英語版による、そのあらすじは、次のようである。

ロンドンから遠く離れたところに、一人の貧しい女が、「怠け者で、のんきな、そして浪費好き」の息子ジャックと暮らしていた。二人は、いよいよ暮らしに困って最後の財産の乳牛を売ることになったが、ジャックは、牛を出会った肉屋（老人）の一つかみのマメと交換してしまう。それを知って怒った母親は、そのマメを家の外に投げ捨てる。翌朝、窓の外には、二重に捻《ねじ》れたマメの茎が、まるで梯子のようになって雲をついて天まで伸びていた。これを見たジャックは、母親の制止を聞かず、それに登る。そして、天に着くと、さびしい田舎で一人の老婆（美女、姫君、妖精）に出会う。彼女は、「自分が言うことをきかないと、お前と母親が死ぬだろう」と警告する。

巨人の住まい（城）に近づいたジャックは、巨人の妻に自分を炉の中に隠してくれるように頼む。やがて、そこへ金の卵を産む雌鶏を抱いて巨人が帰ってくる。巨人が眠ったのを見て、ジャックは雌鶏を捕まえると、マメの茎を駆け下りてそれを母親に与える。やがて、二人は裕福になるが、ジャックは、またマメの茎に登りたくなる。変装して再び訪ねた彼は、巨人の妻に家に入ることを許される。夕食をすませた巨人は、金や銀を数えて満足して眠ってしまう。ジャックは、その金銀を盗むと、マメの茎を降りて母親のところに戻る。

三年後、ジャックは、またマメの茎を登る。そして、巨人の魔法のハープに手をふれると、ハープが鳴りだして巨人が目覚めて、ジャックを追う。逃げたジャックは、地面に着くと、すぐに斧でマメの茎を切り倒したので、巨人は落ちて死んでしまう。ジャックは、これからは忠実で、従順な息子になると母親に約束する。

妖精が、ジャックに告げる。「お前の父親は、裕福で心が広く慈悲深い人物だったが、その富を妬んだ巨人に殺された。母親は、父親が死んだ理由を息子には決して話さないことを条件に命を助けられ、赤ん坊とふたりで小屋に住むことを許されたのだ。自分は、かつてはお前の父親の守護者だったが、父親が殺された日から魔力が使えなくなって、彼を護れなくなった。だが、お前がマメを手に入れてから魔力が甦って、妖精であるマメの茎は大きく成長した。……お前こそ父の死の復讐をする者であり、巨人の所有するものは何でもすべてお前のものにできる正当な権利を持つのだ」

筆者の手元には、山室静訳『ジャックと豆の木』（一九七六）[9]と、木下順二訳（一九六七）『ジャックとマメのつる』[1]、そして、それを短く縮めて「再話」した同じ題の絵本（一九九二）[8]の三冊がある。これまで、この話の原題を、「ジャックとマメの茎」と訳してきたが、筆者が、文学作品などに出てくる「マメ」との関係からこの話に興味を持ったのは、木下の両作品のあとがきに、「わが国では、原題の〈beanstalk〉を、多くが「豆の木」と訳しているが、それを『マメのつる』と訳した」と、わざわざコメントしていることに気づいてからであった。「Bean」は、英語では、「インゲンマメ」、そして、「マメ」の総称（第一章）だが、「stalk」は、植物学や作物学の訳語としては、「木」ではなく、また、「つる——蔓」でもなく、「茎」か「幹」とするのが妥当であろう。因みに、アシュリマン（二〇〇二〜一〇）[3]が挙げている、一八〇七年〜一九四三年に刊行された、原話を含む八編の英語の題名は、六編が「beanstalk マメの茎」で、「bean pole マメの柱」と、「bean tree マメの木」が、それぞれ一編ある。木下は、「マメのつる」と訳したことについて、「私の自然な感じ方によるものだ」（一九六七）[1]として、「豆の木というのはおかしいし、元の英語も木ではなくて、茎（stalk）という字だから」（一九九二）[8]としか述べていないが、その代りに、「……この問題について面白い考察がある」として、民俗学者柳田国男（一九四三）[10]の随筆「天の南瓜」を紹介している。

この文章は、『文藝世紀』〔昭和一六（一九四一）年四月六日刊〕に発表されたが、「無意識伝承」を論ずるのに、中河与一『天の夕顔』[*1]の「天に夕顔を咲かしめて思う人に見せたいという空想」に触れている。その中で、「ジャックと豆の木」の話と、わが国各地の伝承、民話とのアナロジーについて比較、考察して、次のように述べている。

（＊1） 中河与一（一八九七～一九九四）『日本評論』昭和一三（一九三八）年一月号。(11)

「天を一つの穹窿とみて、かの蒼々たるものの彼方に、住んで此世へ通はうとする人があるといふことを、信じ難くなるまで信じようとしたことは、独り未開半開の種族のみで無く、開け切った国々にも屢々その痕跡が残って居る。たとへば植物を梯子にして天へ昇って行ったといふ昔話などは、日本は英語がはやるから国内に昔からあるものよりも、却って「ジャックと豆の木」の方が多くの人に知られ、又持てはやされて居る。決して我邦ばかりの固有のものと、思って居る人などは無いのである。……つまらぬ穿鑿のように思ふ人もあるかも知らぬが、私は日頃このジャックが梯子にした豆の木即ち Beanstalk が、蔓のある豆だったか否かを確かめたいと念じている。といふわけは、蔓だったら伸びが早く、又知らぬうちに何処までも進んで、稀には天まで届くことがあろうと、考へられたかも知れぬからで、もしも是が大豆のような木だったら、それが青空を突抜くといふことは完全な不可能事で、愈々この昔話が何人も信ぜしめようとしない、只の慰みごと即文藝化の状態に在ることがわかるからである。」（原文のまま）

蛇足ながら付け加えれば、この「木」は、話の展開上、播いた種子の発芽が早く、そして、「つる性」

の植物であれば、あるいはその成長が極めて早いかもしれないが、それだけでなく、少年ジャックや巨人の重さを支えられる「強さ」と、昇り降り出来るような「梯子《はしご》」か「階段」のような構造を持つことが求められる。だが、なぜ、それが「マメ」なのだろうか。

柳田が、(10)日本にも「ジャックとマメの木」の話に最もよく似ていて、「豆の木が、実はこの状態にまで改作されているものがある」として挙げている、陸中江刺郡（現・岩手県江刺市）の「天に昇って雷神様の聟《むこ》になろうとした話」では、「梯子《はしご》」は、「茄子《なす》」の大木になっている。この話は、昔、愚かな息子が母親に命じられて、ナスの苗を買いに行くが、たった一本で百文という高価な苗を買ってくる。ところがこれが成長すると天まで届き、まるで紫の雲がかかったように花が咲く。七月の七日に、実を採りに登っていくと、やがて天上の御殿の庭に出て、そこで雷神とその二人の美しい娘に歓待される。そして、主人公は、雨を降らせる作業を手伝っている間に誤って雲を踏みはずし、故郷の村に落ちたというユーモラスな話である。このほかにも、「豆の木で寺の山門を建てた」（越後国。現・新潟県）「八石山由来」、「豆の木を伐って太鼓を作った」、「豆が一本から八石穫れた」、同じく「千石穫れた」（能登国。現・石川県鹿島郡千石村、千石山）という話もある。

千石山の話は、大百姓の家の作男たちが、播くように命じられたマメの種子五合を食べてしまい、残った一粒を土に埋めて、みんなで小便をかけてその成長を願って帰ったら、それが発芽して千石も穫れる大木に育ったという話である。なお、マメがアワになる話もあるという。

また、柳田が、もう一つのバージョンとして挙げているのは、「羽衣伝説」につながる話で、天に帰る天女が子守娘に与えた一粒の「マメ」が成長して天まで届き、約束通り、赤子と娘が天に昇るという話（津軽国。現・青森県）や、この「マメ」は「エンドウ」で、動物（タヌキ）の報恩話になっている話（山口県、周防大島）がある。さらに九州各地の羽衣説話では、地上と天をつなぐ階段になる植物はカボチャやヘチマである。これらの植物に共通するのは、「つる性」である。

筆者は、柳田のこの指摘によって、「ジャックとマメの茎」の原話と筋書きがよく似た伝承民話が、日本にもあることを知った。「マメ」が、身近なナスになったり、日本の古い作物のダイズになったりしているが、人をだましたり、財宝を盗んだり、悪者を殺したりしないのは、後の時代の英国版のように、聞き手の子どもたちへの道徳的な配慮によるものだろうか。

エンドウは、ソラマメとともに、西南アジア原産で、我が国への伝播は一〇世紀ごろ以後ではないかとされているが、柳田は、「ジャックと豆の木」の話がもてはやされたころには、欧州にはエンドウがまだ無かったかもしれないとした上で、日本では、その話の「空の梯子を、横に匍《は》う夕顔に置き換えた」話が生まれたが、天を貫く梯子になる植物については、おそらく世界の各地での「マメの茎」の再話に共通すると思われる要素としての条件を、「是非とも一つのもので無くてもよかった。忘れても間違えても亦わざとでも、なるだけ似つかわしい早く成長しそうなものを持ってくれば良かった……『天の夕顔』もおそらくは同じ事情から、徐々として日本人の空想の中に入ってきたのであろうと私は思っている」と述べている。

以上の文章からみると、柳田は、植物の「つる性」に注目して、「マメ」には特別の意味を考えていないように思われる。「夕顔――ユウガオ」は、ヒョウタン（ウリ科）と同種の一変種だが、果肉を、ひも状に削って乾燥して干瓢《かんぴょう》を作ることはよく知られているが、果実は大きく、長さが数十センチメートルにもなる。その名前から、ヒルガオ科のヨルガオと混同されることも多いが、柳田は、「ユウガオ」の無意識伝承について、この植物は山野の自生は絶無であるので、もとは、やはり輸入であり、「ひさご」（ヒョウタン）の利用が、これを誘致したものだろうと述べている。そして、その「花のあわれさ」に比べて実が大きくて形が珍しく、中がうつろで水に浮かぶことにもおどろいただろうとし、東南アジアの各地では、日常の容器などに用いて尊重され、利用されることから、「ひさご」が、呪法・俗信やさまざまの言い伝えや昔話に登場することが多いのであろうと推察している。

　さて、これまで「Jack and the Beanstalk」の原題を、「ジャックとマメの茎」と訳してきたが、〈Beanstalk〉の訳を、「マメのつる」とするか、「マメの木」にするかということについて考えてみたい。後者の訳は、あるいは、大先達の柳田訳にならったものかもしれない。だが、前記のように、話のなかでの重要な要素であり、「大道具」としての役割からは、「茎」や「つる」では弱すぎるのではないか。ニューキルク（二〇〇三）[12]は、この「マメ」を「ソラマメ」だと考えている（前述）が、この説は、前節で述べたが、昔の英国社会では、ソラマメが迷信や昔話で重要な象徴的意味を持っていたとされることによる。しかし、ソラマメの茎は太くて丈夫そうだが、「つる」ではない。

　ところで、前記の一八〇七年刊のタバルト初版本の見開きには、ジャックが巨人に追われて「マメの茎」を伝って逃げようとしている様子を描いた挿絵がある。だが、この「マメの茎」は、植物というよりも、まるで二、三本のロープが絡んでいるようにしか見えない[2]（図Ⅷ―2）。また、木下作品（一九六七）[1]の挿絵で、ジャックが伐り倒そうとしているのは、天の雲に届いて、そこから巨人の爪が生えた足の先が覗いている一本の太い茎の植物だが、その花や葉、「巻きつる」の形などは、完全に「エンドウ」だが、優しすぎて迫力に欠ける。これとは対照的に、後の木下作品（一九九二）[8]の絵は、個性的な画風で知られる田島征三画伯の筆になるだけに、迫力のある登場人物たちと、「エンドウ」でもなく、「マメ」でもない、何本もの太い「つる」が荒々しく絡んだ植物が画面いっぱいに描かれている。この絵を見ながら読んだり、話を聴いたりする子どもたちは、たちまち、ジャックの冒険の世界に引きずり込まれることだろう。

邦訳で、文字媒体だけによる原話の文学的表現では、「マメの茎」や、「マメのつる」という表現では、臨場感や緊迫感が伝わり難いのではと思う。したがって、筆者は、「マメの木」と訳することを支持するが、さらに言えば、「ジャックとマメの大木」としたいところである。わが国内外で刊行されている『ジャックと豆の木』の絵本の挿絵について、児童心理学などからの比較研究がされているか否かは知らないが、とくに子どもたちが対象の童話集や絵本、さらには、アニメ動画などでは、視覚に訴える媒体の役割が大きいだけに、原話の「ビーンストーク」のために、挿絵やイラストの画家たちが、話の中の「植物」のイメージづくりに困ったのではと想像するのは、筆者だけだろうか。

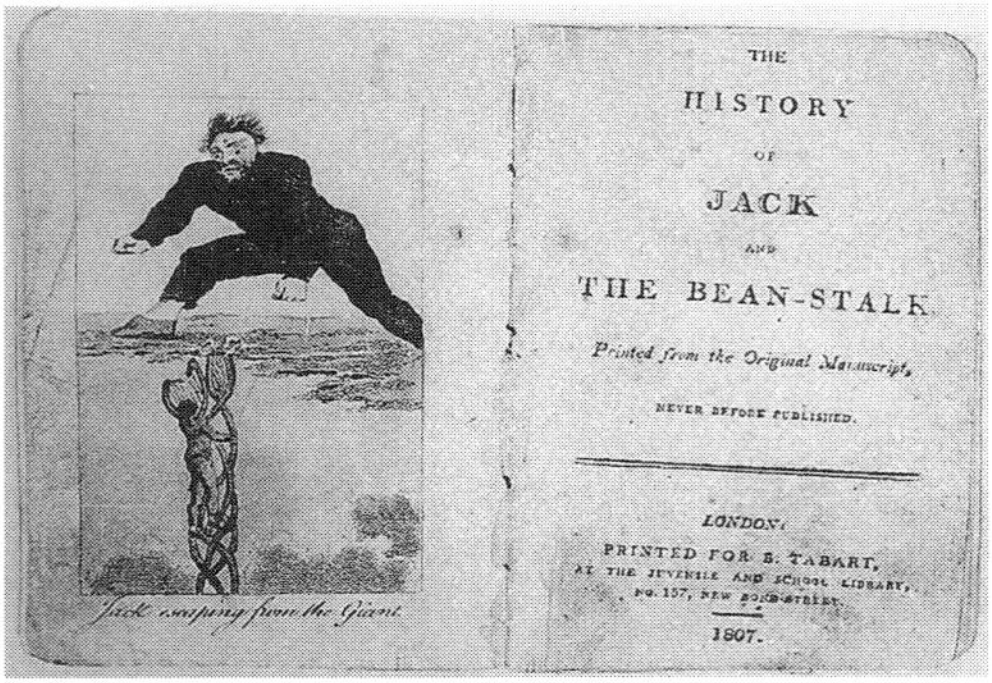

図Ⅷ-2　英国民話『ジャックとマメの茎』
（1807年タバルト版カバー・イラスト）

（2）「マメの木」のモチーフ

柳田（一九三四）[10]によって、「ジャックとマメの木」型民話が形を変えて、わが国にも多くあることを知ったが、外国のバージョンについては、ゴールドバーグ（二〇〇一）[7]による考察がある。

その例として、グリム童話（一九世紀、ドイツ）では、ある農夫が雌牛を一ブッシェルのタマネギの種子と交換する。それを播いたら、その一粒がたちまち成長して天まで届いた。農夫がそれを登っていくと、天女がカラスムギを脱穀している。誰かがタマネギの茎を切り倒そうとしているのを知って、農夫は急いで縄をなって地上へ戻った。また、あるアメリカの童話では、畑で天まで伸びているのはトウモロコシである。そこにはモンスターの羊が、丈が三メートルもある草を食んでいた。これらの外国のバージョンでも、「マメ」が、タマネギやトウモロコシなど、それぞれの国で子どもたちになじみの深い、食料として大切な作物と置き換わっている。だが、それらは天まで伸びるが、どれも「つる性」の植物ではない。

ゴールドバーグは、地上から天上界へのアクセスとして、巨大な植物が現れるのは、各国の民話に共通しており、神話では、その植物——木のイメージに明示される地理的、あるいは宇宙の概念において、ある世界から別世界へ通ずる木として重要であり、両界を分離していることと、繋いでいることとの両方の意味を強調しているのだという。そして、現実のマメの植物は、種子から成長するが、「ジャックとマメの木」の話で、母親が窓の外に投げ捨てたマメが翌朝にはもう巨大な木に育っていたのは、それは、「小さく、つまらぬものでも大きな力をもっていること」を表しているのだという。さらに、「マメの木」を切り倒す話の類似は、ジャックが将来、もう天には上らないことの含意であり、これで話の結末が安定する。また、ジャックの冒険の物語の始まりと終わりに「マメの木」が出てきて、話がシンメトリー・パターンになって安定していると指摘する。

「ジャックとマメの木」の話について、正確な由来は不明だが、巨木によって天に人が到着するというモチーフは古く、トネリコの木（モクセイ科）や、インドボダイジュ（クワ科。樹高三〇メートルにも達し、気根を垂らす）、旧約聖書の「バベルの塔」や「ヤコブの梯子」（ヤコブが天まで届く梯子で天女が登り降りす

図Ⅷ－３　「イグドラシルの木」(「スエーデン神話の森を行く——魅惑の鉄道“インランズバーナン”の旅」NHK BSTV, 2011年7月28日放送の画面から)

る夢を見た)、さらに、後で述べる北欧神話の「宇宙樹イ(ユ)グドラシルの木(Yggdrasil)」(図Ⅷ—3)とのつながりを指摘する説もある。インドボダイジュは、インドの仏教徒の樹木信仰の対象だが、インドネシアとミクロネシアには、二つの世界をつなぐ「天から垂れ下がる木」の信仰が伝わっている。

山下(一九七七)[13]は、採集・狩猟の段階には、野生の動・植物を神格化し、崇敬してきたが、農業と牧畜を行う段階になると、それらが栽培植物、飼養動物になっても、人間と家畜は、食料、牧草として植物に依存することには変わりがなく、したがって、人間——植物——動物の三者の関係では、植物が最も基本的な存在であると指摘する。そして、「崇敬」を意味する〈cult〉は、農業における栽培の〈cultivation〉という語とともに、ラテン語の動詞〈colere〉が語源で、これには、互いに関連しあう次のような二つの意味がある

という。

・植物を植えて大切に育てること、そして、

・自然に生えている植物を大切にして、畏敬の念を抱くこと。

これは、「樹木崇拝」であり、また、野生植物のもつ生命力の強さを、栽培植物のひ弱さに対比し、あわせて、賛嘆して、栽培植物、とくに穀物に、その強さにあやからせようとするものであるとする。そして、その証しが、北欧スカンジナビアの紀元前一五〇〇年ごろの岩壁画に描かれた、牛に犂《すき》を牽《ひ》かせる農

夫が、「五月の木」といわれる白樺の枝を手にしている姿に見られるという。すなわち、これは、野生の森の木の枝を畑に持ってきて、農作物にもその強靭さをもたらしうると考え、同時に、人間もまたそれにあやかることを願ったのだとして、春に、イネ籾《もみ》を播いた苗代の水口に榊《さかき》、松など常緑樹の枝を立てる日本の水口《みなくち》祭も、これに通ずるものであるとする。

シンボルとしての樹木については、ルルカー（一九六〇）[14]による精細な比較考察がある。その中に「宇宙樹」とか、「世界樹」と呼ばれる「イグドラシル」や、「十字架」[13]のことは出ているが、「ジャックとマメの木」の話は出てこない。このことについて、山下（一九七七）は、多くの民族が固有の何らかの野生樹を神聖な木として尊崇、畏敬する——そのような祈念が、宇宙論的な規模まで拡大された結果生まれたものが、宇宙樹、あるいは、世界樹と呼ばれるもので、その最も有名なものが、「イグドラシル」であり、「ジャックと豆の木」の話は、おそらく「イグドラシル」の話の童話版と言えるだろうと、的確な指摘をしている。

「イグドラシルの木」の話は、北欧の北ゲルマン人の間に伝えられてきた英雄伝説の神話・詩歌集『エッダ』にある。宇宙を支える「イグドラシルの木」は、世界の真ん中にあって、天上の神々が住む「アスガルズ」にあり、毎日、その傍らですべての神々が集まって裁きの会が開かれるが、あらゆる木の中で最も大きく、その枝は、全世界の上に広がり天まで達している。そして、木とその三本の根が、それぞれ、「アスガルズ」と、巨人族が住む「ヨーツンヘイム・ウトガルズ」、暗黒と死者の国「ニヴルヘイム」（地獄界）、そして、中央の国を意味する「ミドガード」（人間界）を繋いでおり、全宇宙の生命の運命はこの木にかかっているとされる[7.15]（『リーダーズ英和辞典』研究社）。

また、トネリコの木の信仰については、ヒューズ（一九六八）[16]は次のように述べている。

すなわち、旧石器時代の後期から新石器時代のころに盛んだったアニミズム[*2]の反映である樹木信仰を、ほとんどすべての宗教が――全く樹木の育たない地方でも――これを受け入れた。地域によっては樹木の代わりに、オベリスク（方尖塔。古代エジプト、ヘリオポリスの太陽崇拝寺院に建てられた偶像。断面が方形、上方が細く、頂上はピラミッド型）や、柱、さらには、男性のシンボルなどが建てられた。また、キリスト教で、二度登場する「聖なる木」のその一つは、旧約聖書の「善悪を知る木」で、これは前記の「イグドラシルの木」に類似するが、もう一つが、「キリストの十字架」であり、「聖なる木」の観念が時をへだてて奇跡として再生を遂げたものであるとする。また、野本（二〇一〇）[17]は、すでに『日本書紀』にも現れる万物に霊が宿るとするアニミズムの世界では、ムラの誕生とともに耕地が生まれ、農を営む人と自然――地霊が、木の精霊、淵の精霊、そして、森の精霊などと複合して顕現する「精霊複合」が日本の各地にあり、その表象としての大木のことに触れている。それらは、ケヤキ、ヒバ、アコウ、アラカシ、スギ、クスノキなどだが、野神の象徴となり、人と樹霊との交感の対象として畏敬されていると述べている。

わが国内外の「「ジャックとマメの木」の話の中の「マメ」は、その源が英国の原話でも、あるいは、北欧バイキングの口承民話であったとしても、その植物は「マメ」でなければならないという必然性はなく、また、まさに先の柳田（一九四三）[10]の指摘につきるが、「つる性」でなくてもよく、発芽してからの成長がごく速やかで、「梯子」の機能を備えた天まで伸びる巨大な植物であればよかったのである。

（＊2）　肉体や事物に宿っているが、時にはこれら物体から独立して存在しうる非物質的・霊的存在への信仰。また、あらゆる自然物や自然現象には、それらのものや現象から離れて存在する精霊があるとする信仰のことである（佐々木宏幹『文化人類学事典』一九七七）。

四　身体装飾とマメ

これまでに、祭祀、信仰、民俗、食べることのタブーなど、マメが人間の精神生活と関わりをもつことについて述べたが、マメ科の植物には、口にすると死に至る有害成分を含む種（表Ⅷ―2）や、薬効成分、幻覚を催す成分をもつ種がある。そのために、古代から現代に至るまで、植物が特別の力――「魔力」をもつとされて、悪魔を追い払うのにも用いられてきた。これらのことについては多くの文献がある（モルデンケ一九五二、満久一九七五、アイザックス一九八七、浅井二〇〇八）[1~4]ので、詳しくはそれらにゆずり、本節では、前著（前田一九八七）[5]で触れた、身体装飾に用いられる植物としてのマメについて補足しておきたい。

身体装飾の例としては、顔や体の皮膚に傷をつけること、その傷に着色して文様を描く「入れ墨」（タツウ）、耳や鼻に穴をあける「ピアシング」がある。また、現代では、アートとしての「ボディー・ペインティング」や、美容としての顔への化粧の芸術的応用とされる「フェイス・ペインティング」もある。多様な素材で身体を飾ることもするが、文化現象としての人間の審美的欲求の行為である「身体装飾」は、生物的、社会的、宗教的など、種々の意味や目的をもっていた、原始時代の装飾儀礼の現代における再現だとする見方もある[6~10]。

日本などイネ作農耕民族には、女性が「ハレ」の日にイネの穂を髪に飾る慣習があるが、世界には装身具としてマメを含む植物を用いる例がある。貝殻や骨、歯のような動物性の装飾品に比べて分解し易いので考古学的な発見の例が少ないが、植物由来の装身具も多かったことが民族誌の記録などから明らかになっている。その材料としては、植物学的には「果実」、または「種子」が多いが、今日でも、「プラント・ジュエリー」と呼ばれて、冠や髪飾り、ネックレス、ペンダント、ブレスレット、ロザリオ、イアリング、ビーズ、ブローチ、鼻飾り、ベルト飾り、ボタンなど、その利用の形態は多様である。

フランシス（一九八四）[11]は、古代インドでは、植物という自然の素材の身体装飾への利用は、現代の宝石類のすべての形態の原型となっていると指摘している。そして、「装飾（アドーンメント）」は、「装飾品（オーナメント）」と、「化粧品（コスメチックス）」の二つのカテゴリーで考えられるとして、この両方の目的で利用された七五科、一六八種の植物のリストを示している。

彼は、利用頻度の高い種の植物学的な特徴や、利用の多い理由については述べていないが、リストの植物を科別に整理してみると、次に示すようにマメ科の種がもっとも多く、全体の一三％を占めていることが注目される。

①マメ科（二二種）（マメ亜科一〇種・オジギソウ亜科六種・ジャケツイバラ亜科六種）・②イネ科（九種）・③ヤシ科（八種）・④モクセイ科（五種）・⑤タカトウダイ科（五種）。

また、マメ科植物の利用のしかたは、次のようである。

・ビーズ・ネックレス……種子（トウアズキ・ナンバンアカアズキ・デイゴ・ギンネム・ジャケツイバラ）・幹材の小片（アセンヤクノキ・キマメ）。

・冠・被り物……小枝、根、柔らかい茎などを編んだもの（クサネム）。

・お守り・魔除け・ペンダント……幹の材を刻んで作る。ヒンズー教徒の間で、シバ神、ヴィシュヌ神の信仰のちがいによって用いる樹種が異なる。種子も用いる（モダマ・フサアカシア・シッソーシタン・カスリメテイ＊）。（＊Kasurimethi ヒンズー名、種名不詳）

・花飾り――花輪・花を編んだ髪飾り・耳飾り（ビルマネム・コチョウボク・バウヒニア・ハナモツヤクノキ）
・指輪……茎の先端の巻きひげを乾燥したものを編む。
・その他……化粧品（種子の粉・ヒヨコマメ）・染料（髪や衣服を染める・キアイ・インドアイ）・脱毛剤（灰を用いる・メスキート）

また、同様の結果がアームストロング（一九九八）[12・13]によっても報告されているが、装飾品として珍重されるという約三〇種の半数が次のようなマメ科の種である。

・アカシア（*Acacia cornigera, A. Collinsi*）・メスカルビーン（*Sophora secundiflora*）（クララ）・コーラルビーン（*Erythrina flabelliformis*）・（ディコ）・コーラルビーン（*wiriwiri*）（*Erythrina sandwicensis*）・トウアズキ（*Abrus precatorius*）・ベニマメノキ・ネックレスツリー（*Ormosia monosperma*）・ナンバンアカアズキ（*Adenanthera pavonina*）・シービーンズ（ハッショウマメ *Mucuna*）・（ジオクレア *Dioclea*）・メアリーズビーン（*Merrimia discoidesperma*）・モダマ属の一種（*Entada gigas*）・ニッカーナッツ（*Caesalpinia major, C. ciliata, C. bonduc*）・ワイルドタマリンド（イピルイピル）（*Leucaena leucocephala*）・グアナカステ（*Ear-tree*）（*Enterolobium cyclocarpum*）

これらの中で、「ナンバンアカアズキ」は、英語では「チェルケスビーン」または、「レッド・サンダルウッド」と呼ばれるが、インドでは「魔力をもった種子――マンジャディクル Manjadikuru」で知られている。赤い色で、その直径が米国の一セント銅貨（直径二センチメートル）の半分ほどの種子の中から、骨か象牙を彫刻したものらしいゾウが一二頭出てくるものが、「幸福の木」を意味する「マンジャディクル」の種子と呼ばれて、売られている。インド南西部、ケララ州マラバル海岸地方のグルヤヨールの寺院に置かれた大きな壺の中に詰まっている、この赤く輝く種子を両手で三回かき混ぜると、あらゆる病が治ると信じられているが、宝石や金、銀を売る商人が秤の分銅の代わりに用いるぐらい種子の重さがそろっている(一〇九粒で約一オンス=四粒で約一グラム)。同じ例として、「カラット」という宝石の重さの単位名になっているイナゴマメ(キャロブ・五粒で約一グラム、地中海地方)がある。

アフリカ、東南アジア、ポリネシアなどに広く分布するモダマ属のモダマ(*Entada phaseoloides*)は、「芽出しマメ」を食用にするが(第十章・図X—5)、子実の粉末を薬に用いるほか、石鹸やヘアー・シャンプーに用いられるが、中央アメリカでは、種子が大きく、ハート型をしている(図Ⅷ—4)ので、とくにバレンタイン・デーに最高のギフトとされるという[12・13]。

現代の人間は、珊瑚や真珠、宝石類、磨いた貴金属類を天然の宝飾品だと信じている。植物では、それらと並ぶ高価なものとして、地下で百万年もかかって樹脂が化石化した琥珀《こはく》という例外もあるが、植物が素材の装飾品は一般に高価ではない。だが、それらの中で、マメ科植物の種子が身体装飾品として多く用いられてきたのはなぜだろうか。

インゲンマメの栽培化で、子実の多様な種皮の色や斑紋などの美的要素が、選抜圧として働いたのではという指摘があることを先に述べた(第一章)が、顕花植物の中でも優勢なマメ科の植物は、多くの野生種や栽培種が各地にあり、人の暮らしにとって大切な食べ物や作物として身近にあった。熱帯地方のマーケットで見ることができるが、種や品種によって形状が変異に富むマメの子実は、白から黒まであらゆる色があり、美しい斑紋もある。大きさも、直径が四、五センチメートルもあるモダマから、鮮やかな緋色に黒い斑入りで五ミリメートルほどの小粒なトウアズキまで変異に富むが、モダマは一粒だけで用いられるが、先のマンジャディクルやイナゴマメのように粒ぞろいがよいので、多数の粒を集めるとゴージャス

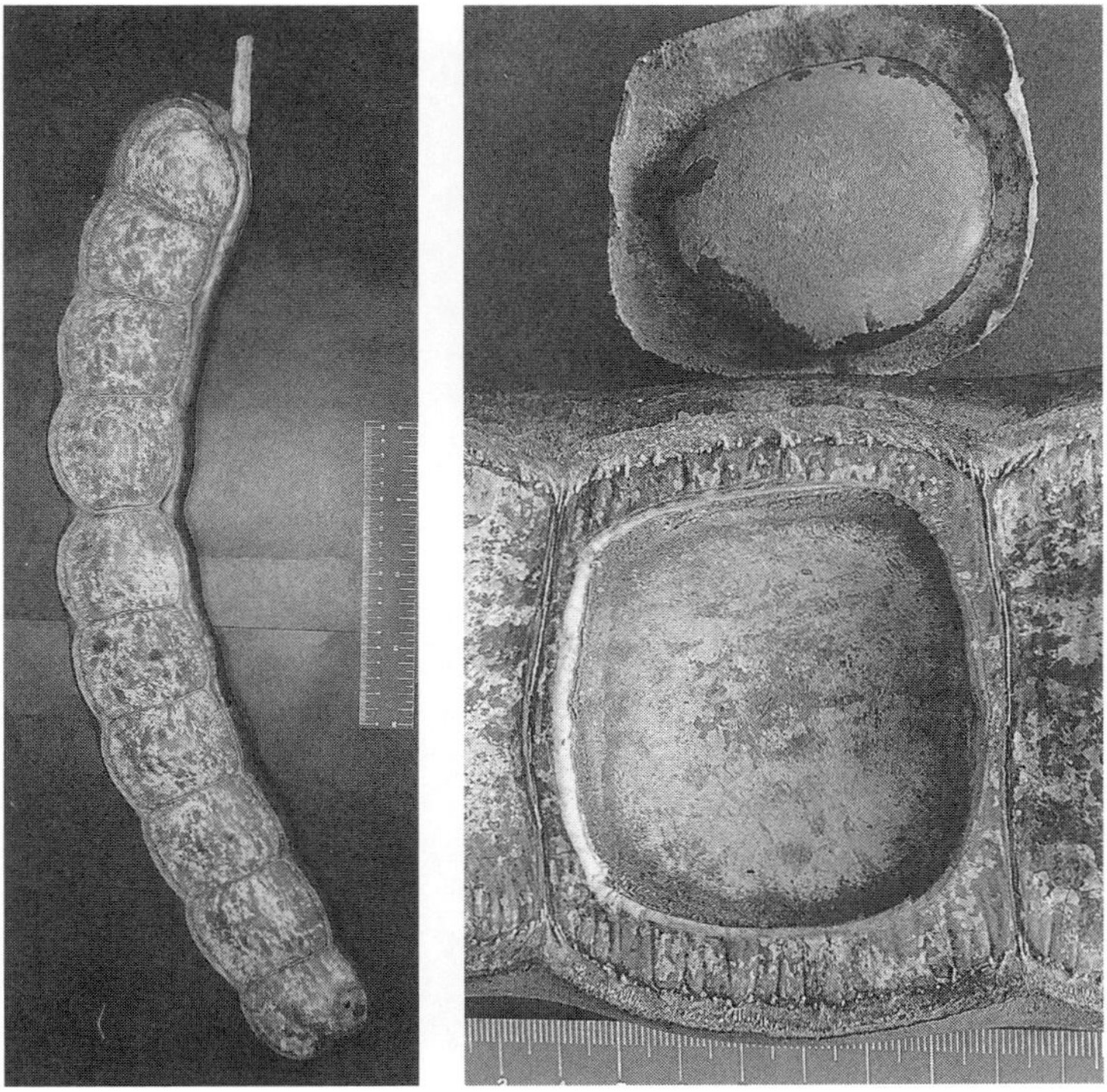

図Ⅷ-４　巨大な「モダマ」の莢実
（タイ，バンコクで購入）と硬い莢から取り出した子実

感が高まる。乾燥すれば硬くなり、磨くと光沢を増して長期の保存ができる。しかも安価なので多くの人がひとしく入手できた。可視的な美しさをもつことに加えて、このようなごく実用的な特性によって、マメの子実が宝石や貴石類、金銀などにも負けない人体装飾品として珍重され、喜ばれて、「心の栄養」として用いられてきたのであろう。

第九章　虚構の主役になったマメ――エンドウ

一　虚構「ツタンカーメンのエンドウ」の誕生

（1）「ミイラのコムギ」と「ミイラのエンドウ」

三〇年近く前から、「ツタンカーメンのエンドウ」の由来に関する文献を調べてきたが、やっとそれが、九世紀ごろの欧州における「ミイラのコムギ」や、「ミイラのオオムギ」の話の「書き替え」であることを確認することができた。その元の話は、高名な科学者たちにさえも信じられていたし、貴族や、学者の名前で権威づけて真実と思わせるようなたくらみもあった。このいわゆる「ツタンカーメンのエンドウ」が、科学的根拠のない虚構であったことを明らかにする前に、まず、そのいくつかの例を見てみよう。[1]

①チェコの高名な古植物学者、フォン・ステルンベルグ伯爵の実験（一八三〇年代）。[2・3]

「古代エジプトの遺物のコムギ種子に、水分を与えて発芽を試したが、たちまち分解してしまった。油に浸す処理を思いついて、園丁に命じて処理した種子を土に播いたら、二粒が発芽して成長した」

真相は、園丁が、伯爵を喜ばすために当時の栽培コムギの品種の種子を混ぜていた。

②M・F・タッパーの実験（一八四〇年）。『園芸家通信』一八四三年一一月一一日付記事。

「三〇〇〇年間、全く人が入ったことがなかったエジプトの墳墓で、英国のエジプト学の権威、G・ウィルキンソンによって発見されたというコムギ種子を、外科医でミイラ研究の権威、T・ペティグリュウが入手して密封容器で保存していた。その一二粒をタッパーが播種したが、一粒が発芽し、元気に育って二七粒の種子が稔った。彼は、これを『ファラオの時代から生きていた種子から稔ったコムギだ』と、一八四二年のロンドン王立研究所報告に発表した。それには有名な物理学者ファラディも関与している」

この話で、種子の出所は確かだったが、その中に、欧州に伝わったのは「コロンブス以後」（一五世紀）のトウモロコシの種子が混じっていた。「事故」か、「偶然」か、もしくは、「故意」によって、現代の栽培コムギの種子が混入していた可能性が高い。タッパーは、「だまされた被害者」だったのか否かについては、不明である。

③マルチーズ・コスモ・リドルフィによる、フローレンス科学アカデミーへの書簡（一八五三年）。

「大英博物館の職員を経て届いた〈ミイラのコムギ〉の種子が、すべて発芽した」

この種子は、古代の種子ではなかった。この謎の真実を解き明かすことはもはや困難だが、博物館の管理官の欺瞞的行為とされている。

④グエリン＝メネヴィーユのフランス科学アカデミーへの報告（一八五七年）。

「一八四九年にエジプトの墳墓で発見されたコムギ種子の五粒が発芽した。それが某資産家の広大な荘園で増殖され、収量が非常に優れる品種だと喧伝されて、その種子が当時の最高品質の種子よりも数倍高い値段で農民に売られた。だが、間もなく評判が落ちて値段も急落した」

真相は、欲が動機の捏造《ねつぞう》話だった。普通コムギ（パンコムギ）とは別種の英国コムギの種子が、「奇跡のコムギ」とか、「ミイラのコムギ」と称して売られた。

（＊1）学名トリティクム・トゥルギデゥム。四倍性の二粒コムギの一系統。一六〜一八世紀に英国で栽培されていたが、原産地は不明。今は地中海沿岸地方でわずかに栽培されている。

（2）科学が否定していた「虚構の穀物」の話

厚い石壁造りで、暗くて温度や湿度の変化が少ない古代の墳墓は、穀物の貯蔵には最適であっただろう。だが、そのような墳墓を悪用した人間がいて、「ミイラのコムギ」や「ミイラのエンドウ」の話が捏造されていた。筆者が半世紀前に学んだ内外の植物生理学や種子学のいくつかの教科書でも、すでにはっきりと否定されているが、その「捏造犯」について述べている、J・H・ターナー（一九三三年）の論文[1]を見付けたので、あわせ紹介する。

①纐纈《こうきつ》理一郎（植物生理学）（一九四九年[5]）

「エジプトにおけるミイラの発掘で、墳墓内から得られた穀類の種子が発芽能力を持っていたとの話が俗間に伝えられているが、植物学者間には信用せられていない」

②安田貞雄（種子生産学）（一九四九年[6]）

「エジプトのピラミッドの中から出た小麦が発芽したとか、弘法大師の貯えた稲籾が生えたとか言う説もあるが信用できぬ。ピラミッドの小麦は、これを売る商人が分量を増すため今の小麦を混ずる故、その新しい小麦が発芽するのである」

③L・V・バートン（種子生理学）（一九六一年）[2]
「エジプトの墳墓から出土した種子の生存についての主張が長年続いているが、その大部分はコムギで、同じ関心をわけあっているエンドウを上回る。……しかし、報告者の大部分は、種子の生存は不可能か、もしくは、ある種の捏造だと考えている。……すべて事実とは相容れないにもかかわらず、人々は古い墓から出た種子が生きていたということに興味を抱きつづけるだろう。そして、そのある者たちはそれを信じようとする。だが、それは、生きた種子が現代の容器で運ばれ、あるいは、捏造の目的で、それを意図的にその場所に置いてあったものかもしれないのだ」
④C・R・クイック（種子学）（一九六一年）[7]
「種子はどれくらい生きのびられるか？　古代エジプトの墓で発見されたミイラ化した穀物や、エンドウの種子から植物が成長したという話をよく聞く。……だが、今の種子生理の研究者は、そのような話はすべて誤りだと考えている。エジプトの墳墓から出たことが確実な種子を調べたすべての結果では、種子はみな死んでいた。それらは、触れただけでたちまち分解してしまった」
⑤J・M・レンフリュウ（古民族植物学）（一九七三年）[8]
「乾燥した気候のエジプトでは、農耕遺跡の地下やピラミッドの内部で、オオムギなど穀物の種子が、ほとんどもとのような状態で発見されることが多く、それらは種や変種の区別も可能だ。しかし、胚乳のタンパク質が完全に分解しており、胚も壊れていて発芽は全く不可能である」
⑥D・A・プリーストリー（種子生理学）（一九八六年）[3]
「とくに一九世紀前半のころの著名な科学者は、皆が古代エジプト起源の種子――いわゆる〈ミイラの種子〉が発芽したという話を信じていた。今の私たちの意見では、そのような報告は完全に誤りだ

という点で皆一致している。だが、一般の人々の間に深く定着している昔の説を根絶するのは難しいことだ。『ミイラのコムギ伝説』の悪質な変形が〈奇跡のミイラのエンドウ〉の話だ。この作り話は、いくら強力な批判がされても、今なお生き続けている」

⑦F・N・ヘッパー（植物学）（一九九〇年）[9]

「古代エジプトの植物についての質問で最も多いのは、おそらく、墳墓から出土した穀物の種子の発芽についてであろう。答えは簡単で、それは、「否」である。多くの人が〈ミイラのコムギ〉が発芽したという話を信じたがるが、科学的事実はそれを否定する。大量の種子が墳墓で発見されているが、そのほとんどは炭化していた。それでもいくつかの穀粒は発芽して正常な植物に育ったのではという疑問に対しては、生きている種子をこっそり墳墓に持ちこんだか、古代の種子とすり替えたというのがその答えである」

⑧J・H・ターナー「種子の寿命について」『キュー王立植物園彙《い》報』一九三三年[1]

「J・パーシバルが自著『コムギ学』（一九二一）の中で次のように述べている。『私は、ハワラ[*2]のグレコ・ローマン時代、紀元前一世紀ごろの墓地でフリンダース・ペトリー教授が発見した多数の穀粒を調べたことがある。それらの胚は暗褐色になっていて幼芽は著しく収縮し、その形をわずかにとどめているような状態だった。……ハワラの穀粒に比べると、紀元前一四〇〇年ごろの墓にあった穀粒は、もっと全体がもろくなっていて胚の組織はほとんど完全に壊れていた。……ペトリー教授は、その発見直後の穀粒を土の湿り具合が異なる運河の堤防に播いて見たが、一粒も発芽しなかったと言っていた』」

「O・E・ゲイン（一九〇〇）によると、エジプト王墓のコムギとオオムギは、外観はよい状態を保っているように見えるが、胚は化学的にひどく変質しており、すでに死んでいる。この変化は、種子が長い休眠の間に死んでしまっていることを示している」

「今日、〈奇跡のコムギ〉や〈ミイラのコムギ〉に、〈不思議のコムギ〉を意味する学名が与えられているという、信じられないような話がある。物珍しさから、南欧や北部アフリカの海岸地方で栽培されている。また、同様の例として、帯化した奇形のエンドウが〈ミイラのエンドウ〉と呼ばれて、一五九〇年に刊行された植物書に、タベルナエモンタヌスがその図を載せているが、『園芸家事典』（一七七一年第八版）では、これに、〈ピスム・サチヴム・バラエティ・ウムベリャーツム〉、すなわち、茎が帯化した〈変わり者のエンドウ〉という意味の学名が与えられて、〈バラのエンドウ〉とか、〈冠のエンドウ〉などと呼ばれている。[*3] また、特に変わった形をしていないが、〈ミイラのエンドウ〉という、人を惑わせるような名前を付けたエンドウが、農家の畑で栽培されていたことがある。〈奇跡のコムギ〉や〈ミイラのエンドウ〉など、エジプトの墳墓で発見された種子を播いたら発芽したという話が広く流布されているが、それらは、すべて全く根も葉もない作り話である」

「未盗掘のエジプトの墳墓から見つかったコムギが発芽するという、全く根拠の無い話がある。E・A・ウォーリス・バッジ卿[*4]が、約三〇年前、キューの王立植物園で、エジプト第一九王朝時代の墓の副葬品の中にあった穀物倉の模型の中から発見されたコムギの発芽実験を行った。色ガラスを通した光の下など、いろいろ条件を変えて発芽が試されたが、三か月後に種子は分解してしまった。……バッジ卿によれば、エジプト墳墓由来のコムギが発芽したと一般に信じられているのには、次のような事実が関係しているようだという。すなわち、現地の農民は、もう何百年も前から墓の入り口の広い部屋を、シリア産のオオムギやコムギの貯蔵庫として使っていた。また、コムギを英国に送るのに、古代の棺を容器に使っていた。そして、この三〇年来、多くの観光客たちが〈ミイラのコムギ〉を欲しがることを知った現地の通訳や観光ガイドたちは、ひそかに墓の中に隠しておいたコムギを、観光客の目の前で掘り出してみせて驚かせてから、これが〈ミイラのコムギ〉だとか、〈ミイラのオオムギ〉だと言っては売りつけていたのだ」

（＊2） ハワラ。カイロの南西約一〇〇キロメートルのファイユーム地域にある、上エジプトの新石器時代の農耕・牧畜文化の遺跡。カールーン（モイリス）湖の干拓を完成させて肥沃な緑にあふれる地域にした第一二王朝期アメンエムハト三世（紀元前一八五四年ごろ～同一八〇八年ごろ）が建造したピラミッドがあった。巨大な葬祭殿には三〇〇〇もの部屋があり、「迷宮」として知られた。ピラミッドの北にあった墓地からは、ローマ時代の棺が多数、発見されている。

（＊3） 茎が三〇センチメートルほどに伸びると肥大して、葉が密生し、短い花序が不規則に形成され、分枝せずに茎が異常に輪状帯化して漏斗状になる。学名は、その特異な形態による。(4)

（＊4） バッジ卿は、有名な古代エジプトの『死者の書』研究者。この発芽実験の話の時期が一九〇〇年ごろだとすると、カーターによるツタンカーメン王墓発見の約二〇年前になる。

（3） ツタンカーメン王墓にエンドウはなかった

ツタンカーメン王の墓は、ナイル河東岸に栄えた都テーベ（現在のルクソール）の対岸、ナイル河からは約五キロメートル離れた「ネクロポリス」（古代の共同墓地）にある。バスで、ルクソールの街からナイル河を渡って西へ三〇分ほど行くと、メムノンの石の巨像（第一八王朝アメンヘテプ三世の二体の倚像）がある。そして、ナイル河の氾濫原であった黒々とした土のサトウキビ畑と、土壁作りの家々が低い段丘の

図IX-1　ツタンカーメン王墳墓
(エジプト，ルクソールの対岸「王家の谷」2002 年)

裾に連なる村を左手に見ながら走ると、美しい壁画が遺る壮大な第一八王朝ハトシェプスト女王の葬祭殿が現れる。涸れ谷の崖の間をさらに西へ三〇分ほど走ると、「王家の谷」に着く。その東谷で、いちばん最後に発見された第六二号墓がツタンカーメン王墓である(図IX—1)。

一九二二年一一月四日の朝、ハワード・カーターは、発掘作業員から、砂礫で埋まった岩に掘られた地下階段の入り口らしいものがあると告げられた。これこそ長い間探し求めていたツタンカーメン王の墓だと信じた彼は、英国のエジプト古代遺跡発掘チームの代表者として資金を提供し、彼を援助してきたJ・H・カーナヴォン卿に、発見を知らせる電報を打った。約三週間後の夕方、カーターは、カーナヴォン卿とその娘、イヴリン・ハーバート夫人とともに、砂礫が除かれて現れた最初の入り口——墓の「前室」の壁の前に立った。そこには、カーナヴォン卿に、「大英博物館の二階のエジプト室を埋め尽くすほどだ」と言わせたほどの大量の副葬品があった。そして、「玄室」には、四重の厨子で囲まれた石棺があったが、その中に、入れ子になって人型をした木製金箔張りの第一と第二の棺があり、そして、純金製の第三の棺の中に黄金の肖像のマスクに覆われた王のミイラが眠っていた。だが、カーターたちが、この推定一八歳、在位九年余りの少年王ツタンカーメンのミイラと対面したのは、三五〇〇点あまりの全副葬品の調査や記録、保存処理、梱包、カイロへの搬送などが終わってからで、劇的な墓の発見から約三年後のことである。

この王墓発見の経緯や副葬品のことは、カーターの死で、ついに未刊となった学術的な報告書の「下書き」として一九二三年から一〇年がかりで刊行された「ツタンカーメンの墓」と題した三巻の報告書に詳しい。その第一巻のみが、カーターとA・C・メースとの共著で、大部分はゴースト・ライターのP・ホワイトによって書かれたが、わが国でもほぼ全訳されている。[10]

副葬品については、カーター自身が番号を付けて作成した記録カードに基づいて、マーレイら（一九六三）が編集した『ツタンカーメン墓副葬品物件のハワード・カーターによる目録一覧表』[11]がある。わが国でも、リーブス（一九九〇）[12]や、シリオッティ（一九九五）[13]など、古代エジプト史や墳墓の副葬品などに関する本が多く出ている。また、農業や、栽培植物とその利用、とくに、カーターが発見したツタンカーメン王墓出土の副葬品の中の植物について詳しく触れた文献としては、キュー王立植物園の標本館熱帯アフリカ部長だったF・N・ヘッパー（一九九〇）[9]による総説がある。

カーターの発見以前にも、ナポレオンのエジプト遠征で知られるフランスなど、欧州の研究者による古代エジプトの考古植物学に関する研究の蓄積があったが、この分野で最初の論文を書いた植物学者は、英国人のP・E・ニューベリー（一八六九～一九四九）である。彼の名前は、カーターの『発掘記』に謝辞とともに出てくるが、カーナヴォン卿の探検にも助言を与え、一九二二年にはカーターの発掘調査に同行して、ツタンカーメン王の棺に入れられていた花輪についての調査結果を、カーターの報告書（一九二七年。『発掘記』第二部）に書いた。また、カイロのエジプト考古学博物館の保存試料や、キューの王立植物園に運ばれた試料の一部について、同定を行っている。

カーターは、一九三二年にエジプトから帰国する際に、王墓の付属室にあった多くの容器の中の植物を同定するために、三一種類の試料を持ち帰っている。彼は、これらをニューベリーの後任者であったキュー王立植物園の植物学者、L・A・ブードルに渡して同定を依頼したが、ブードルは、各試料の主な種だけしか同定しなかった。その同定の結果は、カーターがエジプト学の大きな成果として刊行を計画していた膨大な発掘記録の一部を占めたはずであった。だが、当時は、世界大恐慌、そして、その後の第二次世界大戦の影響もあって、ほとんど出来上がっていたカーターの報告書の下書きの第三巻（一九三三年。前記『発掘記』の第三部）の刊行も中断されていた。そして、一九三九年三月にカーターが亡くなり、その二年後にはブードルも死んで、二人の正式の報告書はついに未刊行のままとなった。後になってこのブードルの草稿が発見されたが、キュー王立植物園にあったカーターの植物遺体試料の半分以上が未同定のままであった[9・14・15]。なお、『キュー王立植物園史』[16]の年譜（一六三一～一九九三年）には、カーターに関係する事項は全く出ていない。

こうして、ブードルの死後、カーターの植物遺体試料は、キューで忘れられたままになっていたが、一九八八年に、「古代エジプトの植物出土物——起源不詳」とのみ記されて、五つに分けた、かなりの量の植物種子試料が見つかって、王立考古学研究所の植物考古学者、ド・ヴァルタヴァンの研究に提供されることになり、三〇〇〇年もの長い間、王墓の中で眠っていた副葬品の植物の同定という、カーターの願いが、死後五〇年経ってやっとかなうことになった。ド・ヴァルタヴァンの論文（一九九〇）[15]は、ロンドン大学考古学研究所に提出の修士および博士論文の一部になったが、王墓の副葬品の中の栽培植物については、前記のように文献が少ないので、カーターが持ち帰った副葬品の植物遺体試料に関する貴重な文献である。

ド・ヴァルタヴァン[15]によると、試料は総数二五六五点だったが、その内容は、エジプトの主な食用種と、それらに混入していた、全く予想もしなかったほどの、多種多様な植物の種子や果実、植物体の断片などだった。彼は、主に、カーター自身が少量ずつサンプリングした試料の一九七五点について、同定と解析を行っている。試料の若干は黒変したり、食用の種子のほとんどは虫害で空洞になったりしていたが、乾燥状態で保存されていたので、生きているような状態だったという。

同定に供された試料は、全部で重さが約二キログラムあったが、これらは王墓に蓄えられていた植物性食料のごく一部にすぎないので、全体では、王の死後の暮らしのために、はたして、どんな種類が、どれほどの量で貯蔵されていたかはわからないが、容積で一リットル以上、重さでは四四二グラムもあった種や、種子がわずか数粒だけという種もあったという。これらの試料の大部分は、イグサの茎で作った輪を、ドームヤシ（ヤシ科。小形の果実を食用。葉を繊維として籠やロープの材料として用いた）の細く裂いた葉で巻いて編んだ、極めて状態の良好な一一六個の籠に入っていた。また、六試料は壺に、三試料はミニチュア模型の穀物倉の中に詰まっていた。マメ類では、レンリソウ属と、ソラマメ属の各一種の同定が、A・バトラーに委託されている。

同定できなかった種や、「混入」の理由が説明できない種もあったが、ド・ヴァルタヴァンは、王墓に副葬品として納められた植物性食料を、出現頻度が高かった、食料、調味料、香辛料、油料など一六種は、当時の人々が、王の死後に必要な高貴な食物として、意図的に準備、貯蔵したものと考えて、「主構成種」とし、何らかの原因による「混入種」と区別して、同定を行っている。後者は、その多くが圃場でよりも、脱穀や調製作業、運搬などの時に混入して、いっしょに貯蔵されたものと考えられたが、その数は、同定の確定したもの二五種、未同定のもの四二種の計六七種に及んだ。彼は、混入種の数が多かったことに驚き、また、このような古代エジプトの食用植物の種類の多様さは、今まであまり知られていなかったと述べている。

「主構成種」については、栽培種は、土着の種か、外来の種か、また、「混入種」については、生育できる環境条件が作物と共通しているか、利用する目的で採集した野生種か、生育の時期が同じ作物の随伴性雑草か、また、その雑草は、草丈からみて作物といっしょに刈り取られて混入する可能性があるか、さらに、作物の脱穀、調製の場所、運搬や貯蔵の方法と場所など、当時の農作業の様子を知る要因から詳しく考察している。

このド・ヴァルタヴァンや、そのほかの報告によって、カーターが、ツタンカーメン王墓で発見して、英国に持ち帰った副葬品の中の主要な食用の植物種を整理して示すと、次のようである(9・10・12・15)。

①穀類およびマメ類

・主構成種＝オオムギ（四条および六条種）、エンマーコムギ

・混入種＝ヒヨコマメ、ヒラマメ、野生のモロコシ（オオムギの雑草として混入、あるいは飼料として入れた?）、野生のメスキート（マメ科）

②油料・香料・香辛料

・主構成種＝ベニバナ、ゴマ、スイカ（種子）、コリアンダー、コロハ、フェヌグリーク（マメ科）、ブラック・クミン（キンポウゲ科）

・混入種＝野生のタイム、ニンニク

③果物

・主構成種＝ナツメヤシ、アーモンド、ブドウ、オリーブ、ドームヤシ、ペルセア・フルーツ（アカテツ科。一種）、コックルス・フルーツ（ツズラフジ科）、イチジク、エジプト・イチジク、ザクロ、キリストノバラ（クロウメモドキ科）、ジュニパー・ベリー（ヒノキ科。ビャクシン属の一種）

・混入種＝グルーウイア・フルーツ（シナノキ科）

④用途不明および混入種

野生のエンドウ（一粒のみ）、ガラスマメ、野生のレンリソウ（以上、マメ科）

以上のように、ツタンカーメン王墓の副葬品の中には、エンドウはない。今日、エジプトで、いちばん多く食べられているソラマメもなかった。ヒラマメとヒヨコマメは、「混じっていた」が、「主構成種」に区分されるほどの量がなかった。このことは、当時は、マメがあまり多く栽培、利用されていなかったことを示唆するが、ミラーら（二〇〇〇）[17]も、マメが墳墓の供物や壁画などには現れず、文書での記録もごく少ないことに注目している。

古代のエジプトでは、種々の家畜や、ウズラ、ハト、アヒル、ガチョウなどの家禽や野生の鳥類、そして、狩猟の獲物などの肉類が食卓に供された。地理的にも近い西南アジアのエンドウやソラマメを含むマメは、古代エジプトにもムギ類とともに早くからに伝播していたと思われるが、ツタンカーメン王墓の副葬品の分析結果からは、タンパク質給源としてのマメの役割が低かったことも推察される。毎年、定期的に氾濫するナイルがもたらす自然の恩恵に依存してきた古代エジプトの農民には、土壌へのチッソ供給というマメ科作物の地力維持の働きについても、関心がなかったのかもしれない。

二　日本版「ツタンカーメンのエンドウ」

（1）　種子の出自――英国生まれの米国育ち

わが国における「ツタンカーメンのエンドウ」の種子の由来について知る手がかりが、上地ちず子著『のびろ　のびろ！　ツタンカーメンのえんどう』（一九八七年）[18]と、同書に添付されている別冊資料（全三一ページ。以下「別冊」と略）にある。すなわち、一九五六年に、「エンドウ」の種子が、米国人のV・イレーヌ・ファンスワーズ夫人の手紙といっしょに、「世界友の会」（前身は「日本国連の会」）東京本部に送られてきたという貴重な証言が当時の関係者によって語られている（後述）。（図IX―2）

先ず、コピーで上地の作品に示されているその手紙の一部分を、手書きのために読めない語［――で示した］があるが、判読して直訳すると次のようである。

「このエンドウの種子は、一九二三年にツタンカーメン王墓の近くの密閉された――（墳墓、容器？）から持ち出された（盗まれた）（＊）エンドウの直系の種子の後代で、英国の――（Hで始まる地方の名前？）の故アーサー（Arthur）卿とギルバート夫人の農園から私のところに届いたものです。彼女の農園から頂いたのは数年前ですが、彼女が入手した王墓にあった原種子を（＊＊）、私が播いて収穫した種子です。私はここで数シーズンにわたって栽培してたくさん食べています」

（＊）（the pea seeds taken from the tightly closed――beside King Tut Ankhmen's tomb）

（＊＊）（Lady Gilbert has handed the original seeds from the tomb）

図IX-2　「ツタンカーメンのエンドウ」と呼ばれているエンドウの花と莢
(1988 年 4 月)

この手紙の内容についてだが、まず、このエンドウの先祖の種子があったのは、「ツタンカーメン王墓」ではなく、その「そば」、あるいは、「近く」である。また、その年は、カーターがツタンカーメン王墓を発見した翌年で、副葬品などの整理を終えたカーターの帰国より一〇年も前になる。そして、カーターが、キューの植物園に同定を委託した王墓の副葬品の植物試料のなかに、エンドウの種子が一粒もなかったことは前述したとおりである。なお、この手紙に登場する、貴族と思われる人物の名前は、カーターのツタンカーメン王墓発掘に関係した英国人や米国人、その他の人々のリストにも、キュー王立植物園関係の文献にも見つからない。(12・16) このような点から、ファンスワーズ夫人からとされるこの手紙の記述が事実だとすると、わが国に最初にもたらされた、「ツタンカーメンのエンドウ」と呼ばれたエンドウは、ツタンカーメン王とも、ハワード・カーターによる王墓発見ともまったく無関係だといえる。

(2) 虚構のブームはどうして生まれたか

先に述べたように、この虚構の「ツタンカーメンのエンドウ」の種子は、一九五〇年代に米国からわが国にもたらされてから三〇年ほどの間、関係者や、「ツタンカーメン」ファンたちの間で栽培されて、静かに広がっていたようである。だが、それが急成長して全国的なブームになり、そして、小・中学校の理科教育を「混乱」させた背景には、一体何があったのか。それには、教育行政や学校関係者だけでなく、「ナンセンスだ」として無関心だった人も含む、「エンドウの種子が三〇〇〇年も生きていたこと」を信じた、植物や作物の専門家、そして、ブームの火付け役になったマス・メディアに大きな責任があると、筆者は考える。わが国の理科教育の歴史における出来事として、その経緯を振り返ってみよう。

先ず、最初の報道は、「ツタンカーメンのエンドウ」について、わが国で、たった一株の鉢植えのエンドウを育てた、当時、高校一年生だったO君の感想を紹介した一九五七年六月二三日付読売新聞の記事だった。

「古代エジプトの香り　約三千三百年前の古代エジプトを思わせる真黒いサヤをつけたエンドウが水戸市……O君（十六）方で実を結んだ。……ツタンカーメン王の陵（お墓）が、三十五年前に英国の考古学者によりはじめて発掘されたとき、その副葬品（ミイラといっしょに埋められたもの）の中から発見されたエンドウの種子の三四代目。……」[18]。

それから三〇年後（一九八七年）に、このO氏自身が、最初の種子が届いた経緯について次のように回

顧している（「別冊」[18]）。（個人や学校など、筆者が実名を略記したものがある）

「一九五六年一一月に、「世界友の会」水戸市支部に、支部が米国に贈った桜の種子一万粒の返礼として、東京本部を通じて一本のエンドウの苗が届いた。「友の会」本部K理事長からの書簡（翌年二月）によれば、米国のメーン州に住む、V・イレーヌ・ファンスワーズ夫人から贈られたツタンカーメン王陵のエンドウ豆の種子二〇〇粒に由来し、ピラミッドから発掘されたものである。無事に発芽したのは一〇本あまりで、皇居などにも贈られたが、地方へ出たのは、この水戸市の一本だけだった」*5

（*5）最初の栽培は東京農大の実験農場に委託されて、約一五粒が発芽した。苗を皇居にも献上し、一本が水戸市に送られた。結実したのはこの一株だけだったとされる（二〇〇七年一一月一一日付産経ニュース）。(http://sankei.jp.msn.com/region/kanto/ibaraki/20071111)

そして、一九八〇年八月、この一本のエンドウ苗から収穫されて殖やされた種子が、水戸市のT氏を通じて水戸市長に届き、同市教育委員会が市内の小学校に二粒づつ配布して、生徒たちが栽培した。当時の同市のF小学校四年の学級担任教諭は、「指導のねらい」として、次のように述べている（「別冊」[18]）。

「エンドウ豆が教えてくれたもの――子どもたちにとって、まず、第一に、植物（エンドウ豆）の生命の尊さ、偉大さをつかみ取ったこと。三千年目のそれこそ、ツタンカーメンの王の時代のエンドウ豆の花と同じ形、同じ色の花の美しさを今、現在見られるという時間を超越した一体感というか、その神秘性を実感として感じ取ったこと。第二に、豆の成長の学習で身近なダイズやインゲン豆でなく、由緒あるツタンカーメンのエンドウ豆を教材として栽培・観察したので、興味・関心も強く、植物の生長についての理解が十分にできたこと。第三に、……外国への視野が大きく広がったこと……などが挙げられる」

その三年後の一九八三年一〇月には、同市S小学校で開催された「全国理科教育研究発表大会」で、種子数粒が希望者に配布されているが、その種子二粒を、広島県広島市教育センター[*]が増殖して、翌〜翌々年にかけて、全国各地の希望者に種子を配布している (http://www.swany.ne.jp/minba/endos.html2003/4)。

＊二〇〇三年七月、この事実を確認のために文書で照会したが、同センターからは回答がなかった。

だが、「ツタンカーメンのエンドウ」のブームに火がついたのは、その二年後、一九八五年二月二二日付朝日新聞の「天声人語」と、その四日後のＮＨＫ「関東テレビネットワーク」の放送からであった。すなわち、「ツタンカーメンのエンドウ」を育てた群馬県高崎市Ｋ小学校の子どもたちを訪ねた朝日新聞の「天声人語」担当記者[*6]が、その由来を紹介して、「……古代エジプトの花は子どもたちの空想の翼となってはるかな昔を旅させてくれる。同時にエンドウ豆の存在によって遠い世界の話が急に身近な生活感をおびてくる」と、感想を述べた。

（＊6） 筆者の照会に対して朝日新聞社「天声人語」係からは回答がなかったが、『天声人語にみる戦後五〇年』（朝日文庫一九九五）によれば、当時の執筆者は辰野和男氏である。

これを追うようにして、ＮＨＫの「関東テレビネットワーク」が、Ｋ小学校での栽培を紹介した（二〇〇三年八月に、水戸放送局を通じて、番組タイトルなどを照会したが、確認できないとの回答を得た）。放送後、同校には全国から一三〇〇通もの種子分譲の問い合わせが殺到した。同校は、種子と栽培法の説明書きに添えて、パンフレット『咲いた古代の花　ツタンカーメンのエンドウ』を送っている。それを見ると、「はじめに」と題して、同校Ｈ校長が、「（ハワード・カーターの発掘で）……数々の宝物といっしょに、王家の食用だったのでしょうか、エンドウ豆が見つかりました。このエンドウ豆が英国に持ち帰られて栽培され、みごとに発芽しました。驚異の生命力です。……その種がアメリカに渡り、その後日本に伝えられ、先年、私たちのＫ小学校に届けられました。……」と、その由来を述べている。

翌年の一九八六年九月一三日付朝日新聞には、「ツタンカーメンのエンドウ　バイオ技術で全国に紫の波……学習雑誌がタネを付録……」[18]や、同紙一九八七年一一月二七日付の、「愛媛県今治市の市立N中学校で、同県元知事H氏を通じて入手した一〇粒の種子が育って開花した」、二〇〇二年五月二九日付の「兵庫県但東町の農家が栽培。町観光協会が、〈古代エジプトのロマン〉を味わうことと、最近の機能性食品ブームにあやかって、この濃い赤紫色の莢実のポリフェノールの高含量性をPRしている。初出荷は一九九五年五月」などの記事がある。春先によく出た「ツタンカーメンのエンドウ」の記事は、最近では、あまり見かけなくなったようである。

だが、「ツタンカーメンのえんどう……このえんどうの子孫といわれているものが増やされ、……日本にも分けられて、今日では、研究所、学校、愛好家など、いろいろなところで実を結んでいます」（傍線筆者）のように、「ツタンカーメンのエンドウ」の種子の出自について断定的な記述を避けている出版物（『豆類百科』財・日本豆類基金協会、二〇〇〇年）はまれで、次の例のような、専門家や国が科学的根拠を示さずに「事実」として、いわば「お墨付き」を与えている「ツタンカーメンのエンドウ」の話が、今もなお生き続けている。

「ツタンカーメンの墓から発掘されたエンドウの種子が発芽して、これに由来する種子が世界に配布され、試作されている。……この出土エンドウは現在の栽培種に酷似しており、紀元前の栽培種としては、かなり野生種から改良されたものが栽培されていたことになる」[19]

「古代エジプトのツタンカーメン王の王陵を発掘したとき、副葬品の中から乾燥したえんどう豆が発見されました。えんどう豆は発芽能力の維持が難しいといわれていますが、発見されたものは、約三〇〇〇年の年月を超えて発芽しました。……日本には昭和三一年にアメリカから入ったといわれてお

り、現在でも栽培されつづけています」（農林水産省安全局消費者の部屋、二〇〇六年ＨＰ）

（3）　虚構「ツタンカーメンのエンドウ」から学ぶこと

筆者は、二〇〇三年七月に、論文に引用するために朝日新聞東京本社論説委員室「天声人語」担当係あてに、前記の「天声人語」の執筆記者名、そして科学部記者による関連のコメントがあれば知りたいという手紙に、筆者がそれまでに得た資料のコピーも添えて照会した。しかし、同社からは全くのなしのつぶてだった。翌年二月に、拙稿（前田、二〇〇三）[20]が印刷になったので、その別刷を添えて再び照会したが、また返事がなかった。同年、同社から刊行された湯浅浩史著『植物ごよみ』の「エンドウの虚実」と題したエッセイには、「ここ二〇年あまり、日本中を『豆の妖怪』が出回っている。その出現場所は学校が多い。名をツタンカーメンのエンドウという」とあった。

それから、また二年後のことになるが、二〇〇六年八月二七日付朝日新聞の「ひと」欄（文・郷富佐子特派員）に、「古代小麦のパスタ作りに挑む」と題した小文が載った。これは、イタリア中部の農村で、一九七七年に、「エジプトの古代遺跡を発掘したイタリア人考古学者が墓から見つけたコムギ」の種子を入手して栽培を試み、品種「グラツィエラ・ラ」と名づけて、パスタ作りに成功したというジーノ・ジロロモーニさんの話である。「このパスタは紀元前三千年のころの味がする」とも書かれているが、このまま読むと、イタリアで、「ツタンカーメンのエンドウ」よりもさらに二〇〇〇年も古い古代エジプトのコムギが発芽したという大ニュースである。これは、わが国の「ツタンカーメンのエンドウ」と同じように、二世紀も前に欧州で流布された虚構「ミイラのコムギ」がイタリアで甦ったということにもなる。

この記事を見て、筆者は同年八月に、朝日新聞「私の視点」欄あてに、「……郷特派員には、〈ミイラの小麦〉の話が復活しないように、『グラッィエラ・ラ』コムギの〈紀元前三〇〇〇年前の味〉というのは種子の出自の年代を意味するのか、もしそうなら、『四〇〇〇年以上前のコムギ』について続報をお願いしたい。……遠い昔にエジプトから伝わった古い在来品種ではと考えられるが、パスタの味が現代人の嗜好に合えば、品質改良の育種に役立つだろう」と書いて、マス・メディアには、文化部や社会部の記事であっても（であればなおさら）、専門記者に科学的根拠を確かめる慎重さがほしいという主旨の筆者の主張を添えて投稿した。だが、二か月後、同社から「毎日の投稿数が多いため」という理由で「不採択」の通知が来た。コメントや、その後の追跡記事はない。

博物館や腊葉《さくよう》館の種子標本は、カビや害虫などに侵されないように、気温や湿度に留意して保存、展示されているが、その年数は古いものでは二〇〇〜三〇〇年というものもある。だが、発芽力よりも、種子の形態や色などの性状が失われないことが求められる。遺伝子の保存や繁殖を目的とした種子の保存を行っているジーン・バンクでは、マイナス二〇℃前後の低温で乾燥種子を永久保存している。しかし、先にも述べたように、自然条件下では、「種子の寿命は、貯蔵の条件によって延びることはあるが、それが数百年もということは決してない[21]」のである。

数十年前、米国から「ツタンカーメンのエンドウ」の種子が、わが国に初めて伝わったころは、まだ、教師たちの種子の生理に関する知識や勉強の不足、理科の学習指導要領の不備もあったかもしれない。だが、一九八〇年代になってからも、教師たちは、「三五〇〇年前のエジプトから現代の世によみがえり、息づいているエンドウ豆がある」ことに感動して、「芽が出たときはほんとうによかったと思いました。なぜかというと、三千年前の豆がそだつのかなあとおもっていたからです[18]」という、一生徒が提起した素朴な疑問、それをこそまさに理科の授業で取り上げるべき課題であることに気付かなかった。

小学校では、五年生の理科の単元「植物の生長と発芽」で、インゲンマメを材料にして、種子の発芽と成長に影響する貯蔵養分や環境条件について学習する。[22] だが、当時、「ツタンカーメンのエンドウ」を選んだ理科の授業で、「植物や作物の種子はどれくらい長く生きるだろうか？」というテーマといっしょに、エジプトのピラミッドやスフィンクス、そして、「ツタンカーメン王」の話をしていたら、教育効果はより大きかったのではと思う。「種子のいのち」というテーマで、子どもたちに科学的事実への興味を持たせるだけでなく、それにまつわる歴史やロマンを教えるのには最適の教材だった。

虚構「ツタンカーメンのエンドウ」ブームの拡大に責めを負うべきは、専門家とマス・メディアだが、口を閉ざしてこの問題が風化するのを待っているのだろうか。筆者は、先の論文[20]で問題を提起し、本稿で、その後の文献的検証を加えて見解を述べたが、これまでわが国でこの問題を扱っている論文は、ついに見つからなかった。読者の批判と教示が得られれば幸いである。

（付記）筆者が「ツタンカーメンのエンドウ」について、詳しく調べてみるきっかけになったのは、一九八七年七月に、千葉県のAさんからの質問を受けた、故中尾佐助先生（大阪府立大学名誉教授。一九九三年死去）が、その回答を筆者に託されたことによる。虚構「ツタンカーメンのエンドウ」について、拙稿[20]を発表したのは、それから二〇年以上も経ってからだった。Aさんは、筆者への手紙に、「ツタンカーメンのエンドウの話は、疑問と思う。科学的に真実を究めるべきだと思う」と書かれていた。写真（図IX—2）の「ツタンカーメンのエンドウ」は、Aさんから頂いた種子から育ったものである。拙稿論文の別刷をお送りしたが、郵便が戻ってきた。故中尾先生ともども、お答えするのが遅れたことが悔まれる。

第十章　マメをどのように食べてきたか

一　「マメ食」のルーツ——採集・狩猟民とマメ

　今日では、国内外の食の素材が、季節を問わず、何でも手に入るし、加工された「ファースト・フード」を、電子レンジで「調理」して食べられる時代になった。多様な食素材の選択と組み合わせに始まって、栄養やカロリー、味覚を満たすだけでなく、視覚にも訴える食べ物や料理を作ることから、「グルメ」——美食を楽しむことを求めるようにもなったが、その対極には、マメが主役を果たしている、精進料理や、ベジタリアンのメニューがある。

　だが、今もなお、野生の動・植物性食料だけで「十分な」熱量を摂り、食べることを楽しみながら、自然と共存して暮らしているオーストラリアのアボリジニや、アフリカのサバンナの採集・狩猟民たちの食の世界がある。彼らの暮らしは、「食べる」ということの原点について、「飽食の時代」のわれわれに考えさせる何かを示しているように思える。

　わが国や世界各地のマメの「料理」とか「レシピ」については、本書の志向する主要なテーマの一つであるが、専門の文献（幾つかを文献欄に挙げた）にゆずり、本章では、食品としてのマメの価値を高めた人間の知恵である、その多様な「食べ方」について述べる。

（1）オーストラリア・アボリジニの『ブッシュ・フード』

一九九三年の一月、筆者は、初めてオーストラリア大陸を訪ねたが、この旅で、一見してその内容に魅せられた、ジェニファー・アイザックス著『ブッシュ・フード――アボリジニの食べ物と薬用植物』[(1)]（以下、『ブッシュ・フード』と略）（図X―1）に出会った。[*1] 熱帯雨林の緑と、美しい珊瑚礁の青い海に面したケアンズを経て、ノーザンテリトリー準州南部のシンプソン砂漠の真中にあるエアーズ・ロック・リゾートに飛んだ。アボリジニの岩壁画が遺るマウント・オルガでは、民族植物学が専門の州政府のレンジャーの案内で、周辺のサバンナ林や池の周辺を歩きながら、アボリジニたちが食用にする植物の説明を聞いた。その後、約三〇キロメートル東にある、アボリジニの聖地――ウルルウ岩（「エアーズ・ロック」標高三四九メートル）を訪れて、その夕焼けに染まる姿を見た。翌早朝、ウルルウ岩に登頂。午後、ラセッター・ハイウェイを経て、ほぼ東経一三五度線沿いに大陸を縦断するスチュアート・ハイウェイに合流、北へ約二〇〇キロメートル走って南回帰線を越え、砂漠の中のリゾート地、アリス・スプリングスに着いた。翌日、赤い土と岩塊のほかは、年平均降水量が三〇〇ミリメートル以下の乾燥～半乾燥気候に耐えて生育する、アカシアの仲間の「マルガ」やユーカリなどの低灌木と、草本類が疎らに生えるだけのサバンナ的景観が広がる平原の中のアボリジニのキャンプを訪ねた。

イネ科の草本や「マルガ」の種子でつくる、主食の「ダンパー」（堅焼きパンの一種。後述）や、虫癭《ちゅうえい》（こぶ）に潜む幼虫など、アボリジニの食料を試食した後、調理道具や、ブーメランなど狩猟の道具、樹皮画や、動物をモチーフにした文様を焼きつけた木彫りの工芸品、そして、ドリーム・ダンスを見た。二日半の短い時間だったが、彼らが暮らす自然環境に触れたことは、後で、『ブッシュ・フード』の記述の理解に大きく役立った。

『ブッシュ・フード』では、おもにノーザンテリトリー準州のアーネムランドからケープ・ヨーク半島地方にある居留地のアボリジニたちが、季節ごとの種々の生態系から得ている多くの動・植物性食料——「ブッシュ・フード、ブッシュ・タッカー」——について述べている。そして、彼らの採集、狩猟、漁撈の旅に同行して観察、経験した記録と、食料の入手では、男たちは「狩りに熱中するだけ」だが、「まるで百科事典のような知識をもっている」と、著者が感服するアボリジニの女性たちからの聞き取りによって、その捕獲や採集、調理の手順、薬草の使い方などが、日常の暮らしのことをまじえて、詳しく紹介されている。

図X-1　オーストラリア・アボリジニの野生動・植物利用に詳しいJ.アイザックス著『Bush Food』の表紙

族霊的儀式として、地形や風向き、露の降りる時刻などを熟知した上で、ある区画の「ブッシュ」（後述）に計画的に火入れをする。下草は燃やすが、樹木は残して植物の再生量を増やすこと、「園芸の原理」を知っているとしか言えないような植物の「管理」、キャンプの近くの落ち葉が積もったところに投げ棄てた食物の残渣の種子が、やがて成長して果物を成らせることを知っていること（本稿第一章の「植物の栽培は、ゴミの山から始まった?」を想起させる)、ヤムイモの採集では、女性が、精霊の言葉に託して、掘ったイモの切れ端を必ず埋め戻しておくよう、子どもたちに教えること、食用のイネ科植物の脱穀した子実を「貯蔵」することなども述べられている[2]。

これらは、「人類の生業の形態は、必ずしも、採集・狩猟から農業ないし牧畜へと〈進化〉しないという見解にたてば、アボリジニ社会はきわめて高度に完成されたものだ[3]」とも言えるが、彼らの食生活は、量だけでなく、質――栄養的なバランスから見ても決して貧しくはない(後述)。それは、まさに採集、狩猟への依存から、「農耕」に踏み出そうとした過渡期の人類の姿を思わせる。

アボリジニたちの食用に供される植物は、七〇科以上、一四六属、二六九種に及んでいる。その中で、マメ科が一〇属、二七種あり、ユーカリの仲間(フトモモ科)の二二種、クワ科の一七種、イネ科の一二種、そして、ナス科の一一種などと比べて最も多く、全体の一割近くを占めている。マメ科のアカシア属(一七種)のほとんどの種は、子実を粉にして「ダンパー[4・5]」を作るが、可食部一〇〇グラムあたりの量では、タンパク質一八~二五%、脂質三~一五%(六種平均)と高く、栽培種のマメに匹敵する栄養価がある。なお、ササゲ属の二種は、タンパク質、脂質に富む根の肥大部分を食べているが、同じ例は、アフリカの採集・狩猟民にもみられる。このように、アボリジニたちは、子実、木の実、果実(水分に富む漿果類も多い)、果実の種子を包むパルプ(甘味源になる)、花の芽、花の蜜腺(甘味源)、樹脂・ガム質(同)、茎の新芽――生長点や髄部、地下の肥大物――塊茎、塊根、球茎――、つる(水分に富む)、など、植物体のあらゆる部分を食べている。

さらに、それらの加工や調理法も、砕いて水でこねる、粉砕・磨砕によるデンプンの抽出、ペースト、ジャム・ゼリー、石で叩いて柔らかくする、加熱――煮る、焼く、煎る、焙《あぶ》る、蒸し焼きする――、蜜を水に溶かして甘い飲み物をつくる、蜜でガムに甘味をつける、果物を追熟・軟化させる、さらに、発酵（アルコール性飲料）、乾燥（貯蔵。水で戻して食べる）や、毒抜き（水晒し）、など、単純なように見えるが、食素材が多様なだけでなく、手のこんだ調理の技術でメニューを豊かにしていることがわかる。

アボリジニたちは、経験に富んだ「採集・狩猟者」であるだけでなく、グルメだといえるが、料理づくりで主役になるのは、「優れたナチュラリスト（博物学者）だ」と、アイザックスがいう女性たちである。[1]

動物性食料として貴重なエミューやフクログマ狩り、カモ猟、ヤドカリ捕りなどにみせる男たちの行動には、真剣だが、楽しさとユーモアも感じさせる。だが、「族霊的な身内（totemic relatives）」、すなわち、自分たちも同じ精霊に創造された存在として、「対等」の存在である動物たちには、敬意を払っている。これはまた、生活共同体での彼らの暮らしが、口承や儀礼、精霊との精神的交流であるドリーミングなどを通じて、自然と生物の創造者である精霊への畏敬と、その掟に律せられた、精神性の高い側面をもつことにも通ずる。

ところで、〈ブッシュ bush〉という用語だが、アボリジニ関係の文献では、本来の灌木や茂みなどを指している場合もあるが、〈ブッシュ・フード〉、〈ブッシュ・ファイアー（野焼き）〉、〈ブッシュ・タッカー〉（tucker は、オーストラリアの俗語で、「食べ物」）のようによく使われる。また、「ブッシュポテト」や「ブッシュトマト」など、初期の白人入植者が初めて見るオーストラリアの植物に、母国で知っている植物になぞらえて「ブッシュ」を冠して呼んでいる例もある。

オーストラリア英語では、〈ブッシュ〉は、「未開墾地」、「へんぴな開拓地」のほかに、「奥地の」、「田舎の」などの意味があり（森本勉編『オーストラリア英語辞典』一九九四）、また、「都市から離れた不便な地を指す」とされている。[6] アボリジニたちが暮らし、行動する生態的環境は、温・熱帯雨林から草原、岩山、砂（沙）漠、湿地や沼沢地、乾季には干あがる川、そして、海までと広く、その動・植物相は極めて多様である。〈ブッシュ〉は、まさに、そのようなアボリジニたちの生活と命を支える自然の環境全体を意味しており、英語の本来の意味の「灌木、低木、茂み、叢林、やぶ、森林」など、植物学的な概念が当てはまらない場合がある。一般に訳語としては、「ブッシュ」や、「森」が用いられているようである。

（＊1）J・アイザックス著『ブッシュ・フード』（一九八九）は、著者のアボリジニたちへの深い人間的愛情が感じられるが、著者と四名の写真家による三五〇枚を超す写真は、記録だけにとどまらず、芸術性が感じられるものも多い。これらは、読者の眼を楽しませてくれるだけでなく、植物や動物の生息する場所の生態的環境の理解に役立つ。食用植物二五八種と、薬用植物一七六種の分布地域と利用法に関する詳細な付表も貴重である。わが国では、まだ、詳しい紹介がされていない。

（2）採集・狩猟民たちは「飢えていなかった」

オーストラリア・アボリジニたちは、炭水化物、脂質、タンパク質、そして、各種のビタミン類まで、必要な栄養のかなりの量を「ブッシュ・フード」から摂っている。季節によって植物性と動物性の食料の割合が変わるが、一九四八年当時のアーネムランドのアボリジニたちは、断続的な食料探しに費やす時間は一人一日あたり四〜五時間に過ぎないのに、栄養の摂取量は一日二一六〇〜二一三〇カロリーという適正な量で、それは人類学のそれまでの認識を大きく修正させるものだといわれた(7)。

また、田中（一九七一(8)）は、ボツワナのカラハリ砂漠のブッシュマンについて、彼らが「動物の肉こそ本当の食物だ」としている動物性食料は、食物としては、価値は高いが、獲物の数が少ない上に、弓矢や槍など、狩りの道具が幼稚で、捕獲には高度な熟練が必要であり、危険も伴うので、生計の基盤にはなりえない。それに対して、植物性食料は、その利用部分や、時期、場所などに関する知識があるので、行けばいつでも入手できるという安定性を持っているために食生活の基盤になりうるのだと指摘している。そして、一日に獲得して持ち帰る、植物性、動物性食料のそれぞれの非可食部分を差し引くと、両者の重さによる割合は一〇〇対五になるという。彼らは、身長が低く、体重も軽いので、その基礎代謝量は、男子一四〇〇キロカロリー、女子一一〇〇キロカロリー、また、日常の軽〜重労働では、それぞれ、二二五〇、および一七五〇キロカロリーと試算されているが、生計の維持者でも、一日七時間以下の労働で、多種類の野生の食料によって一人一日あたり一八〇〇〜二三〇〇キロカロリー、およそ二〇〇〇キロカロリーの必要熱量は確保されているとみてよいと述べている。

このようにみると、ブッシュマンやアボリジニたちの摂取熱量は、季節によって変動はあるが、農業に依存している国々の半世紀前の水準、あるいは、それ以上であるともいえる。

新石器時代に始まった農耕革命を過大に評価し、生存には厳しいアフリカの砂漠の環境での経験は初めての人類学者たちには、「採集・狩猟民たちが集める食料の種類の多様さは、量の潤沢さを意味するものではなく、彼らは激しい労働で集めた食料でやっと生きている」とか、「彼らは飢えて死にかけている」と思ったとか、アボリジニの集団がミモザの樹液を大量に集めているのを見て、「ほかの食料が入手できないので、こんなものを集めざるを得ない、不幸な彼ら」というような誤った認識があった。だが、採集・狩猟民たちは、「働くことが遊び」で、余暇を楽しんでいたし、ブッシュマンの男性は、一人で四〜五人を扶養する食料を獲得していた。それは第二次大戦前のフランスの農業よりもはるかに効率的だったし、初期の農業は、労働時間と消費熱量の関係から見れば、むしろ、採集・狩猟民よりも生産性は低かったという指摘(7)がある。

岐阜県北部の孤立した山国、飛驒の地方誌、『斐太後風土記《ひだごふどき》』［明治六（一八七三）年完成］に、江戸末期から明治初期のころの四一三か村の記録があり、それに四〇〇種以上の産物の記録がある。半数近くが食べもので、大部分が穀類（全体の約九〇％）だが、マメ類（同約六％）、種実類（同約四％）イモ類、野菜類などの農産物のほかに、クリ、トチ、クルミなど堅果類や、野生の動物性、植物性の食べ物も多く、八〇品目にのぼる。これらは、まさに縄文時代の出土遺物と重なるが、栽培と、野生の食料で、自給自足の経済システムで摂取していた熱量は、一人一日あたり一四六八キロカロリーと試算されている(9)。この値は、先のアボリジニや、ブッシュマンたちよりもかなり劣る。

今日、アボリジニたちと「ブッシュ」とのつながりの希薄化が強まり、彼らの多くが、「採集をほとんど脱落させてしまった狩猟民(3)」になりつつある。アーネムランドのマニングリダで暮らす、栄養供給のマーケット依存度が高い都市型アボリジニたちは、特にコムギ粉と砂糖の消費が大きく、脂肪分とともに、明らかにこれらの過剰摂取がみられる一方で、野菜・果実類、そして魚介類の消費が大きく減っている。その結果、採集、狩猟に依存し、自然の植物や動物の内臓などを食べて、ビタミンやミネラルを摂取していた彼等の食形態の変化は、栄養的に危険な状態を招いている(10)。「優れた植物の専門家であった採集民たちは、農耕を始めてからはすっかり植物について無知になってしまった(11)」という危惧が、アボリジニ集団でも現実化しつつある。

人類は、約一万年前、採集・狩猟の暮らしをやめて農耕への道を選択したと考えがちだが、今日もなお、何万年も前から続けてきた、採集と狩猟だけに依存して生きるアボリジニたちの食料獲得と食文化の歴史がある。前者を選んだ人類は、今日、あくなき飽食にふけりながら自然の資源が有限であることを忘れ、食料不足の予兆にも、技術によって生産を増大して解決できると過信してきた。その結果が、土壌の劣化、水不足、化学肥料の多投による環境汚染などを招いて、自然の回復力が不可能な状態にまで追い込もうとしている。野生植物のもつ優れた性質を採りいれた作物の開発や、改良の可能性を残しておくためにも、採集・狩猟民たちがもつ野生の食料資源とそれらの利用に関する貴重な知識や経験が失われてしまわないうちに、彼らから学んでおく必要がある。[12]

(3) 採集・狩猟民たちとマメ科植物

マメ科で、草本性の栽培種が多く含まれるマメ亜科（三一七属・五五一四種）の種の分布割合は、温帯地域の三九％に対して、熱帯・亜熱帯地域が約三〇％でやや少ないが、これに、木本種で、子実を食用にするアカシア属や、ネムノキ属などが含まれるネムノキ亜科（三二属）を加えると、それぞれ、約四一％に対して、四六％と、その差が小さくなる[13]（第一章・表Ⅰ―1）。

オーストラリア・アボリジニが利用している野生の食用植物は、七〇科以上、一四六属・二六九種にのぼるが、マメ科が一〇属・二七種と最も多い。[1・2] また、アフリカの採集・狩猟民たちの野生の植物性食料は、一四一〇種を超すが、種類別にみると、次のようである。[11]

イネ科――約六〇種
マメ科――約五〇種
根菜（イモ）類――約九〇種
油料種子類――約六〇種
果実・ナッツ類――五五〇種以上

野菜・スパイス類——六〇〇種以上

これを見ると、マメ科の種は全体の四%弱で、先のアボリジニのマメ科利用種の割合が一〇%で最も多かったのと比べると低いようだが、マメは、彼らには、大変魅力のある食べ物だと考えられているという。アフリカ大陸の北部ケニア中央部乾燥地域の採集・狩猟民、レンディーレ族は、木本種の一八属・三九種を食用にしている。それらのうちで、アカシア属八種、クリトリア属(コチョウマメの仲間。子実は有害な成分を含む。鑑賞用。東南アジアでは、濃紫色の花びらを載せて米飯を着色する)などの三種は、幼木の根を噛んで水分を摂取する。動物性食料が主となる食生活で、木本種は、果実や子実のほかに、若い枝や根、葉、樹脂などが水分やビタミンなどの供給源として重要な役割を果たしている。同じ北部ケニアの採集・狩猟民、スイエイ・ドロボ族や、同熱帯雨林地域に広く住むピグミー、および、カラハリ砂漠のブッシュマン(サン)、そして、西アフリカ、オートボルタの農業もしているモシ族は、マメ科の木本種と、ササゲやラッカセイ、バンバラマメなど草本種の一八属・八七種を食用などに利用している(8・12・21)が、田中(一九七一)(8)は、ブッシュマンが利用している野生の植物性食料を、利用の頻度から次の五群に分類している。

① 主要な食料——ある時期、一種だけで食料の大半を占める(一一種)。
② マイナーな食料——主要な食料が入手できない時に利用する(九種)。
③ 補足的な食料——量は少ないが頻繁に食べる(一五種)。
④ レア・フード——稀にしか食べない(二五種)。
⑤ 補欠用の食料——実際にはほとんど食べていない(二〇種)。

これらの中で、①で一年間を通していわば基本的な食料になっているのが、水分の摂取に欠かせないウリ科のメロンの仲間の二種と、タンパク質と脂肪などの栄養源になっているマメ科のバウヒニア属の二種

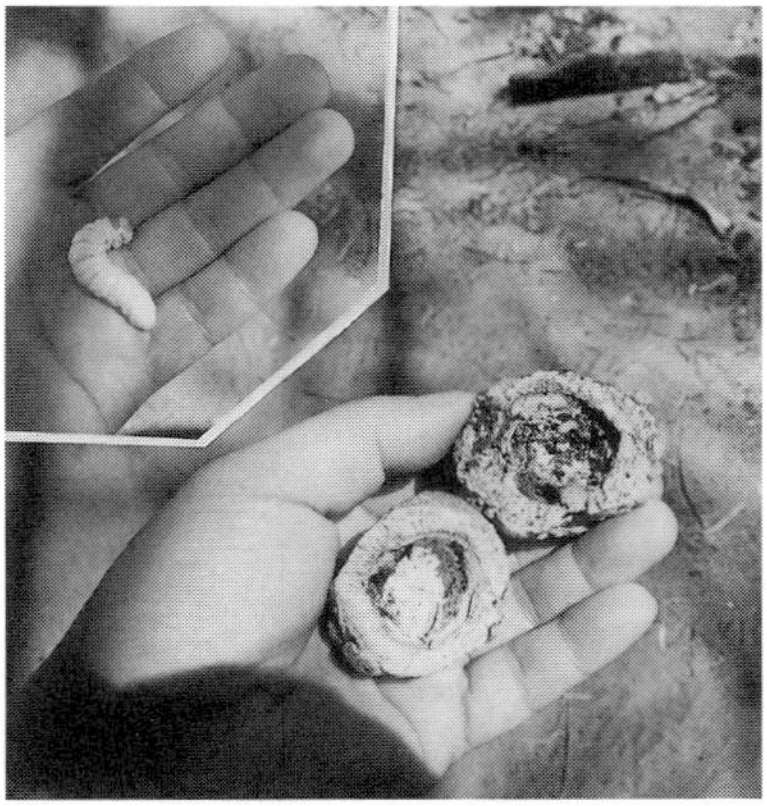

図X－2　アカシアの一種「マルガ」の樹皮に形成される「虫えい」。その中の幼虫はアボリジニたちの大好物（オーストラリア・ノーザンテリトリー準州，1993 年 1 月）

である。なお、②には、ササゲ属の二種、④には、マメ科のアカシア属七種とアルビジア属一種、⑤には、マメ科のキャシア、エリオセマ（根が肥大したイモを食べる）、および、ササゲ属のそれぞれ一種が含まれている。

バウヒニア属のマクランス、エスクレンタの二種は、ともにアフリカ原産で、低木、または高木で、根を焼いて粉にして食べたり、葉を粉にして傷薬に用いたりする。群生していて収穫量が多いマクランス種は、莢が大きく、食べる子実の割合は全量の二割ほどしかないが、味が好まれ、莢ごとすべて持って帰るという。収穫が遅れると莢が裂開し、褐色の子実が地上に散って拾い集めにくくなるが、そんな時は、大粒で見つけやすいエスクレンタ種を探す。両種の自生地は、植生が疎らで日陰がなく、キャンプや食料集めには苦労するが、この二種のマメは保存性が優れるので、干し肉とともに採集・狩猟民が食料を貯蔵する珍しい例だとされる。

アカシア属は、オーストラリア原産の種が多く、ピクナンサ種の花は、国花になっているが、約一〇〇種の中で、経済的価値があるのは、七五種、栽培種は、約五〇種に過ぎない(14)。アボリジニたちが、好んで内部の幼虫を食べる「マルガ・アップル」と呼ぶ「虫癭《ちゅうえい》」（図X—2）が樹皮に多く形成されるのは、低木のアノイラ種だが、その子実やガム質も食べる。枝は、狩りの槍やブーメランを作るのに用いられる。アカシアの仲間は、根粒菌との共生でチッソ固定を行うので、他科の植生の生育に貢献し、土壌保全の働きとともに自然の植生維持に役立っている。マルガを皆伐したら、シロアリの活動が盛んになって樹木が枯れ、その跡に草本類が侵入して乾季の土壌浸食が進行する原因になったことや、フクロモモンガがアカシアのガム質を好むので、ユーカリ植生の枯れ上がりを防ぐことなどが報告されている。[15]

ササゲ属に、肥大する地下部を食用にする種が含まれることは、先にも述べたが、オーストラリア・アボリジニが、「ブッシュポテト」と呼ぶ、ランセオラータ種のイモ（塊根）は、直径が約三センチメートル、長さが二〇センチメートルにもなる。ヤムイモの一種や、「砂漠のヤム」と呼ばれる、サツマイモの仲間の一種とともに、重要な炭水化物食料である。アボリジニの女性たちは、つるが枯れていても、これらのイモを見つけるのが上手だという。[1] オーストラリアの熱帯地域では、マメ科の一三属・二一種がイモを形成することが知られているが、非マメ科のイモに比べて、タンパク質含量が数倍と高いことが注目されている。[16]「ブッシュ・フード」の栄養価については、ブランドら（一九八三・一九八五）[4・5]による詳しい分析がある。

マメの子実は、多くの有害成分（第八章・表Ⅷ―2）を含んでいるが、[17・18] 採集・狩猟民たちは、長い試行錯誤の時間をかけて、それらを無害化する方法を学習して食事のメニューを豊かにしてきたのである。

（4）アフリカの伝統的マメ食

数世紀前ごろまでの西アフリカでは、アラブ世界との交易を通じて、コメとシナモンが、伝統的な地方料理の材料に加わったとされる。それからの数世紀の間に、新大陸から、トマトとトウガラシ、さらには、ラッカセイ、トウモロコシ、キャッサバ、プランテーン（リョウリバショウ。インド原産）などが、料理に多く用いられるようになったが、逆に、西アフリカから新大陸にもたらされたのは、ササゲとオクラだといわれている。[19・20] ラッカセイのスープ（*maafe, mafé, maffé*）は、とくに、セネガル、ガンビアのウォロフ族、マリ、ギネア、コートジボアール、および、ナイジェリアのフラ族が好むが、植民地時代にラッカセイの栽培が大きく広がって、西アフリカではカメルーン東部まで、そして、中央アフリカ一帯でも見られる人気のある料理になっている。

アフリカの植民地化時代に、欧州人たちは、多様な部族の領地を文化的境界とは無関係に境界線を引いて争奪し、分割した。一緒にそれまでの伝統的な料理文化における地域的特色もこわしてしまったが、西アフリカの料理の伝統性が強固だったので、その影響はあまり大きくはなかったとも言われている。

主な野菜として、ササゲ、ナス、カボチャ、オクラがある。ササゲをフライにしたスナックが、「アカラ akara」と呼ばれているが、西アフリカで最も重要なマメが、ササゲ（第四章・図Ⅳ—1）で、ニジェール川流域のオートボルタ（現在のブルキナファソ）に暮らすモシ族の食べ物の中には、ササゲなど三種のマメ科の植物が出てくる。[21]

モシ族は、ササゲを「ベンガ」と呼ぶが、主食のモロコシやトウジンビエと混作している。これらの粉を練った「サガボ」やスープに、ササゲの若い葉を入れて食べる。作物の収穫は、共同作業で行うが、収穫したばかりのササゲの子実を蒸してから、軽く搗いて種皮を除いて煮たスープ「ベング・ゼード」をつくり、「サガボ」を皆で食べて収穫を祝う。「ベング・ゼード」は、死者を弔う時の料理にも用いられ、ハレとケに用いられるササゲは、わが国におけるアズキの役割にも通ずる。煮たササゲを草木灰の灰汁《あく》と塩で味付けしたものは、口当たりがアズキのアンに近く、マメのもつ自然の甘味が、単調で極度に甘味の乏しいモシ族の食生活では、とくに子供や老人にとっては特別な嗜好の食になっているという。

「ガオレ」は、ササゲの子実を水に浸けて軟らかくしてから砕き、これに砕いたワタの子実を混ぜて、カシワの葉のような渋味と匂いを付ける、バゲンデ（*Piliostigma thonnigii*）（マメ科・ジャケツイバラ亜科の樹木）の葉で包み、土鍋に草の藁を厚く敷いて蒸す。そして、トウガラシの粉、塩、蜂蜜などで味付けして食べる。また、「サムサ」も、ササゲの粉で作る菓子で、シアバターノキの種子から採れるカリテ油で、フライにしたものである。

このほかに、西アフリカ生まれの地下結実性のバンバラマメ（第四章・図Ⅳ—2）もよく食べるが、モシ族が日常使っている土器の皿は、焼きが弱いので炒ることができず、料理が最も難しい。長時間かけて煮るか、砕いてから煮る。

モシ族が、食用、調味料、薬用、建材など用途に供している植物は、上記の三種を含めて七一種を数えるが、そのうち一二種がマメ科である。[21] それらのなかで、民族学的にも重要な伝統食品として利用されているのが、木本種のヒロハフサマメノキ（「ドゥアーガ」）である。

（5）ヒロハフサマメノキ——木本種の利用

タマリンド属（ジャケツイバラ亜科）のタマリンド（図Ⅹ—6）のほか、食用として利用されるマメ科の木本種は多いが、オジギソウ（ネムノキ）亜科に属するエンタータ属の「モダマ」のほかに、パルキア属の「ネジレフサマメノキ」（スペシオーサ種）や、「フサマメノキ」（ジャヴァニカ種）など、東南アジアで若莢の子実が野菜として用いられている種がある（図Ⅹ—3・4・5）が、同属の「ヒロハフサマメノキ」

（アフリカナ種・ビグロボサ種・フィリコイデス種）は、アフリカのガンビアからカメルーンにかけてのサバンナ地域で自生する。樹高が一〇〜二〇メートルにもなる高木で、長さが三〇〜五〇センチメートル、幅が約四センチメートルの大きな莢実に黒色の子実が一〇〜二〇粒入っている。子実を包む鮮黄色の果肉（パルプ）は、糖度が九％もあって甘い。

子実は、生食できないが、剝皮して煮てから、バチルス・サブチリス菌の乾燥胞子をまぜて接種し、発酵させたものが、西アフリカの伝統的な調味料の「ダワ（ウ）ダワ dawa (u) dawa」である。発酵によって、マメ子実の消化性、栄養価、フレーバーなどが顕著に改善され、輸送や貯蔵のための冷蔵も不要という長所もある。ボール状に丸めたものが、部族によって、「ダゥダワ」（ハウザ族）、「イル」（ヨルバ族）、「オギリ」（イグボ族）、「ネテトウ」（ウォロフ族）、「スムバラ・ソウンバラ」（マンディンゴ族）など、多くの名前で呼ばれている。近年、ヒロハフサマメノキの子実が手に入らなくなって、ダイズが用いられている（後述）。また、好んで生食される子実を包む甘い果肉は、「ドジム」とか、「ドロワ」（ハウザ族）と呼ばれているが、タンパク質栄養の改善に、この果肉も注目されている。

開発途上国で、主食が雑穀やイモ類である農村では、動物性タンパクは高価すぎるというだけでなく、その供給量が足りないので、十分に摂取できないという現実がある。タンパク質やミネラルの主な給源として、魚や肉類に代る不可欠の食物になっているのがスープで、その栄養成分の改善は、主食の栄養的な質を高めることにもつながる。西アフリカでは、総タンパク質摂取量の約八〇％以上をマメだけに依存している部族も多いが、マメをつぶしてミールにして食べるか、または、食べ物のフレーバーを良くする発酵香味料として利用している。(22)

ナイジェリアの手作業でつくられた「ダワダワ」は、保存寿命が短いことや、非栄養的成分が含まれる

図X-3　マメ科木本種「ネジレフサマメノキ」の莢実（タイ，バンコク，1996 年）

図X-4　マメ科木本種「フサマメノキ」の莢実（マレーシア，クアラルンプル，1991 年）

図X-5　マメ科木本種「モダマ」の子実と，その「芽出し」（タイ，バンコク，1996 年）

図X-6　マメ科木本種「タマリンド」の莢実（タイ，バンコク）と，その発酵食品（インド，ハイデラバード）

こと、粗悪な包装、粘りや、独特の不快な臭いがあることなどが、商品化を妨げてきた。また、しばしば、「汚い食べもの」とか、貧しい者の食べ物だとも言われてきた。だが、都市に住む人々には、「ダワダワ」は、衛生的な工場製品よりも手作りの方が添加物が少なく、自然のフレーバーやアロマも優れるという意見もあるという。(23)「ダワダワ」は、製品の品質と、その安定性に改善すべき今後の問題が残されている。

伝統的な「ダワダワ」の原料の不足で、代わりにダイズが用いられていると先に述べたが、ダイズ納豆菌の粘質物生成に関与するプラスミド（細胞質遺伝子）と相同性のあるプラスミドが「ダワダワ」から分離され、アジアの「納豆」食文化と西アフリカがつながったという、興味深い事実も報告されている。(24)西アフリカでのダイズ利用の最重要の分野は、「ダワダワ」生産であり、日本の納豆技術の協力の成功が期待されている。(25)

因みに、一九七〇年代にはわずか六万トンだったナイジェリアのダイズの生産量は、その後の三〇年間に四〇万トンに増加し、アフリカで最大の生産国になっている（FAOSTAT、一九九九）。

ヒロハフサマメノキの伝統的食品として、もう一つの重要な利用部分が果肉である。糖分はエネルギー源になるし、その黄色は、ビタミンAの前駆物質であるカロチノイドのレティノールを含むことによる。酸味もまた、ビタミンCの前駆物質、アスコルビン酸による。アフリカの農民たちは、ヒロハフサマメノキの果肉が無毒で食用になることをよく知っていて、飢饉で穀物が足りなくなると食べていたことが古い記録に残っている。シチュー、スープ、ソースなどにして穀類と一緒に食べてきたが、乾燥して固めたものを貯蔵しておいて飲み物にもした。(26)

ゲルナーら（二〇〇七）によると、ヒロハフサマメノキの子実の栄養成分は、粗タンパク質三〇～四九％、脂肪一五％、繊維四％、灰分二％、そして、炭水化物四九・〇％だが、粉にした乾燥果肉は、水分が八・四％、粗タンパク質が六・六％だが、炭水化物の含量は六七・三％で、子実よりも高い。その主な成分は、還元糖（一九％）、非還元糖（九％）、その他の炭水化物（三六％）である。果肉を食べることで、成人では、体重一キログラムあたり〇・五九グラム、また、一～一一歳の子どもには、同じく〇・八八グラムとされる、ＦＡＯ／ＷＨＯが奨める一日あたりタンパク質必要量を十分満たすことができるという。

果肉の非栄養、および、有害成分については、一〇〇グラム当たりでは、フィチン酸（六〇ミリグラム）は、人体には微毒性で、大量に摂取されなければ無害で、摂取されてもそのまま排出される。サポニン（一七・八ミリグラム）は、常食されるリママメ（二四・五ミリグラム）や雑穀類（一九・四七ミリグラム）よりも少ない。同様に、タンニン類（八一ミリグラム）も、リママメ（一四〇ミリグラム）や、キママメ（一〇〇ミリグラム）よりも少ないし、総フェノール類（二〇四・六ミリグラム）も、リママメ（約一・二グラム）よりもはるかに少なく安全である。毒性の強い青酸含量は、一〇〇グラムあたり一七・三〇ミリグラムで、成人致死量（五〇～六〇ミリグラム／体重一キログラム／日）からみて、危険度は低い。

以上のように、ヒロハフサマメノキの子実と果肉は、穀物やマメにも十分匹敵する、安全で栄養価の優れた食品の材料であり、開発途上国の人々のタンパク質栄養不良の改善に役立つことが期待される。なお、西アフリカでは、マメ科のメスキート、バンバラマメ、ダイズのほかに、メロンなど、伝統的な発酵調味料の原料に用いられている植物は多い[22]。

二　インドに見るマメの食文化

（1）古代のベジタリアン料理とマメ

インドの何千年にもわたる動物不殺生（アヒムサ）の信仰は、仔牛を産み、乳を生産する家畜としての雌牛の重要さから生まれたといわれているが、牛肉など動物性食品の摂取を拒み、肉類が買えない貧困も加わって、総人口の八〇％を超すとされるヒンズー教徒たちに、ベジタリアニズム（菜食主義）をかたくなと思えるほどに守らせている。筆者が出会った欧米にも留学した上層カーストの知識層の人たちの多くが、栄養上の問題は認めながらも、信仰、そして、信念としてそれを守っていた。このことが、必然的にマメが主食に近い位置を占めて、インドをタンパク質給源としてのマメへの依存率が世界でもっとも高い国にしている。

ヴェーダ文献やサンスクリット文献に、マメ食に関する記述が多く遺っている。紀元前三〇〇〇年ごろから同二〇〇〇年ごろのベジタリアン料理百数十例には、主食のコメ、コムギ、オオムギなど穀物とマメが最も多く用いられ、副食の野菜、調味料、スパイスなどとともに極めて多様な食素材が、多様な加工・調理法によって食べられている。[27]厳密なベジタリアンも、生命のない無精卵と乳製品は食べることが許されていたが、料理には「ギー（牛脂）」が多く使われ、カロリー源となっている。「ダル」など、インドのマメの加工法については、後で述べる。

三世紀ごろから約二〇〇年続いたグプタ朝のころからは、コムギが多く用いられ、料理の種類が豊富になっているが、上流階級の人々の常食であったヒヨコマメが、ベジタリアン、ノン・ベジタリアンを問わず、好まれて食べられるようになる。ブラーフマン階層の人々の肉食のタブーの記述がこのころから現れるが、当時の、マメを使った料理の中のいくつかを挙げると次のようである。[28]

・ヴィダラパーカ：ヒヨコマメ・ササゲ・ヒラマメ・リョクトウなどに、石臼で搗いて剝皮してから、軽く炒ってはじかせたキマメを加えたスープ。ウイキョウ、ターメリックなどのスパイスと岩塩で味付けする。
・クシラヴァータ：ケツルアズキの粉のだんごをバター炒めした「バタカス」を、牛乳や、少し発酵させたコメのツブガユ、ヨーグルトなどに落とし込む。
・イダーリカ：ケツルアズキを擂り潰してから、少し発酵させたものでだんごをつくる。スパイスで風味を付けてから、油で揚げて作る。「イドゥリ」の原型。
・ガーリカ：ケツルアズキの粉で丸い形のケーキを作り、数個の孔をあけて、キツネ色になるまで油で揚げる。
・カタカルア：水に浸しておいたエンドウを潰してだんごを作り、フライにして、岩塩で味付けする。
・プーリカ：ヒヨコマメの粉で作る揚げ菓子。「プーリー」の原型。
・ヴェスティカ：ヒヨコマメ・リョクトウ・ケツルアズキなどの粉でつくっただんごをスパイスで味付けし、コムギ粉の衣をつけて煮る。
・ドサカス：ヴェスティカと同じもの。「ドーサイ」の原型。
・カヴァチャンデイ：スモモの形に切った羊肉にスパイス、ヒヨコマメの粉、野菜、リョクトウのもやしを加え、油で炒める。
・ウルユムバ：リョクトウやヒヨコマメを火に投じて弾かせたもの。
インド料理の代名詞のような「カレー」は、南インド生まれの料理で、「ヨーグルトを含むもの」を意味する、タミル語の「*keri*」に由来し、「今日では、ヨーグルトを入れないカレーはカレーではない(28)」といわれる。[*2] カレーは、スパイスのウコン（ターメリック）の根茎の黄色（成分はクルクミン）の粉で、着色と味付けをしているが、ヒヨコマメなど、マメのダルを、粒の形がなくなるくらいよく煮たシチュー、または、スープがベースになっている。インダス文明の遺跡から、スパイスを粉にするのに用いた石臼が出土しており、当時から、カレーは広く好まれた食べ物であったと考えられている。

（＊2）〈kari〉は、「スパイスの入ったソース[29]」、あるいは、「黒コショウ[30]」を意味する。

『アタルヴァ・ヴェーダ』の医学的記載の部分が独立した『アーユル・ヴェーダ[31]』には、穀類やマメのほか、葉菜、果物、砂糖類、乳類、油類、香辛料などの植物性、および動物性の食品を、「摂取すべき有益な食べもの」と、「避けるべき有害な食べもの」とに区分している。マメで、後者に区分されているのは、「ケツルアズキ」のみである。だが、他方で、「ケツルアズキ」は、初冬と早春の季節に「食べるべき食べもの」とされている。「ケツルアズキ」と近縁の「リョクトウ」は、「キマメ」、「ヒラマメ」とともに、「自然で最も有益な食べもの」に分類され、また、「最も優れている食べもの」の中で、唯一、マメとして出ている。この相反するような記述は、『アーユル・ヴェーダ』の記述が、多くの原典の複合したものであることや、植物の種名の同定の困難さによるものであろう。

四〇年近く前になるが、ボンベイ（現ムンバイ）で食事に招かれた時の、〈SAMRAT〉（ヒンズー語で、**King of Kings, Emperor** を意味する）というレストランの「ベジタリアン」料理のメニュー表が手元にある。それによって現代のインドのベジタリアンの食事の内容を見ておこう。

スープ（六品）・サラダ（七品）・パラタス（*Parathas*）（チャパティ、プーリーなど五品）・プラオ（*Pulao*）（八品）[*3]・ターリ（*Thali*）（二品）・カード（ダヒなど五品）・野菜類（二四品）・ホットビベレージ（紅茶、コーヒーなど七品）・スナック（イドゥリ、サモサ、パコダなど一七品）・セイヴァリー（バター、ジャムつきのトーストパンなど六品[*4])・サンドウィッチ(九品)・ミルクシェーキ(七品)・ミルクフロート(ヴァニラ、マンゴー、チョコレートなど)(六品)・フルーツサラダ(八品)・スイーツ(六品)・コールドビベレージ(コーヒー、果物ジュース、トニック、レモン、ソーダなど一九品)・アイスクリーム(一三品)。

因みに、これらの値段は、「ターリ」のほかは、ほとんどが一品、五ルピー以下[*]である。供された「ターリ」(六・二五、および一一ルピー)は、ヒンズー語で「大皿、盆」という意味で、銀製の大皿の周りに小型の深皿を数個並べて、違った味付けのエンドウ、ヒラマメ、ヒヨコマメのダル・カレーと、ダヒ、そして、生ネギ、ダイコン、タマネギ、キュウリ、ニンジンなど生野菜が入っている。そして、真ん中に、いくらでも給仕されるチャパティか、ライスを盛る。[(*)当時のレートで、一ルピー=三四・三二円。一USドル=三〇五・二〇円]

(*3)「ピラフ」。コメ料理の「ビリヤーニ」(混ぜご飯)、カレー、プレーン・ライス(白いごはん)などである。「ピラフ」は、ペルシャ語で中近東起源のコメ料理。コメ、タマネギのみじん切りを油で炒め、だし汁と肉・野菜などを加えて炊いたもの[32]。

(*4)「セイヴァリー」「味の良い」、「塩味の」、「食前、食後のピリッとした塩味の料理」、「食後の口直し」などの意味がある。

(2) マハラジャの食事

インド中部、マディア・プラデシュ州の旧インドール藩王国のプリンス、シバージ・ラオ夫妻の著になる『マハラジャの料理』(一九七五[28])がある。藩王(マハラジャ)の宮殿で代々受け継がれてきた、インド最高レベルの伝統的な料理文化が藩王制度の廃止とともに消え去ることを懸念して、ラジャスタンから、中央、および、南北インド各地のマハラジャの「貴人の台所《ロイヤル・キッチン》」で仕えたシェフたちから一〇〇を超すレシピを収集して、その料理を再現している。当時の宮殿の大広間での宴や、台所や野外での調理の絵や写真などに加えて、インドの食事にまつわる物語も出ていて楽しい内容である。

記述には、ヒヨコマメ、ヒラマメ、そして、エンドウを用いるレシピが多く出ているが、北インドのヒラマメのレシピの一つ、「唄わせるヒラマメ――ドグラ・ダル（*Lentils for Song, Dogra Dal*）」の説明に添えて、「ヒラマメなしでは、コメは、唄わない大工のようなものだ（カシミールの諺）」と述べて、「ヒラマメは、インドの食事には絶対に欠かせない真の友であり、数えきれないほどの愛称で呼ばれている」として、「褐色の眼をした少女」、「黄色の上着を着た少年」などの例を挙げている。そして、安価なマメであるだけでなく、この小さく可愛いマメには栄養が詰まっていて、いっしょに調理すると、ただの野菜やコメがまた格別の味を持つようになるのだと讃えている。（注。原文では、「レンティル」、すなわち、ヒラマメだが、材料のマメの名前は、〈*moong*〉（リョクトウ）となっている）。また、ラジャスタン州のレシピとして、「満足させるヒラマメのスープ――サダ・ダル（*Lentil Soup, Sada dal*）」もある（注。ここでも、原文では、「ヒラマメ・スープ」だが、材料は、「*pigeonpea, tual dal* キマメのダル」となっている）。

インドで、マメは、紀元前三〇〇年ごろから四〇〇年ごろまでの間は、穀物の未熟粒や、煮たコメの「汁」などとともに、貧者が食べるものとされ、また、マメは消化の悪い食べ物であることが強調されていたというが、豊かな人たちの食事は、コメの「かゆ」（グリュエル）に、美味な料理、一八種類ものスイーツを、音楽を聴きながら食べた。そして、食後には、ベーテルナッツ（ビンロウヤシの実の核・アレカナッツ）を噛んだ。[*5]

（＊5） コショウ科のつる性植物、キンマ（*Piper betele*）の葉（ベーテル。ヒンディ語でパーン *Pan*）に、練った消石灰と、細かく砕いたベーテルナッツを包んで噛む。消化を助け、口の中を清涼にするとして、男女とも愛好する。食事に招かれて、儀礼的に食後に提供されることがある。噛んでいると唾液が真赤になる。室内では痰《たん》壺がおかれているが、街ではタバコ店などで売っており、道端にところ構わず吐き捨てた跡をよく見る。ベーテルナッツを圧縮・加工した携帯用もある。キンマは、「すのこ」をかけて遮光栽培するが、農家の良い現金収入源になる。

（3） 食卓にのぼるダイズ

四〇年近く前、インドで、「多くの伝統的なマメがあるインドにはダイズは要らない」というタンパク食品研究者の意見と、「ダイズの匂いや、調理に時間がかかること、十分に市場に出回っていないこと、価格が高いことなどの問題があるが、ダイズはタンパク質含量が高く、インド人の栄養改善には必要だ」という調理学研究者の意見を聞いた。この女性の調理学の研究者からもらった『よりよい栄養のためのレシピ集』の穀類とマメを使った六五種類のレシピの約半数には、ラッカセイを含む種々のマメの「ダル」や粉が用いられているが、ダイズを用いたレシピが、すでに九例あった。

また、当時、パンジャブ州立農科大学では、ダイズの作物、食品としての将来の可能性を認めて、栽培試験や在来品種の改良を行っていたが、ウッタル・プラデシュ州立農科大学では、『あなたのキッチンにダイズを』（一九七〇）というパンフレットを作って、ダイズ食の普及を始めていた。それには、ダイズのダルや粉で、「豆乳」や、「カード」（豆腐）、「ダヒ」（ヨーグルト）を作るほかに、ほかのマメの粉やスパイスを加えたものをギー（牛脂）でフライにするなど、一五種のレシピが紹介されている。

その後、インドが一九八〇年代に、世界の五大「ソイビーン（ダイズ）・カントリー」に仲間入りしたことは先に述べた。北部山間部の種族が栽培、利用していたダイズが、二〇世紀後半になってから「マメ」として「再認識」されて、食卓にのぼるようになったことは、インドのマメの食文化史だけでなく、世界のダイズ食の歴史での画期的な出来事であった。[20]

（4）ガンディーの「マメ食論」

インドの不可触賤民差別の廃止や、独立時の民族運動の指導者、思想家として知られるマハートマー（大聖・偉大なる魂）・ガンディー（モハンダス・カラムチャンド・ガンディー、一八六八―一九四八）の著作の中に、「マメ食論」（一九六五）[33]がある。

それには、「永遠、不変の自然法則にのっとった生活を守れば、この世界のどこにも、飢えによる死というものは存在しない。……自然は、常にすべての生き物が食べていけるだけの食物を提供しているので、自分の分け前以上のものを食べたら、それは他人の分を奪っていることになる。……王侯や金持ちの人々の台所に、彼らとその従者が食べるのに必要な量以上の食べ物が用意されているのは、そこで貧しい人の分が奪われていることになる」という、「飽食」の時代に生きる者には、いささか耳に痛いような言葉が出てくる。そして、ムギについて、栄養的には穀類の王者であり、全粒のままならコメよりもまさるが、精製された粉は、ふすま（麩）を取り去っているので栄養的に「大きな損失だ」と述べ、また、ギーや、マメのダル、牛乳なしに、コメだけで生き延びていけるかどうかは、疑問だとも述べている。

そして、マメについては、肉食者も食べているとして、そのタンパク質供給源としての価値は認めながら、「激しい労働をする者や、牛乳が飲めない人たちにはマメは不可欠だが、書記、ビジネスマン、法律家、医師、教育者など、そして、牛乳も買えないほど貧しい人々には、マメは不要であると明言できる」と述べている。その理由は、腹もちは良いが、消化が悪いからだとしている。また、「緑の野菜、パンとチャツネ（薬味）、牛乳、そして、少量の果物で完全な食事になる。牛乳を飲む場合は、マメは余計で、むしろ有害となる。……牛乳、チーズ、卵、肉など動物性タンパクを摂っている人には、マメは、全く必要はない。……富裕な人たちがマメと油を節約すれば、動物性タンパクを摂れない貧しい人に廻せることになる」とも述べている。そして、入獄時の体験から、「自分はマメが好きだったが、『塩ぬきマメ断ち』は、慣れると健康によいので、インドに帰るまでそれを続けた」と述べている。

「医学的には意見が分かれると思うが、道徳的には自己節制が精神的に有益だ」と述べた上での、「貧者の肉」ともいわれるマメに対する彼の評価が、『アーユル・ヴェーダ』のマメの評価と異なることは、興味深い。

三　マメ子実を野菜に――「蘖」・「豆芽」・「豆苗」

(1)「もやしもの」と「萌《も》やし」

江戸時代の、いわゆる「天保の改革」のころ、「もやしもの」を使った、季節はずれの野菜の料理を出す有名料理店が、裕福な江戸の町民たちの間で人気があった。幕府は、天保一三（一八四二）年に、それを「ふとどきなぜいたく品である」として咎めるお触書を出している。[34] それには、

「近来初物を好み候儀増長致し、殊更《ことさらに》料理茶屋等にては競合《きそいあって》買い求め、高値の品調理致し候段不埒《ふらち》

之事に候、たとえば、きゅうり、茄子《なす》、いんげん、ささげの類、其外もやしものと唱《となへて》、雨障子を懸芥《あくた》にて仕立、或は室の内へ炭団《たどん》火を用《もちいて》 養《やしな》ひ立、年中時候外れに売り出し候段、奢侈《しゃし》を導く基にて……不埒《ふらち》之至《いたりに》 候間、以来もやし初物と唱候野菜類、決而作出申間敷《けっしてさくしゅつしもうすまじく》 候……若《もし》相背《そむき》 候もの有之においては、吟味之上急度《きっと》咎《とがめ》 可 申 付《もうしつけるべく》 候」（ふり仮名は筆者。一部を略）

とあり、なかなか厳しいお達しである。

この中の「もやしもの」とは、高価な「はしり物」であり、「もやし初物」という語も用いているが、江戸葛飾の松本久四郎という人物が工夫して、江戸市中からごみを集めて、堆肥《たいひ》の発酵熱や、「たどん火」の熱を利用し、障子屋根にわら囲いをした温床で促成栽培した、キュウリ、「いんげん」（フジマメ?）、ササゲなどである。そして、当時の国学者、小山田与清《おやまだともきよ》は、その著『松屋筆記』の中で、「今世小豆のもやしを料理家にて用ふ又豆のもやしあり大麦のもやしは麦芽とて薬品に用ひ又飴《あめ》を造るに用ふ……もやし皆土室《つちむろ》を構《かまえ》て非時の珍物を造ることおほかり」と述べている。だが、この「もやし」は、「麦芽」から連想される「芽出しマメ」だったのか、今日の「マメもやし」だったのか、明らかでない。

因みに、雨水をはじく荏（エゴマ）油を塗った障子の屋根に、夜は保温に菰《こも》がけをした、野菜の無加温・不時栽培が高知県の海岸部で盛んになるのは、明治の後期から大正年代に入ってからのことである。[35]

新村出『広辞苑』（第六版）では、マメやムギなどの種子を水に浸して発芽・軟白させたものを「萌《も》やし」としているが、漢字の「萌」には、〈草が芽ぐむ、もえかかる〉、転じて、〈物事が始まろうとする、芽生え〉などの意味がある。

（2）マメの「もやし」の定義

英語では、一般に、マメの「もやし」には、「ビーン・スプラウト」が当てられている。〈*sprout*〉は、〈芽、萌芽、芽を出す、発芽する〉などの意味だが、東南アジアや、インドなど熱帯地域で、小粒のダイズ、リョクトウ、ケツルアズキ（ブラック・マッペ）、ヒヨコマメ、フジマメ、キマメなどの、「ビーン・スプラウト」と呼んで食べられているのは、幼根が一センチメートルほど伸びた、「芽出しマメ」（発根マメ）（第三章・図Ⅲ—3）が多く、リョクトウの「もやし」は、タイのバンコクでは珍しくないが（図Ⅹ—7）、下町のマーケットでは、子どもが店頭で選別しながら売っていた。しかし、南インドや、バングラデシュでは、「芽出しマメ」ばかりで、新鮮な「マメもやし」を見た記憶がない。暑い国では、「茎」は変色しやすく、製造管理の面で、鮮度の保持が困難なことも考えられる。

ここで、市販の「カイワレ（ダイコン）」、エンドウの「芽出し苗」（商品名に中国名「豆苗」が使われている）、そして、リョクトウの「もやし」について、「茎」と呼ばれる、食べる部分の植物学的な違いを比べてみると、図Ⅹ—8のようである。「カイワレ」と、リョクトウ「もやし」で、長く伸びているのは、子葉が着生する節から下の根までの部分——「下胚軸」（ヒポコチル）である。これに対して、エンドウの「豆苗」の長い「茎」は、土に撒いた時には地中に残る、子葉の節から上の初生葉節（托葉のみ）まで（上胚軸・エピコチル）と、その上のすでに第二葉までが開いている茎から成り、「下胚軸」は伸びていない。なお、エンドウの「豆苗」と、「カイワレ」は、出荷前に明所において緑色にしている。

温度や水分が適当な自然の状態では、土に播かれて、暗条件下で一定量の水分を吸収したマメ種子の発芽は、まず胚の幼根の成長（発根）から始まる。そして、やや遅れて、幼芽が成長を始める。マメの種によって異なるが、地中（エンドウ・ソラマメ・ヒラマメ・アズキ・キマメ）、地表（ラッカセイ）、または、地上（ダイズ・リョクトウ・ケツルアズキ・ササゲ・インゲンマメ・フジマメ）で、種皮が破れて子葉が開き、幼芽が伸びて地上に現れる。これが、出芽で、一般には「発芽」と言っている。この出芽までに、幼芽と、幼根の生長点には、土壌の抵抗や、重力によるストレスが加わる。

　リョクトウやケツルアズキ、ダイズの「もやし」製品は、この「発芽」から、ある段階まで、清潔な工場の温度と水分が調節された暗所で「栽培」されて、生産されている（図X―9）。見学したことがあるが、原料のリョクトウが、コンテナーで、三〇～四〇℃の温水に二日間、水浸（漬け込み）され、排水（湯抜き）と漬け込みを数時間ごとに繰り返す。その後、二〇～三〇℃に保った室内で、数日間、一八℃の水を、同様に繰り返し散布して、発芽をそろえる。そして、冷水で洗って、仕上げ、包装、保冷、そして、出荷となる。ほとんどがオートメーション化されているが、漬け込みから出荷まで、七～八日間かかる。変色しやすい根をカットしている製品もあるが、「マメもやし」の商品価値は、純白で、変色したり栄養価が落ちないように、規格の長さ以上に「茎」を伸ばしすぎず、そして、根をい

図X－7　リョクトウの「もやし」と「はるさめ」。左は「とうふ」（タイ，バンコク，1996年）

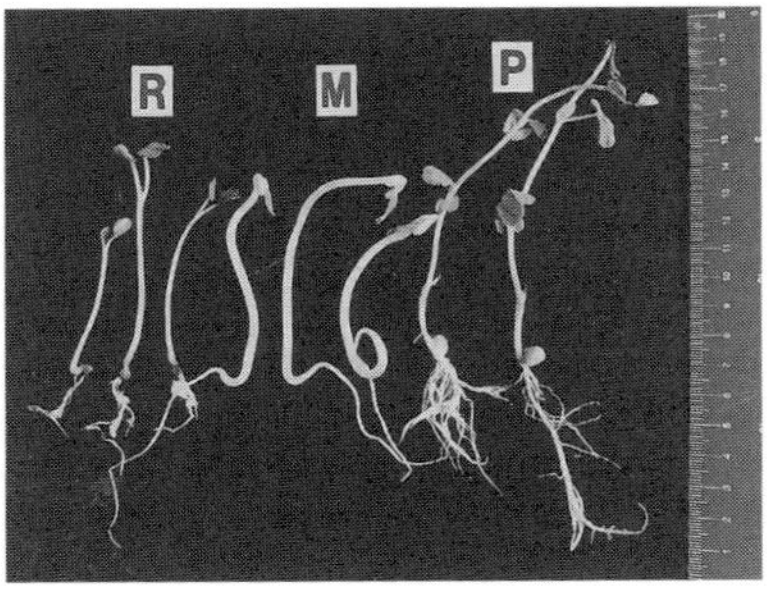

図X－8　ダイコンの「カイワレ」（R），リョクトウの「もやし」（M），エンドウの「豆苗」（P）（市販品）

図X－9　「収穫」された工場生産のリョクトウ「もやし」

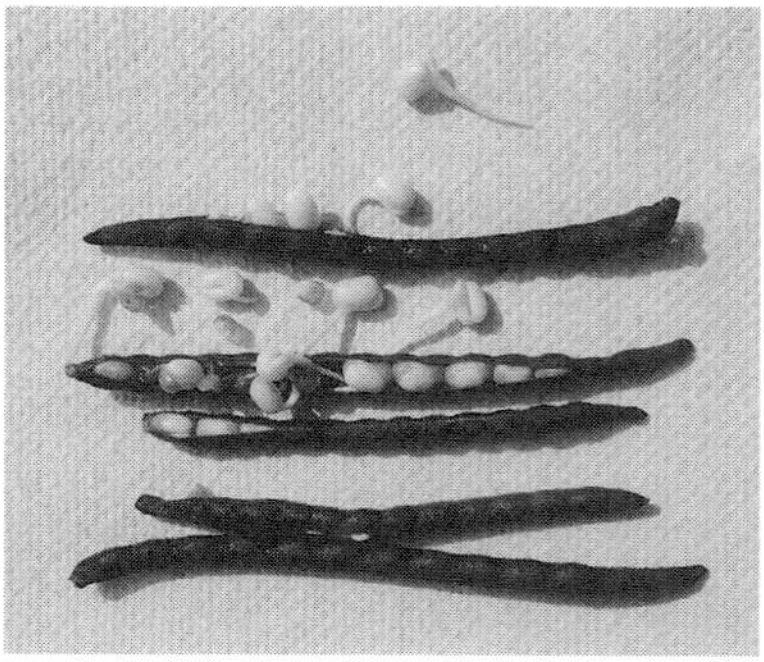

図X－10　リョクトウの莢発芽

かに成長させないかにかかっている。

いろいろのマメを使った、家庭での「もやし」作りも紹介されている[36]が、リョクトウの「もやし」作りでは、水に浸して吸水させた種子が発芽する間、加圧（五〇平方センチメートルあたり、約一〇〇グラム）するとよいという報告[37]がある。台湾だったかの古い文献で、吸水させたダイズに、たまたま石の重しを載せておいたら、「茎」の太い「もやし」ができたということを読んだ記憶がある。関東地方では太茎の「もやし」が好まれると聞いたことがあるが、「茎」が太くなるのは、植物の「ストレス・ホルモン」として知られているエチレンの働きによるが、「もやし」工場では、エチレン・ガス処理が行われている。

(3)「芽出しマメ」と「マメもやし」の起源

種子の休眠性が弱いリョクトウは、成熟期に雨に遭ったり、収穫した莢実を多湿条件においたりすると、容易に莢のままで発芽（発根）する（第一章）（図X—10）。この経験から、筆者[38]は、マメの「もやし」の利用は、熱帯地方で、発芽したマメが柔らかくて食べやすい野菜になることを知って始まったものであろうと述べた。だが、もう一つ、中国に、ダイズの「蘖《げつ》」の歴史がある。

すなわち、李時珍『本草綱目』(一五七八)[39]は、「菽豆類十四種」の項で、漢方で用いる「大豆黄巻《だいずこうかん》」について述べている。訳者は、これに、和名「くろまめもやし」の訓と、洋名「soybean sprouts」をあたえているが、「黒大豆を蘖《もやし》にし、五、六寸長さに生えたとき乾かしたものを黄巻と名ける。……時珍曰く、ある法では、壬癸《じんき》(一〇~一二月か?)[*6]の日に井華水《せいかすい》(朝、最初に汲んだ水。米山・鎌田『大漢語林』)で大豆を浸し、芽が生えるのを俟《ま》って皮を取って陰乾して用いる」とある。また、「緑豆」(りょくず・リョクトウ)を、水で浸湿して発芽させた「白芽」や、「豆芽」について、「諸豆に生える芽はいづれも腥《なまぐさ》く靭《こわ》くして用いられないが、ただこの豆の芽だけは白美なもので独特である」という記述もある(訳者訓)。(傍点は筆者)

黒大豆の「蘖」は、長さが「五、六寸」ほどに伸びた時とあるが、今日のわが国のダイズ「もやし」製品も、「茎」の長さが一〇センチメートル以上ある。米山・鎌田『大漢語林』によれば、漢字の「蘖《げつ》」は、「ひこばえ」、「切り株」という意味で、古訓「モヤシ」となっている。また、リョクトウの「白芽」や「豆芽」の「白美なもの」とあるのを、その茎の白さとすれば、「マメもやし」に近いものであろうか。

(*6)『国釋本草綱目』には注解がない。吉野(一九八六)[40]によれば、「十干」では、「甲」、「乙」は旧一、二、三月に、そして、「壬」、「癸」は、それぞれ一〇、一一、一二月に配当されるとある。したがって、ここでは、「壬癸の日に……」は、秋に収穫したダイズを用いて、冬にかけて発芽させたのではと解する。なお、「壬」は、草木の種子内部にさらに新しいものが妊《はら》まれること、「癸」は、その種子内部に妊まれた生命体の長さが、度《はか》られるほどに生長しているかたちで、それが帽子をかぶって動き出すのが「甲」である。

「大豆黄巻」の最古の記録が、『神農本草』（撰者不詳。ほぼ三世紀の後漢時代に成る）にあるとされ、また、南宋の孟元老《もうげんろう》撰『東京夢華録《とうけいむかろく》』（一一四七）に、初めて「発芽豆」が記録されていて、そのころから「芽豆」が市井で売られ、人々の食卓にのぼる佳肴《かこう》となったとされている。[41] 張ら（一九九九）[42]は、この『夢華録』では、リョクトウ、ダイズ、そして、コムギの芽の長さが「数寸」に伸びたものを、「種生」と呼んでいる。また、田中（一九八一）[43]は、「中国では、南方の大豆もやしは一五センチもある長いものを束にして売っているが、北方にはようやく芽が出たくらいの短いものが多い」と述べている。

わが国では、『和漢三才図会』穀豆百四（一七一二）[44]に、「蘖」のつくり方として、容器に盛って水をそそぎ、わらで覆って一晩か二晩置くと、長さが数寸の「白芽」が出来るという、『本草綱目』の記述が出ている。また、薩摩藩の曾槃は、『成形図説』（一八〇四）[45]の「二成豆大和風土記緑豆即是」の項で、中国明代（七～一〇世紀）の農書、兪宗本著『種樹書』*7からとして、「菉豆」（リョクトウ）の「白芽」、すなわち、「二成芽フタナリオヤシ」の製法を挙げ、「是菜中の佳品なり　また豆一升もやすに殖《ふえ》て一斗ほどになるなり」と、述べている。この「オヤシ」は、「もやし」の転訛であろう。原文は略すが、訓読すると、「二成芽は、ざるの類に入れて水を灌《そそ》き、藁を掩《おお》ふ　三日にして白芽を生じ毎日水に浸かれば豆の甲《から》脱ぎ去りて芽日々に長くなる」と述べている。

（＊7）『種樹書』[46]。穀類、蔬菜、果樹などの年間の栽培や養蚕の技術書。「二成豆」については第五章参照。

また、水野廣業『大和本草穀四』（天保年間、一八三〇～四四）よりとして、「水ニヒタシテ白芽ヲ生ジタルヲ煮テ、豆油及醋《さく》（酢《す》）ニ和シ蔬トナシテ食ス」、同じく、『庖厨備用倭名本草菽二豆』（一六七一）よりとして、「モヤシ……菜中清潔ノ味也」、そして、『本朝食鑑穀一』（一六九五）から、「以水浸湿生白芽采之作蔬食亦有」（水に浸して湿らせておくと、もやしが出来る。これをとって野菜として食べる）などの記述がある（『古

事類苑』（一八九六～一九一四）[47]。

熱帯地域のインドでは、ほとんどのマメを「芽出しマメ」にして食べているが、紀元前三～四世紀ごろの文献『スースルータ・サミータ』には、発芽させたマメを、「スースカ・サーカ」と呼んで、スープに入れたり、マトン、野菜、スパイスと一緒に油で炒めたりして食べていた[27]。また、ブルキル（一九六六）[48]は、リョクトウの「芽出しマメ」は、中国人と安南（ベトナム中部地方）人が食べると述べているが、インドネシアでは、〈タオゲ *taoge*〉、また、フィリピンでは、〈トゲ *toge*〉と呼ぶ[49・50]が、これらは、中国語の呼称、「豆芽（*dòuyá*）」から転訛した呼称である。

以上のように、中国では、古くから麦芽など、穀物の「糵《げつ》」があったが、同じ起源のダイズやリョクトウなどマメの「糵」は、「白芽 *báiyá*」と呼ばれて、「茎」が長く伸びた「もやし」だったと考えられる。したがって、暗所で発芽させる「芽出しマメ」系列の食品には、ともに歴史が古い熱帯アジア起源の①「芽出しマメ」、②「マメもやし」、および、中国のマメの「白芽」、または、「豆芽」、そして、利用形態としては歴史が新しいと考えられる③「豆苗」の三種が区別できる。

そして、これら「芽出しマメ」系列の食品の「発明」は、「糵」に始まる、適度な保温が必要な中国大陸北部と、雨季のある高温・多湿の環境で、マメの自然の「莢発芽」を見て思いついた熱帯アジアとの二元的起源をもつといえるが、後者の起源がより古いかもしれない。だが、多くのマメが栽培化された西南アジアでは、「芽出しマメ」利用の着想は生まれなかったのだろうか。

中国では、ダイズとリョクトウの「豆芽」を使った料理に、「銀糸」や「金条」の美称を与えている[42]が、長期の貯蔵ができる硬いマメは、水と適度の温度さえあれば、年中いつでも、また、どこでも、栄養成分やビタミン類に富む、安価な生鮮野菜の「マメもやし」にできる。キマメを調理前に水浸して発芽させると、消化酵素の働きを阻害する物質が減少し、カルシウム、マグネシウム、鉄、亜鉛などと結合して不溶性化させるフィチン酸の作用を弱めて、ミネラルの供給性がよくなることや、調理によってデンプンの消化が良くなることも報告されている(51)。

ところで、「マメもやし」に該当する、現代の中国の用語は、「豆芽 *dòuyá*」で、「豆芽菜 *dòuyacài*」・「豆芽児 *dòuyar*」などの用語例もある(瀋陽農学院編『農業科学技術詞典』一九八〇、農業出版社、北京/『中国農業百科全書・上』一九九一、同/香坂順一ら編『増訂基準中日辞典』一九八二、光生館/北浦藤郎ら編『音引き中国語辞典』二〇〇〇、講談社)。そして、その英訳は、「soybean sprouts」である。中国語では、エンドウの若茎・若芽を、「豆苗 *dòumiáor*」と呼んで区別しているが、「豆芽」では、「芽出しマメ」と、「茎が伸びた芽出しマメ=もやし」とを区別できない。さらに、英語の「ビーン・スプラウト」では、今日のように広く消費される食品として流通している、マメを発芽させた食品、「芽出しマメ」、「マメもやし」、そして、「豆苗」の違いが明確でない。漢字では、わが国に「萌豆」という優れた呼称があるが、「*edamame*」や「*an*(あん)(52)」のように、「マメもやし」にも、「*moyashi*」という英語の呼称が普及することを期待したい。

四　マメ食品――その前処理と加工

①「焙煎・焙炒」

オーストラリアのアボリジニは、硬い植物の子実を焼石で加熱したり、炒ったりして食べているが(1)、火の使用を知った人類が、最初に始めた食料の加工法は、「焼く」か、「焦がす」かだっただろう。マメを

「炒る」と、膨化(後述)によって子実が脆《ぜい》化して食べやすくなるのと同時に、ダイズの「きな粉」のように、アミノ化合物の熱変性で香ばしさを生じ、「マメ臭」が消えるという相乗効果で食味が向上する。

インドや東南アジアなどで、炒ったヒヨコマメ、キマメ、フジマメ、殻付きのラッカセイなどを売っているのをよく見かける。わが国にも、ダイズの「炒りマメ」や、エンドウの「塩マメ」がある。また、小粒種のソラマメ産地、四国の讃岐(香川県)の伝統食で、醤油で味付けしたソラマメの「醤油豆」や、高知県(佐川町)のダイズの「ちゅんマメ」がある。素焼の「ほうろく」で炒っているマメが、そばにあった醤油の中に跳ねて、チュンと音を立てたことに由来する。

②「蒸す」・「煮る」

「蒸す」ことと、「煮る」ことも、「焙煎・焙炒」とともに、最も基本的なマメの前処理と調理の方法であろう。オーストラリア・アボリジニの女性たちは、土に穴を掘り、焼けた土や砂をかけてから樹皮で覆う即席の「オーブン」を使う。

③「水に浸す」

マメの調理では、まず水に浸して吸水させてから、次の調理や加工の段階に移ることが多い。水の交換を繰り返す(水晒し)ことで軟らかくなる。有害成分が除かれるが、同時に栄養成分の一部も失われる。

④「粉末」

中国農書『斉民要術』(六世紀)[53]にある「糗《きゅう》餌《じ》」は、炒った穀物やマメの粉のことで、その粉を蒸してつくる団子が「粉餈《ふんし》＊8」である。青木（一九四九／一九八四）[54]は、「古来、中華における粉食の主なものは、「餅《ピン》」と「餌《アル》」とである。「餅」とは麦粉を原料とした食品の総称で、いわゆる餅、麪《ミエン》、饅頭《マントウ》の類がこれに属し、「餌」とは米・黍・粟・豆など、麦以外の穀粉を原料とした食品の総称で、餻《カオ》・団《トワン》の類がこれに属する。……ほかに「糗《ショウ》」と「粉《フン》」とがあり、……「粉」は「餌」に属せしむべき場合が多い。……「糗」は穀物を炒ってから粉末にしたもので、「粉」とは穀物などから製した澱粉で、これを使用した製品は「粉条《フェンティアオ》」、すなわち「豆索麺《はるさめ》」の類が代表的なものである」と述べている（漢字の訓は原文のまま）。また、後漢時代（二五～二二〇年）の「豆屑《とうせつ》」は「豆の粉」とされるが、マメの粉は生臭いので、おそらく、わが国の片栗粉のようにして採ったリョクトウのデンプンであろうとしており、当時すでに、リョクトウの粉が「粉条」に使われていた（後述）。

インドでは、マメの粉を穀粉に混ぜることが古くから行われてきたが、タンパク質摂取の改善のために、マメの粉の利用が再認識されている。先進国では、搾油技術の改善で、低脂肪、高タンパク質のダイズやラッカセイの脱脂粕を粉末化して、豆腐や、味噌、飼料用ペレットなどに加工、利用されている（図X—20）（後述）。

（＊8）「糗《きゅう》」（漢音 *qiū*）穀物やマメを炒ったもの、それを乾かして粉にしたもの、また、それでつくった「かゆ」や「もち」などを意味する。「ほしい（干飯）」の意味もある。「餈」（漢音 *sì*）穀物の粉を蒸して搗いたもの、「もち」、「だんご」。（米山・鎌田『大漢語林』）

⑤「膨化」（パフィング）

加熱による調理法の一つだが、「ポップ・コーン」や、コメでつくる「パット・ライス」、あるいは「ポン菓子」[*9]がよく知られている。ポップ・コーンは、穀粒胚乳部の柔らかいデンプン層が少なく、その外側を高タンパク質の厚い硬質デンプン層が包んでいるトウモロコシの一変種（「爆裂種」）が用いられる。炒熱すると、閉じ込められている内部の水分（一三〜一五％）が膨張、破裂する。精白されたコメでは、米粒の外側にあるデンプン層が同じ働きをする。インドやミャンマーなどで売られている炒りマメは、弾けていないが、マメの子実は、本来、種皮が薄く、子葉が二枚に割れているので、炒っても粒が破裂することは少ないが、わが国には、種皮が厚いソラマメの「はじきマメ」がある。「フライド・ビーンズ」は、ソラマメを塩水で調味後、約一七〇℃で油揚げしたものである。弾けないようにするために、種皮に手で十字に切れ目をいれたのが船の錨の形に見えたことから、「イカリ（錨）マメ」とも呼ばれる。膨化加工は、マメの消化性と嗜好性を向上させる。

（＊9）昭和の初期ごろ、街々に回ってくる業者が、リヤカーの「ポン菓子機」に家々から持ってくるコメを入れて、円筒部を回転しながらガス・バーナーで加熱し、栓を叩いて減圧すると、ボーンと大きな音を立てて、白い蒸気といっしょに、膨らんだコメが網籠の中にあふれ出た。これに砂糖液をかけて味付けをした。この「パット・ライス」は、「パフド・ライス（puffed rice）」からの転訛であろう。「糯（モチ）の精米を炒熱したるものは三月節供に菓子として古来用ひられる。これに類似せるは米国にパフトライスあり。粳（ウルチ）米を減圧炒熱し乾燥せるものにて米粒膨大となる。朝食に用ふ」とある[55]。「膨張米」、「膨化米」とともに、「ポン菓子」（「爆弾あられ」）という業界用語がある。バングラデシュでは、イスラムのラマダーン中の夕刻になると、断食の空腹を満たすのに、安価な「パフド・ライス」を売る露店に大勢の人々が群がっていた。

⑥「ダル加工」

煮たマメも「ダル」と呼ぶが、インド料理のカレーは、ヒヨコマメやレンズマメのダルがベースである。

「ダル」は、硬いマメを食べやすく、また、早く調理できるように、種皮を除くこと（剝皮）と、子葉を二つに割ること（スプリッティング）からなる「挽き割り」加工したもので、子葉が半球状の形を残していて、外観のよいものが、価格が高い。

全粒と、ダル加工したマメが売られている（第三章・図Ⅲ―6）が、自家用のダル作りは主に主婦の仕事で、わが国でも農家が使っていたのと同じ手回し型の石臼、「チャッキ（*chakki*）」を使う。[*10] ローラー式の機械化された大規模なダル加工場が、南インドを中心に全国の都市部には一万以上もあり、精米所やコムギの製粉所に次ぐ重要な産業になっている。インドが世界の総生産量の八〇%を占めるキマメのダル加工法は、水に浸すか、または水で煮る前処理の有無で、湿式と乾式の二法がある。歩留まりを向上させるために、マメに油や赤土を混和したり、一〇〇～一二〇℃に熱した砂にマメを混ぜたりしている。

ダル加工では、子葉の表面が削られて失われるが、キマメでは、タンパク質はこの部分に最も多く、カルシウムや鉄分なども含まれるので、食品としての栄養価のロスにもつながる。インド全体では、一〇～一五%のダル歩留まりの向上は、ダル生産量で一〇〇～一二〇万トン、またタンパク質供給量で三〇万トンに匹敵するという指摘がある。(56～59)

（＊10）「チャッキと石臼」一世紀ごろの古代英国の「ロータリー・カーン（rotary quern）」（手回し臼）は、現代のインドの「チャッキ」と同型である。わが国の手回しの石臼なども「ロータリー・カーン」の一種である。(60)

⑦「擂《す》り潰《つぶ》し」と「潰し」

西アフリカのササゲの「ガオレ」のように、エジプト料理の「ファラフェル」は、吸水させたソラマメを臼で搗いて砕き、だんごにして油で揚げたものである。わが国の東北地方には、ダイズの枝豆を使った

「ずんだ」（「豆打」）がある。その緑の色あいと香りから、和《あ》え物にしたり、かまぼこ形に固めたりしてから、焼くか、味噌で煮つけた「ジンダ豆腐」（秋田県雄勝地方）に用いる。「あん」（後述）は、「ズダ餅」や、「ジンタ餅」にも用いる。「潰し」の例に、福島県会津地方などに、ダイズの「打ち豆」がある（図X—11）。粒がやや扁平な品種を使うが、ぬるま湯で洗ってから二、三時間、水を切っておいて、檜の輪切り台の上で、木槌で一粒一粒叩いて潰してつくる。乾燥して蓄えておいて、「打ち豆ご飯」や、料理に使う。

米国で、ベジタリアン食として生まれた「ピーナッツ・バター」や、「ピーナッツ・ペースト」は、南米の先住民たちが、ラッカセイを擂り潰して、カカオや蜂蜜などと一緒にホット・ドリンクとして利用していたものが原型とされている[20]。

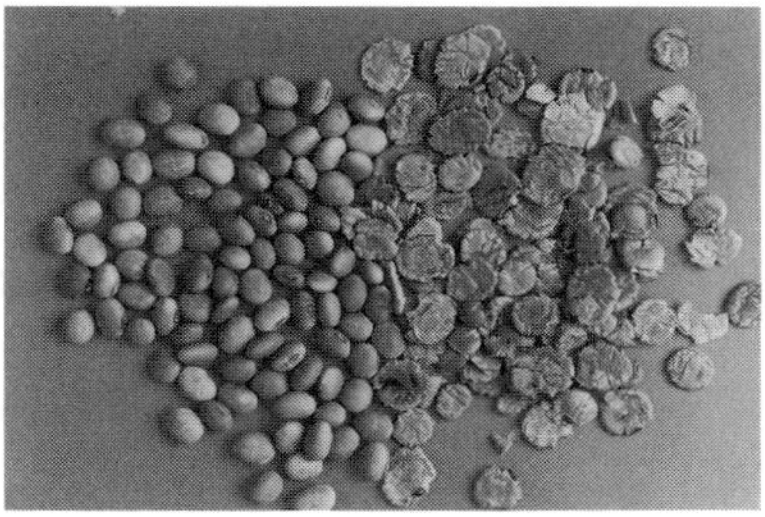
図X−11　福島県会津地方の「打ち豆」（道喜俊弘さん提供）

⑧豆腐と「高野《こうや》豆腐《どうふ》」

中尾（一九七二[61]）は、「インドネシアの人々は、『三つのT』、すなわち、発酵食品の『テムペ』、もやしの『タウゲ』、そして、『タフ』——『豆腐』で生きている」と述べているが、わが国や、アジアの国々で、〈*dou-fu*（中国）〉、〈*doo-fu*（朝鮮）〉、〈*ta-fu, tahoe*（インドネシア）〉、〈*tau-foo*（マレーシア）〉、そして、〈*tokua*（フィリピン）〉などの呼称からも、豆腐が中国起源であることを示している。ダイズ食品の非発酵系加工食品の一つで、消化の優れた、極めて嗜好性の高い食品で、タンパク質約七％、脂肪約五％を含む。

「腐」は、ダイズを水に浸して「ふやかす」の意とされ、豆腐や、乳腐の〈腐〉という文字は、腐敗や腐朽などとは全く関係がない。脂肪分（バター）（牛油、黄油、酥《そ》）の分離が不完全な牛乳は、主にタンパク質からなるが、この濃縮物が「醍醐《だいご》」で、沈殿物が「乳腐（カード）」、そして、これを乾燥させたものが、「乾酪（チーズ）」である。

「豆腐」は、ダイズの汁（「呉《ご》」）に、ニガリ（カルシウム塩）、または、石膏《せっこう》液を加えて沈殿、凝固させたものだが、その製造過程が、これらの乳製品に似ており、「ダイズの乳状液を凝固させたもの」ということから、英語で、豆腐は、「ソイビーン・カード」という。だが、古代中国の「乳腐」とは全く別のものである。(62)

このように、豆腐の原型は、ヨーグルトの一種の「乳腐」だとも考えられ、インドのヨーグルト、「ダヒ *dahi*」に近い。これが北方の遊牧民族によって、乳利用が遅れていた中国にもたらされ、その代用品として、豆腐が生まれたという説(63)もあるが、『斉民要術』（六世紀）には豆腐も、豆乳も出てこない。豆腐が、紀元前二世紀の漢の武帝の時代の淮南《わいなん》王、劉安の発明だとする伝承があるとされる。(64)しかし、その根拠とされる『本草綱目』は、一六世紀後半の刊行であり、疑わしい。「淮南」は、唐代以後、淮河《わいが》の南にある江蘇、安徽両省の地域を指す言葉だが、唐代に、この地方で豆腐がつくられるようになったことによる誤りとされている。(65)

わが国では、奈良春日若宮の神主の日記（一一八三年）にある「唐符」が、豆腐の最古の記載とされ、おそらく、仏教伝来とともに僧たちによって中国から伝わり、室町時代中期ごろに、京都を中心に、製法や料理法が改良されて、広まったと考えられている。豆腐は、沖縄や奄美地方の「生搾り・海水使用」と、「煮とり——ニガリ使用」の二つの製法、そして、その中間の「生搾り——ニガリ使用」がある。明代の中国の豆腐は「生搾り」で、この製法が、南西諸島経由で、西日本や近畿地方の山間部に伝わったと考えられている。土佐には、長曾我部氏が朝鮮から連れ帰った朴好仁一族が、後に高知城外に住んで豆腐とコンニャクの製造と専売を許されたという、朝鮮ルートもある。

『成形図説』(45)は、豆腐に、「菽腐」の名も当てているが、「紀州高野山に多く造る、凝《コホリ》豆腐、および腐乾」とあり、そのつくり方は、「豆腐を細く切って、臘月《シハス》雪霜の夜を見計らって上から熱湯をかけて一晩さらし、翌朝から三五日、日に乾せば出来る」とある。これが、「高野豆腐」である。冬の寒さが厳しく、雪の少ない地方で発達した食品だが、豆腐を戸外と屋内で約三週間かけてゆっくり凍結させ、氷の結晶の発達でタンパク質の網目構造を形成させた、弾力性のある保存食品である。信州では、「し（凍）み豆腐」と呼ばれ、兵食として発達したとされる。タンパク質約五〇％、脂質約三〇％、カルシウム五九〇ミリグラム（一〇〇グラムあたり）を含む。豆腐の製造の副産物として、豆乳のほかに、「おから」がある。東アジアにおける豆腐づくりについては、市野ら（一九八五）(66)ほかに詳しい。

⑨「ゆば」（湯皮・湯葉・湯婆・湯波・豆腐皮）

『成形図説』(45)に、「豆腐を造る釜面に凝る檀紙（マユミの樹皮でつくる上質の紙）のような黄色の湯皮《ハ》……皺める形が似るので老媼《ウバ》ともいう……巻湯葉は広湯葉を蠟燭《ろうそく》のように巻きたるもので、『物理小識』（以智清、一六四三）に「腐燭」といへり」と出ている。林（一九三五）(67)は、「豆腐皮。豆腐の皮のこと。皺多きところより豆腐の姥と称し、また訛って、ゆばという。湯葉の字を用う」と述べているが、これは誤りであろう。わが国では、関東の日光、関西では京都が産地である。中国の棒状の「ゆば」は、「腐竹」と呼ばれている（図X—12）。

図X-12　中国の棒状の「ゆば」——「腐竹」（北京市，市販品，1986年）

『斉民要術』には「ゆば」の記述はないが、リョクトウでつくる「はるさめ」の皮膜状の製品「粉餅」（豚皮餅）がある（後述）。『本草綱目』(39)の「綠豆」の項に、「皮《ひ》に盪《とらか》して＊11豆皮、即ちゆばとし」という記述があるが、『古事類苑』が引用する、多くの中国、日本の農書や本草書文献に、リョクトウで「ゆば」をつくることは出ていない。

（＊11）「盪＝とう。あらう」器物に水や瓦、石を入れ揺り動かして清める、動かすの意。（米山・鎌田『大漢語林』）。

わが国では、「ゆば」は、濃いめの豆乳を、方形の銅製の平鍋（現在はステンレス製）で、六〇℃以上の温度で沸騰させない程度に煮て、表面に浮かんでくるタンパク質の皮膜を竹の棒ですくいとって、乾燥～半乾燥してつくる。皮膜の形成には液面からの蒸発が必須条件で、初めにできるものほど、タンパク質が多く高級品とされる。栄養価のほかに、淡黄の色合いと、即席性、吸水性、包被性など、ほかの食材との調和性がよく、優れた調理特性を持っている。食感や、潜在的な嗜好性も高く、和食の材料として欠かせない。原料ダイズ一キログラムから、乾燥「ゆば」約五五〇グラムが得られる(68・69)。

⑩「あん」

「あん」（餡・餡）類は、マメ類のほか、イモ類などの「細胞デンプン」をうまく利用した、わが国独特の伝統的嗜好食品の一つであり、和生菓子、菓子パン、冷菓などに用途が広い。

「あん」は、漢字では、正しくは、「餡 *xian*・漢音カン・唐音アン」であり、「餅やだんごの中に入れるもの。多くは肉類」、「味が甘過ぎる」などを意味したが、国訓が「アン」で、「煮たアズキなどを擂りつぶして砂糖を混ぜたもの」になった。また、「餡 *tao* トウ」は、「粉餅」、「むさぼる」の意で、別字である（米山・鎌田『大漢語林』）が、宋音が「アン」とする説もある。

中国で、古くから肉まんじゅうのような形で、詰め物として用いられていた肉類が、わが国では、中国からの仏教の渡来や、禅家による肉食拒否から、アズキの「あん」が代用されるようになった。菓子の歴史に「あん」が現れるのは、砂糖が甘味に加えられるようになってからで、それは約一三〇〇年前、推古天皇の時代に、中国から菓子が伝わってから以後と考えられている。このように、わが国での「あん」の利用は、中国から伝わってから、少なくとも一〇〇〇年以上の歴史を持っている。[70]「あん」は、「おはぎ」のように、その色あいや質感が、直接、視覚や味覚に訴えるだけでなく、衣に包まれて見えないが、「和菓子の命」ともいわれている。

「あん」は、マメを加熱し、デンプンをアルファー化（糊化）したもので、かつ細胞膜に包まれているものをいう。糊状にならないように、マメの細胞を破壊することなく、大量の水で煮沸し、いわゆる、「あん」細胞（粒子）を形成させることが必須条件となる。煮熟温度が七五～八〇℃になると形成されるが、デンプン粒が膨潤、糊化する前の比較的低温の時に、細胞膜を構成している熱凝固性タンパク質が凝固し、数個～一〇個内外のデンプン粒が細胞膜で包まれたものが、「あん」粒子である。

だが、製「あん」は、熟度のそろった大粒の大納言アズキ（第五章）など、原料のマメの粒の精選に始まって、浸漬、加熱、「渋」と呼ばれる種皮に含まれるタンニンやサポニンの除去、「あん」粒子の分離、水晒《さら》し、そして、「絞り」という脱水を経て、ようやく「生あん」ができる。これに、甘味と適度の保水の役割も果たす加糖と、加熱の「煉《ね》り」という最後の仕上げまで、極めて熟練の要る複雑な工程から成っ

ている。[71〜74]

「*an*」、および、「*an* paste」という英語表記[52]もあるが、マメの「あん」を「bean jam」と呼ぶことは、果実の「ジャム」とは製法や本体が異なり、正しくない。

⑪「甘納豆」

代表的な大納言系アズキの製品から、大粒で高価なハナマメ（ベニバナインゲン。第七章・図Ⅶ—7）や、ラッカセイ、アズキの代用で安価な輸入ササゲの製品もある。マメ子実を十分に吸水、膨潤させてから種皮を破らないように加熱し、柔らかい煮マメの組織にしてから濃厚な糖液に浸漬して糖分を浸みこませるが、マメの内部まで十分に糖分を浸透させるために、砂糖液の濃度は、最初は薄く、二回目は濃くする。この間に加熱と糖液浸漬を繰り返す。「蜜（糖液）切り」後、砂糖を振りかけてまぶしてから、冷却し、余分の砂糖をふるって除去して仕上げとなる。[75]

⑫「掛けもの」

京都の土産ものに、エンドウの「五色豆」があるが、マメなど乾菓子を砂糖で包んだものが「掛けもの」と呼ばれる。炒ったマメやラッカセイを、調味した寒梅粉《かんばい》（もちゴメの粉）やコムギ粉で衣がけしたもの、砂糖液を繰り返し掛けて乾燥したもの、また、チョコレートでコーティングしたものなどもある。

一九九一年に、インドの国際半乾燥熱帯作物研究所でラッカセイの国際ワーク・ショップが開催された時に、世界各国のラッカセイ加工食品を展示するという企画があった。筆者は、名古屋市「豆福」社長、福谷正男氏から提供して頂いたマメの「掛けもの」——ラッカセイ一四点、ダイズ六点、エンドウ三点、ソラマメ一点、そして、ダイズ（丹波黒）・白インゲン・大納言アズキのゼリー三点、そして、ダイズとハナマメのピクルス一点を展示に供した。製品名と、原料、製法の英訳資料を準備したが、多くの見学者が、「掛けもの」の製品を「美しい、芸術的だ」と褒めていた。商品として付加価値を高めにくいマメを使ったこれらの製品は、贈答用の商品も多く、決して安価なものばかりではないが、和菓子職人の美的感覚がマメ菓子にまで表現されていることが理解されたのだと思う。

⑬「ビーン・ヌードル」

・リョクトウの「麺」

中尾（一九七二）[61]は、中国の華北平原のコムギの食べ方の代表として、それぞれ、全体の四割を占めるのが「ウドン類（麺、麺條子）」と、「マントウ（饅頭）」で、残りは「ピン」（餅）類であるとし、この中国生まれの「ウドン」が、日本とモンゴルに伝播したと考えている。穀物、イモ、マメなどのデンプンが主原料の糸状の食品で、ゆでたり、煮たりして食べる「麺」に対して、日本語にも定着している「ヌードル」の語源は、マカロニや、コムギ粉の「塊り」を意味するドイツ語（ヌーデル）であるとされる。

東アジアでは、リョクトウとソバのデンプンが主原料の朝鮮半島の「ソバ麺」[76]や、ソバとジャガイモのデンプンの「冷麺」[77]があるが、「麺」の系統で、一つの大きな位置を占めているのが、リョクトウやケツルアズキのデンプンの「麺」である。

『斉民要術』巻二（禾穀）第六「大豆」の項に、「秬豆《きょとう》は、その苗は小豆に似て、花は紫色、麺《こな》につくれる」とある「秬豆」が、「小豆」の一種の「リョクトウ」であろうとされている（西山訳注）[53]。『要術』が書かれたころには、インドからリョクトウが伝わっていて、その緑肥効果が認識されて華北まで普及して

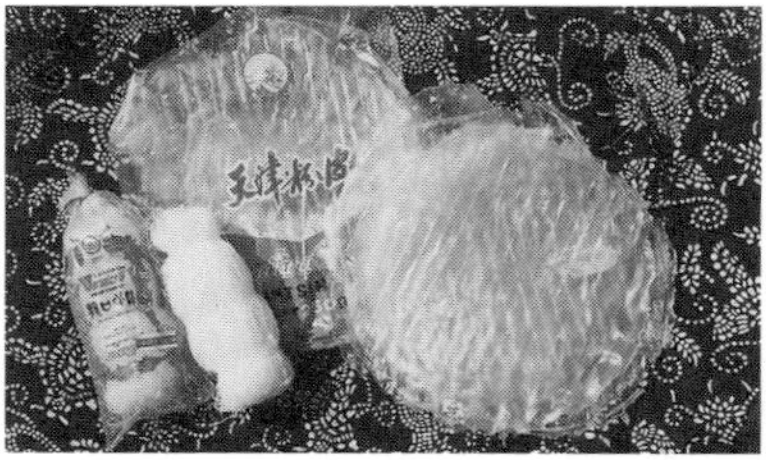

図X-13　中国の「はるさめ」２種――「粉糸」と「粉皮」（「中国物産展」高知市，1983年）

いたことがうかがわれるが、(38)『要術』は、乳のタンパク質を熱湯で凝固させた皮膜状の「酥《そ》」（乳腐・チーズ）の製法については詳しいが、これと製法が類似する、前述の「ゆば」と、マメの「もやし」のことは書かれていない。しかし、「麵」のことは詳しく、巻九（調理・穀食・藏肉菜等）・第八二「麵類づくりの法」で、牛の角に六、七個の小孔を開けて、こねた「荳粉」（マメの粉）を熱湯に押し出してつくる「粉餅」（一名、「搦餅《おしだしはるさめ》」）と、扁平な豚皮に似た「豚皮餅《ぶたかわはるさめ》」（ともに西山訳・訓）の二種の「麵」の作り方が出ている。「荳粉」をコメの粉とする説もあるが、わが国で「はるさめ」と呼んでいる糸状のリョクトウの麵は、中国では、「粉糸《フェンシ》」とか「粉条《フェンティアオ》」と呼ばれている（図X―13）。

また、『本草綱目』には、リョクトウが「豆粥《まめがゆ》」、「豆飯」、炒りマメ、粉食、さらに、「豆酒」にも利用されるとあるが、「皮に盪《とう》して（あらうの意）豆皮とし……」という「ゆば」の記述とともに、「磨《す》って麪《べん・めん》（ムギの粉）とし、水に入れて澄まし濾して粉を取り」という記述がある。「麪」には、そうめんや、ウドンなど、ムギ粉を原料にした食品の意味もあり、「麵」（現代中国語で「面」は、その俗字（米山・鎌田『大漢語林』）で、「はるさめ」は「豆麵(42)」とも言われる。『天工開物(78)』には、「盪片《とうへん》」と「搓索《ささく》」の二種のリョクトウの麵のことが出ている。

このリョクトウの「麵」について、永井（一九四九(55)）は、「豆素麵」、「唐麵」（朝鮮）、「粉条児」（旧満州）、「豆粉、東粉」（台湾）などの呼び名を挙げ、日本でも消費が増しつつあると述べている。その伝統的な製法を見ると次のようである。これには、発酵が加わっているが、今日でも製麵の方法の基本はほとんど変わっていない。[*12]

「リョクトウを洗滌、夾雑物を除き、吸水させて膨軟とし、ついで酸性発酵を行わせてタンパクの一部を可溶性物質に変えて、その後、デンプンを分離する。発酵は、三〇〜四〇℃に保って、乳酸、酢酸、酪酸発酵を行わせる。約一二時間で液が黄褐色になり、液面が細菌類の皮膜で覆われるが、軟らかくなった子実を洗滌し、石臼で磨砕、かゆ状にしてから水を加えて、攪はん、沈澱させ、篩別してデンプンを得る。……製麺は、リョクトウのデンプンを加熱して糊状になったものに、ジャガイモ・デンプンを加えることもあるが、よく練ってから細孔を通して熱湯中に入れると、糊化して透明な線状の麵が浮き上がる。これを速やかに冷却し、適当な長さに切り、二、三日、天日乾燥すると、白色、半透明の光沢に富み、弾力のある麵が出来上がる。乾物のリョクトウ・デンプン六斤と、ジャガイモ・デンプン五七斤から、おおよそ一〇〇斤の麵を得ることができる(一斤は六〇〇グラム)。リョクトウの粉や麵製品の水分、および粗タンパク含量は、それぞれ、一〇%前後、および一〜二%前後である」

(*12) 今日では、原料デンプンの一部を、熱湯を加えて攪拌、糊化させ、これに残りのデンプンを加えて、再び攪拌、混合する。この「混ぜ練り物」を、径〇・九ミリメートルほどの孔を多数あけた容器から押し出すと、太さが〇・五〜一・五ミリメートルの「麵」[79]になる。この「湿式」製法では、冷水で冷やしてから、マイナス一〇〜二〇℃で凍結させ、数時間後に解凍、乾燥する。

中国で、「粉糸」とか、「粉条」と呼ばれるリョクトウの「麵」は、英語では、「ビーン・スレッド」、または、「スレッド・ヌードル」と訳されている。わが国では、リョクトウの「麵」に「はるさめ」という優雅な名前を与えているが、新村出編『辭苑』(一九三五)にはなく、同『広辞苑』第六版(二〇〇八)に、その透明で細い線状の形状から、春に静かに降る細かい雨、「春雨」から名づけられたと出ている。松村明編『大辞林』（一九八八）では、それは大正のころとしているが、「はるさめ」という美称の詳しい由来は明らかでない。

タイには、常食されるコメ粉の「麺」と、リョクトウの「麺」がある。タイ人は、これらは中国人がもたらしたものだと言っているが[80]、中国人の発明になる「麺」の製法には、日本のような包丁で切る「麺」と、「押し出し麺」の二種があるという。

・「ピジョンピー・ヌードル」

マメのデンプンは、本来、粘性が強くて、麺の加工には適しているといわれている。インドで、一九七八年～八〇年ごろに、精製度が高く、最もグルテン含量が高いコムギ粉「マイダ（*maida*）」に、リョクトウの粉を二〇～三〇％加えてタンパク質やミネラルの栄養価を高めたヌードル食品がテストされていた。また、インドや、アフリカの半乾燥地域で栽培が多いキマメ（ピジョンピー）の新しい用途としてヌードルの開発が研究されていた。キマメの麺は、リョクトウ麺よりも色調と透明度では優り、テクスチュアー（食感に関係する麺組織の緻密さ）ではやや劣ったが、全体評価では、ほとんど両者に差がないというテストの結果が出ていた。マメのヌードル製品は、未熟のマメや、「芽出しマメ」食品とともに、消化がよく、栄養価が高いので、ベジタリアンの人々だけでなく、乳幼児や妊婦、授乳期の女性、高齢者のタンパク質栄養改善への貢献が期待されている。

⑭発酵食品

・「腐乳」

中国では、南方方言で「乳腐」とも呼ばれるが、北方の標準語は、「腐乳」、「臭豆腐」、味噌漬けが「醬豆腐」である。『本草綱目』には「乳餅」として出ている。豆腐の表面にカビ（ムコル属、リゾプス属）の菌糸を十分に繁殖させ、これを酒、味噌、醬油などに浸けこんで熟成させたもので、英語では、ソイビーン・チーズ、ベジタブル・チーズなどと呼ばれる。沖縄の「豆腐餻《とうふよう》」は、小さく切った豆腐を日干しして、コウジカビを加えた四五度の泡盛液に浸漬、密封、熟成させたもので、「腐乳」の系統に属する。(81) 北京の市場で求めた瓶詰の「腐乳」は、ごく塩辛い味だった（図X―14）。

・「納豆」類

わが国で、一般の「納豆」とは、煮たダイズに、納豆菌（枯草菌）を接種して、四〇～四五℃で一四～一八時間、無塩で発酵、熟成させた「糸引き納豆」である。塩水に浸したダイズを、コウジカビ（サッカ

図X-14　「臭豆腐」（北京市，市販品，1986年）

図X-15　ナットウとトゥア・ナオ（ミャンマー，タウンジー，1985年）

ロマイセス属）で発酵、熟成させたものが「塩納豆」類［浜（名）納豆（浜松）、大徳寺納豆（京都）、浄福寺納豆（奈良）など］である。

わが国の粘りが強い無塩の「糸引き納豆」の由来は明らかでない。平安時代、あるいは室町時代の中期になってから、稲わらの「つと（包）」の中で発酵させたものが登場するといわれる[82]。日常の食卓にのぼるようになったのは、明治三八（一九〇五）年の沢村真博士による納豆菌の発見と、大正八（一九一九）年の北海道大学の半沢洵博士による純粋培養菌を用いる納豆製造法の確立によるところが大きい[83]。

「塩納豆」の原型は、古代中国の「塩豉《えんし》」、「鹹豉《かんし》」で、今日では「豆豉《どうし》 *dòuchi*」（「豆黄 *dòuhuáng*」）と呼ばれている。発酵過程の後半が好塩性の酵母や乳酸菌が主役となり、塩の濃度が高いので熟成に数か月から一年を要するが、貯蔵性が優れる。半乾燥状態の製品で、粘質物の生成は全くない。高知県西部の佐川町でもつくられている。

この「塩納豆」――「ペー・ンガピ（*pe-ngapi*）」を、ミャンマーのタウンジーの市場でシャン族の女性が売っていたが、いっしょに褐色のせんべい状をしたものを売っていた（図X―15）。これは、発酵させたダイズでつくる醤油の残渣を乾燥したもので、湯に溶かして「味噌」のように用いるが、北部タイでは、「腐ったマメ」を意味する、「トゥア・ナオ *thua-nao*」と呼ばれている[84〜86]。

・「テンペ」系ダイズ発酵食品

「納豆」や、「キネマ」、「トゥア・ナオ」は、バクテリアである納豆菌を用いるが、「テンペ」と、「オンチョム」、「ダケ」、「ケチャプ」（醤油の一種）は、カビを用いたダイズの発酵食品である（図X―16）。「テンペ」をジャワ人の発明だとすると、スンダ人が発明した発酵食品が「オンチョム」だといわれるが、ダイズの伝統的な無塩納豆の一種の「テンペ」は、インドネシアの中・東部ジャワで、少なくとも一六世紀

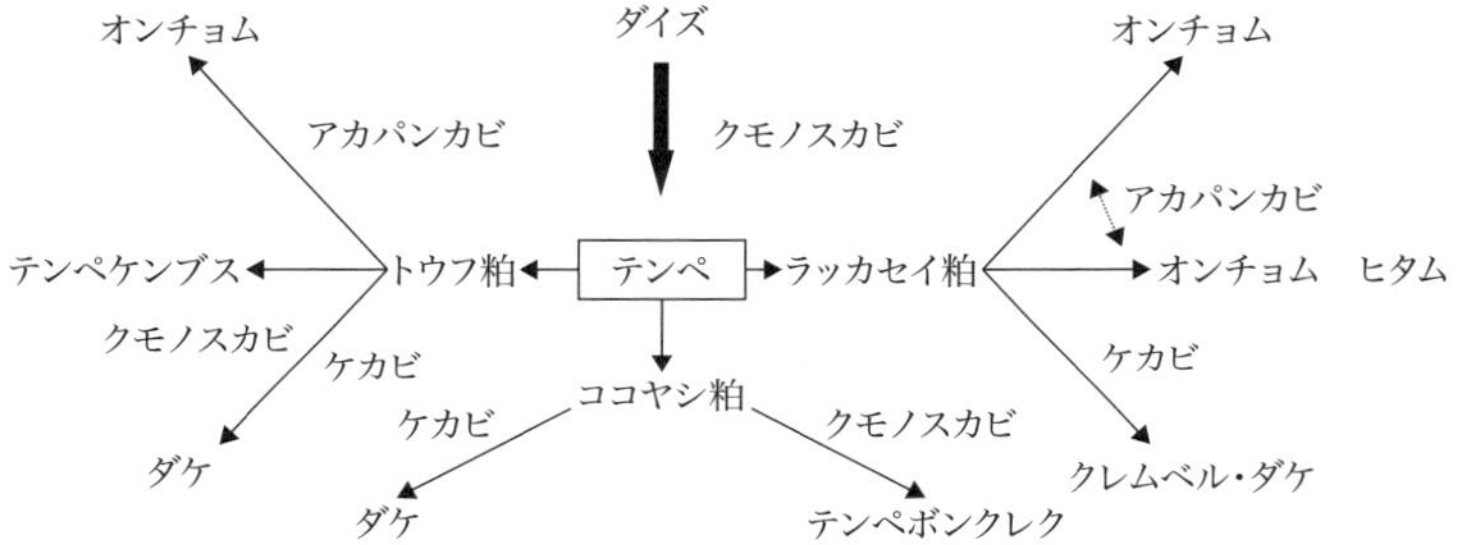

図X-16　東南アジアの「テンペ」系発酵食品の系列と原料（小崎・内村 1990 により作成）

よりも前に生まれたとされる。

吉田（一九八三）[87]は、中部ジャワには、古くからハッショウマメ（ブングク）を用いる伝統的な発酵食品「グデベル・ブングク」があり、「テンペ」は、中国人がダイズをインドネシアに持ち込んでから生まれたものだとしている。発酵に用いるカビは、コウジカビ（アスペルギルス・オリゼエ）をスターター（種麴）とし、これと、ヤマアサ（ハイビスカス属）や、チークの葉に着生するクモノスカビの一種（リゾプス・オリゴスポルス）が用いられている。アカパンカビを用いる、ラッカセイの搾油粕でつくる「オンチョム」、ケカビを用いるココヤシの搾油粕でつくる「ダケ」などは、糸を引かない。「グデベル・ブングク」を作るのには、マメをよく水晒しして有害成分を除く前処理が必要である。

・発酵調味料――「味噌」・「醬油」

「味噌」は、ダイズを水に浸漬後、煮熟、冷却し、コメ、または、ムギにコウジカビを接種、食塩を加えて混合し、これに擂《す》り潰したダイズを加えて仕込み、発酵、熟成させたものである。ソラマメ、ラッカセイなどを用いた製品は、豆醬、豆瓣醬《トウバンジャン》、蚕豆醬などと呼ばれる[88]。

中国の『斉民要術』に、「味噌」と「醬油」の原型である「豆豉」と「醬」の製法が述べられているが、「豉」は、前述のように「塩納豆」

であるが、ダイズが特有のうま味のもとになる（熊代校注、一九六九）[53]。

味噌汁としての利用は、鎌倉時代以降とされているが、その後、各地の風土や食習慣に適した自家用や、手工業生産により多くの銘柄製品が生まれてきた。「味噌」と「醤油」の歴史や製法、種類などについては、前田（利家）（一九八六）[89]に詳しい。

⑮「ガム質」――「グアーガム」

「グアル」（クラスタービーン）は、インドでは、本来、野菜用、あるいは飼料や緑肥用のマメだったが、ガム質原料として、近年、食品工業その他の分野で、その需要が世界的に大きく伸びている。マメ科のキャロブ（イナゴマメ、木本性）のガムとともに、利用の歴史が古い作物だが、わが国ではあまりよく知られていない。しかし、すでに岡山県農業試験場で、一九六二年以来、米国、イタリア、インドなどの品種を用いて栽培試験が行われており、瀬戸内地方での栽培の可能性が報告（一九七六年）されている[90]。筆者ら（一九七八a・b）[91・92]も、インドのパンジャブ産の若莢用とガム原料用の品種で栽培試験を行っている。種子実のガラクトマンナン含量は、パキスタン産の輸入グアル粉純品の平均九五％よりは低いが、温帯諸国での含量（七〇～八〇％）に近い値を得ている。グアルの歴史や原産地、栽培技術などについては、先に紹介した[38・93]。

一九七五年五月二一日付『日本香料新聞』（第六六二号）が、「グアル」のガム――「グアーガム」などの工業的利用や需給動向などについて特集している。また、その十数年後に、わが国で食品増量剤、変形防止剤としてのグアルの利用、開発が試みられ、また、グアルを用いた植物繊維飲料が発売されたという報道がある。食品工業での利用については、詳しくは専門の文献にゆずるが、「グアル」のガムは、子実の胚乳に、乾重割合で七五～八〇％（子実全体では一九～四〇％）含まれる高分子（分子量約二二万～三〇万）の粘質性物質で、化学的には、水溶性多糖類のガラクトマンナンが主成分である（図X―17・18・19）。

供給が減少しているキャロブに代わるガム原料として、アイスクリームや、シャーベットなど、冷菓類の増粘剤、性状安定剤、乳製品の濃化剤、ソーセージ、肉類、プロセス・チーズ、ドレッシング、ソース、果汁、ペット食品などの安定剤、そのほか、タバコ、医薬品、化粧品、製紙、繊維、火薬産業など、「グアーガム」の用途は極めて広い。近年、血糖値上昇抑制作用、コレステロール低下作用、便通改善などの生理効果も知られているが、とくに大きな需要として注目されているのは、新しい化石燃料のシェール・オイル、および、シェール・ガスの油井掘削分野である[94～97]。

最近のグアル子実の世界の生産量は、約七〇万トンで、その約四五％がガム原料として消費されている。グアルの主要な栽培、輸出国は、インドとオーストラリアで、米国、中国、パキスタン、アフリカなどでも栽培されている。世界の七〇～八〇％を占めているインドでは、年間一〇〇～一二五万トンが生産されているが、作付面積が年々増加しており、二〇一三年度には、二二〇万トンの子実生産量が見込まれている。その国内生産量の八〇％をラジャスタン州が占める。そのほかパンジャブ、グジャラート、ハリアナ州などが主要産地であるが、これらの産地は、年間の平均降水量が数百ミリメートル以下で、旱魃が常襲する半乾燥熱帯地域であるために、生産量の年変動が大きく、多様な用途をもつ「グアーガム」の需要が急増して国際価格が急騰している。国内のシェール・ガス、同オイル産業向けの「グアーガム」の最大輸入国である米国は、一九〇三年に、インドから初めて作物としてグアルを導入した。その後、育種も行われ、一九五〇年代から栽培が増えているが、主な生産地域は、テキサス州北部と、オクラホマ州南西部に集中している[98]。

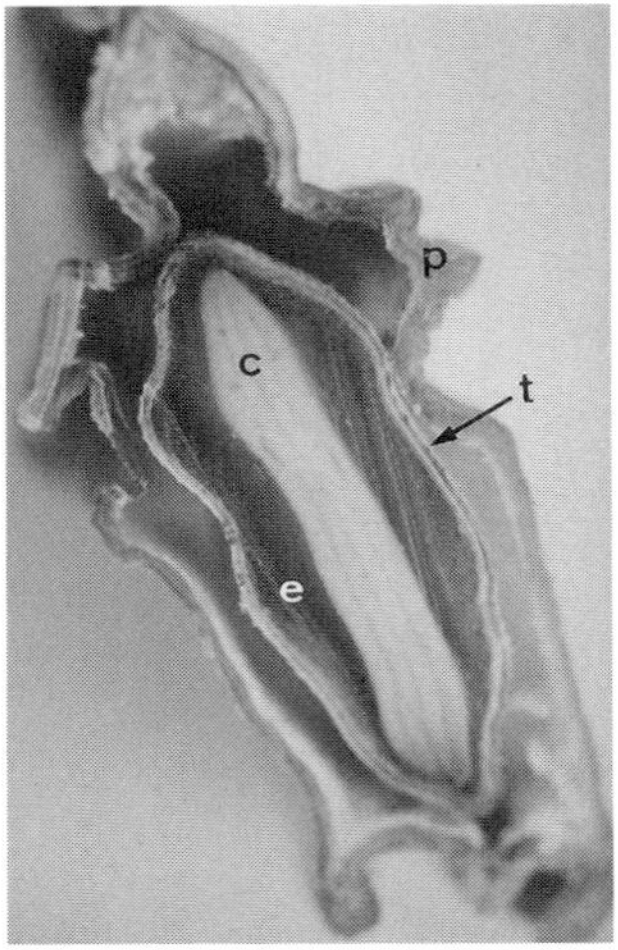

図X-18　グアルの莢実の横断面（p 莢，t 種皮，c 子葉，e 胚乳——ガム原料になる部分）

図X-17　成熟したガム原料用グアル（インド，パンジャブ州ルディアナ，1976年）

図X-19　グアル子実の調製品（W 全粒。T，E，C は第18図記号に対応。インド，パンジャブ農科大学提供試料。1976年1月）

⑯植物性タンパク食品
・「ミート・アナログ」

動物性タンパク食料は、世界的にその絶対量が不足し、また、飼料として与えられる植物性タンパク質が、動物性タンパク質に転換されるまでのロスが約九〇%と大きく、いわゆるオリジナル・カロリーから見ても不利である。その問題の解決のために、食品として優れる植物性タンパク質のより効率的な利用法が研究されてきた。その一つが、「人造肉（ミート・アナログ）」と呼ばれる組織状植物性タンパク質（製品名TVP〈Textured Vegetable Protein〉）や、ダイズの精製タンパク質粉末「ソイ・プロテイン」など、濃縮精製タンパク質の開発である。コムギと、ダイズとラッカセイの搾油粕（「オイル・ミール、オイル・ケーキ」）（図X—20）が原料だが、ダイエット・ブームにものって、肉類の代用として、ベーコン、ロース・ハム、ソーセージなど食肉製品、「かまぼこ」などの水産物練り製品、マカロニ、さらに、ビスケットやパンなど、インスタントの朝食用食品にも利用されている。とくに米国では、「ソイ・プロテイン」を利用した食品が、自国農産物の生産・利用の拡大と、児童の栄養改善のために学校給食にも用いることが義務づけられている。[99~101]

図X-20　ラッカセイの子実粉末と人造食肉や飼料の原料用脱脂粕

わが国では、植物性タンパク質食品は、「食用植物種子から分離、濃縮したタンパク質を主原料として製造した、植物性タンパク質が乾物ベースで五〇%以上の食品素材である」と定義されている。これには、「豆腐」や「凍《し》み豆腐」、「ゆば」、「ふ（麩）」などの伝統食品や、食品素材は含まれない。また、その原料は、コムギおよびダイズ種子となっている。ダイズを用いたものには、全脂ダイズ粉、脱脂ダイズ粉、濃縮ダイズ・タンパク、分離ダイズ・タンパクの四種がある。これらを原料にした食品は、「組織状」と「繊維状」に二大別され、これらが一般に、「人造肉」と呼ばれている。

食品として、栄養的に畜肉食品に劣らないし、保水性が強く、水や脂肪分の吸収・保持力が優れ、ひき肉に混用しても風味を損なわない。ドーナツなど油揚げ食品の表面に被膜をつくり、油の浸透を抑えるので経済的で、カロリー減量で健康的にも良い。乳化安定性が良いので、ソーセージなどに用いると脂肪分が均等に保たれる。穀類食品への添加でタンパク栄養価を高める。パン、ケーキ、ドーナツなどの生地形成性をよくする。価格がほかのタンパク質食品に比べて低廉である。そのほか、ダイズ・タンパク製品は、目的に合わせた変性処理で種々の食感、風味が出せるなどなど、数多くの長所がある[102・103]。

・「緑葉濃縮タンパク」

マメ類の子実は、いわば濃縮されたタンパク質であるが、その播種から成熟、収穫までには、少なくとも三か月以上、あるいは数か月もかかる。植物体に含まれるタンパク質の生合成は、成長の最盛期に最も盛んであり、生育の後期になってその一部が子実に送られて蓄積される。野菜として緑葉を直接、食べることもするが、必要なタンパク質量をまかなうには、大量の葉を食べねばならない。したがって、タンパク質の「収穫」を、生育最盛期のバイオマス量の大きい時期に緑汁として分離、抽出し、濃縮して利用しようとするのが、「緑葉濃縮タンパク」、略称、ＬＰＣ（Leaf Protein Concentrate）である。しかし、葉の葉緑体が、タンパク質と結合していて抽出効率を低下させ、また、着色の原因となること、同時に抽出される脂質の酸化による悪臭の発生、そして、食品安全上、マメ科植物に多い有害成分の除去が必要であることなどが、ＬＰＣの食品としての嗜好や利用における欠点となる。したがって、ＬＰＣの研究は、各国で一九六〇年代ごろから牧草を原料にした飼料への利用から始まっているが、アミノ酸の添加で栄養価が向上し、バレイショ、キャベツ、タマネギなどの野菜や魚と組み合わせたＬＰＣ添加食品のメニューも提案されている。(104) ＬＰＣについては、わが国でも、残渣として廃棄される茎葉部分が多いソラマメ(105)や大根の葉(106)などのＬＰＣ利用の研究が行われているが、発展途上国だけでなく、先進国でも、食品としての嗜好性や経済性など、まず有効な利用法の確立と経済的採算性の保証が求められている。

文献註・引用文献

第一章「マメ」――野生から栽培へ

（1）Zeven, A. C. and P. M. Zhukovsky (1975) Dictionary of cultivated plants and their centers of diversity, Centre for Agricultural Publishing and Documentation, Wageningen.
（2）Duke, J. A. (1981) Handbook of LEGUMES of World Economic Importance, Plenum Press, N. Y. & London.
（3）前田和美（一九九〇ａ）「マメ科未利用種の導入と利用の可能性」日本学術会議農学研究連絡委員会主催『シンポジウム・我が国における野生植物の栽培化および新作物の導入に関わる諸問題』（2）『農業および園芸』65。
（4）前田和美（一九九〇ｂ）「マメ類総説」『園芸植物大辞典』（分担執筆）小学館。
（5）前田和美（一九九三）「マメの作物学余録」3。「採集・狩猟民の野生植物食料とマメ科植物」『雑豆時報』第59号。
（6）前田和美（二〇一一）『落花生』法政大学出版局。
（7）大橋広好（一九八一）「マメ科ＬＥＧＵＭＩＮＯＳＡＥ（ＦＡＢＡＣＥＡＥ）」佐竹義輔ほか編『日本の野生植物Ⅱ』「草本」平凡社。
（8）Allen, O. N. and E. K. Allen (1980) The LEGUMINOSAE A Source Book of Characteristics, Uses and Nodulation, Macmillan Pub., London.
（9）前田和美（一九八三）週刊朝日百科『世界の食べもの』123。テーマ編「雑穀とマメの文化」応地利明・阪本寧男・山本紀夫・中尾佐助・前田和美共編、朝日新聞社。
（10）前田和美（一九八七ａ）『マメと人間――その一万年の歴史』古今書院。

(11) 近藤典生監修／湯浅浩史・前川文夫編（一九八九）『マメ科資源植物便覧』内田老鶴圃。
(12) Smartt, J. (1990a) The evolution of agriculturally significant legumes, *Plant Breeding Abstract*. C. A. B., 60.
(13) 石井象二郎（一九七〇）『昆虫学への招待』岩波書店。
(14) 日本くん蒸技術協会編（一九八二）『港湾地区豆類保管倉庫における害虫被害の実態調査および防除法確立に関する調査』。
(15) 梅谷献二（一九八七）『マメゾウムシの生物学　ある文明害虫の軌跡』築地書館。
(16) 奥八郎（一九八八）『病原性とは何か　発病の仕組みと作物の抵抗性』農文協。
(17) 藤井義晴（一九九〇）『アレロパシー　他感物質の作用と利用』農文協。
(18) 斎藤隆（一九九〇）「野生植物の作物化に関わる諸問題」日本学術会議農学研究連絡委員会主催『シンポジウム・我が国における野生植物の栽培化および新作物の導入に関わる諸問題』（1）『農業および園芸』65。
(19) 市河定夫（二〇〇〇）「地球環境変容の政治学」『二〇世紀の定義』（9）「環境と人間」4、岩波書店。
(21) 瀬戸口明久（二〇〇九）『害虫の誕生――虫から見た日本史』筑摩書房。
(20) Bharathan, G. (2000) *Bt*-cotton in India: Anatomy of a controversy. *Current Science* 79.
(22) Buddenhagen, I. W., A. J. Gibbs, G. J. Persley, D. V. R. Reddy, and S. Wongkaew (1986) Improvement and Change of Food Legume Agriculture in Asia in Relation to Disease, In: Wallis, E. S. and D. E. Byth eds. FOOD LEGUME IMPROVEMENT FOR ASIAN FARMING SYSTEMS, *ACIAR PROCEEDINGS* No. 18., ACIAR, Canberra, Australia.
(23) 渡辺邦秋・常見直史（一九九四）「植物進化における性の役割」岡田博ほか編著『植物の自然史――多様性の進化学』第4章、北海道大学図書刊行会。
(24) Anderson, E. (1954) Plants, man, and life. (Harlan, J. R., 1975/1992 による)
(25) Harlan, J. R. (1975/1992, Second ed.) Crops & Man, American Society of Agronomy, Inc., Crop Science Society of America, Inc., Madison, Wisconsin, USA.
(26) Keegan, W. F. (2002) The Archaeology of Farming Systems, *ARCHAEOLOGY*, Vol. I (http://www.eolss.net/Sample-Chapters/co4/E6-21-02.pdf)

(27) Kerem, Z., S. Lev-Yadun, A. Gopher, P. Weinberg, and S. Abbo (2007) Chickpea domestication in the Neolithic Levant through the nutritional perspective, *Journal of Archaeological Science* 34.

(28) Abbo, S., A. Gopher, B. Rubin, and S. Lev-Yadun (2005) On the Origin of Near Eastern Founder Crops and the 'Dump-heap Hypothesis', *Genetic Resources and Crop Evolution* 52. (Abst.)

(29) Fuller, D. Q. and E. L. Garvey (2006) The archaeology of Indian pulses: identification, processing and evidence for cultivation, *Environmental Archaeology* 11.

(30) Fuller, D. Q., R. Korisettar and P. C. Venkatasubbaiah (2001) Southern Neolithic cultivation systems: a reconstruction based on archaeological evidence, *South Asian Studies* 2001: 17 (Fuller, D. Q. 2007 による＊)

(31) Fuller, D. Q. (2003) Indus and non-Indus agricultural traditions: local developments and crop adoptions on the Indian Peninsula. In: Weber. S. A. *et al*. eds. Indus Ethnobiology. New Perspectives from the Field. Lanham. (Fuller, D. Q. 2007 による＊)

(32) Zohary, D. (1980) Pulse domestication and cereal domestication: How different are they ? *Econ. Bot.* 43.

(33) Wilcox, G. (2004) Measuring grain size and identifying Near Eastern cereal domestication: evidence from the Euphrates valley. *Journal of Archaeological Science* 31. (Fuller, D. Q. 2007 による＊)

(34) Abbo, S., Y. Saranga, Z. Peleg, Z. Kerem, S. Lev-Yadun, and A. Gopher (2009) Reconsidering Domestication of Legumes versus Cereals in The Ancient Near East, *The Quaterly Review of Biology* 84.

(35) Debouk, D. G. (2000) Biodiversity, ecology, and genetic resources of Phaseolus beans Seven answered and unanswered questions. In: The Seventh MAFF, Japan, International Workshop on Genetic Resources, Pt. 1, Wild Legumes, Tsukuba, Japan, 1999.

(36) 丸尾銈六・佐藤弘毅（一九二二）『緑肥法』博文館。

(37) 前田和美（一九八七b）「アジア農耕とマメ」『農耕の技術』第10号。

(38) 前田和美（二〇〇三）「中国山東省半島部におけるラッカセイ栽培――その発展とわが国の需給との関係」『日本作物学会紀事』72。

(39) 福井勝義（一九七一 a）「エチオピアの栽培植物の呼称の分類とその史的考察――雑穀類をめぐって」『季刊人類学』2。
(40) 福井勝義（一九七二）「エチオピアにおけるマメ類の呼称の分類とその史的考察」『東京外国語大学アジア・アフリカ言語文化研究』5。
(41) Kay, D. E.（1979）FOOD LEGUMES, TPI Crop and Product Digest, No. 3, The Tropical Products Institute, Ministry of Overseas Development, London, U. K.
(42) Ochse, J. J. and R. C. Bakhuizen Van Den Brink（1931）Vegetables of the Dutch East Indies（Edible Tubers, Bulbs, Rhizomes and Spices Included）, Buitenzorg, English Edition of “INDISCHE GROENTEN”, 1980, Amsterdam.
(43) Krapovickas, A.（1968）El origen y dispersion de las variedades del mani, *Anl. Acd. Nac. Agron. Y Veterinaria* 49.
(44) Krapovickas, A.（1969）The origin, variability, and spread of the groundnut（Arachis hypogaea L.）, In: Ucko, P. J. *et al.* ed. The domestication and exploitation of plants and animals, Gerald Duckworth & Co. Ltd., London, U. K.
(45) 小池祐二（二〇〇六）『ラテン・アメリカを知る事典』平凡社。
(46) Hammons, R. O.（1994）The origin and history of the groundnut, In: Smartt, J. ed., The Groundnut Crop, Chapman & Hall, London.
(47) Krapovickas, A. y W. C. Gregory（1994）Taxonomia del genero *Arachis*（*Leguminosae*）*BONBLANDIA* 8.
(48) OLYGLOPT VEGETARIAN-Grazing through the world words, Peanut,（http://polyglotveg.blogs.com/2008/01/peanut,02/peanut-continued.html2008）
(49) Jhon, C. M., G. Venkatanarayana and C. R. Seshadri（1954）Varieties and Forms of Groundnut. Their Classification and Economic Characteristics, *Indian Jour. Agricultural Science* 24.
(50) Achaya, K. T.（1990）Oilseeds and Oilmilling in India, A Culture and Historical Survey. Oxford & IBH Publ., Ltd., New Delhi, India.
（＊第三章文献16）

第二章　近東——西南アジアにおけるマメの文化

（1） 前田和美（二〇一一）『落花生』法政大学出版局。
（2） 竹内均（一九八八）『地球物理学者竹内均の旧約聖書』同文書院。
（3） Breasted, J. H.（1916）Ancient Times: A History of the Early World, An Introduction to the Study of Ancient History and the Career of Early Man, Boston,（http://en.wikipedia.org/wiki/James-Henry-Breasted）
（4） Braidwood, R. J.（1948/1967, 7th ed.）Prehistoric Men, Chicago.（ブレイドウッド・R・J、泉靖一ほか訳（一九六七）『先史時代の人類』新潮社）。
（5） Bar-Yosof, O. and R. H. Meadow（1995）The origins of agriculture in the Near East. In: Douglus, T. P. and A-B Gebaouer eds., Last hunters, first farmers: new perspectives on the prehistoric transient to agriculture, Santa Fe, N. M., School of American Research Press.（Zeder 2011 による）
（6） 常木晃（一九九五）「西アジア農耕文化の誕生」梅原猛・安田喜憲編『農耕と文明』朝倉書店。
（7） 常木晃（二〇〇〇）「西アジアにおける農耕の始まりとその要件」第三回歴博国際シンポジウム『東アジアにおける農耕社会の形成と文明への道』要旨集（国立歴史民俗博物館。二〇〇〇年一月三一日〜二月四日）
（8） ベルウッド・P（二〇〇五）長田俊樹・佐藤洋一郎監訳『農耕起源の人類史』京都大学学術出版会。
（9） Tanno, K. and G. Willcox（2006）The origins of cultivation of Cicer arietinum L. and Vicia sativum L.: Early finds from Tell el-Kerkh, north-west Syria, late 10th millennium B. P., *Veget. Hist. Archaeobot* 15.
（10） 丹野研一（二〇一〇）「考古学から見たムギの栽培化と農耕の始まり」佐藤洋一郎・加藤鎌司編著『麦の自然史』第4章、北海道大学出版会。
（11） Fuller, D. Q.（2007）Contrasting Patterns in Crop Domestication and Domestication Rates: Recent Archaeobotanical Insights from the Old World, *Annals of Botany* 100.
（12） Zeder, M. A.（2011）The Origins of Agriculture in the Near East, *Current Anthropology* 52（S4）.（http://www.jstor.org/stable/10.1086/659307）
（13） Fagan, B.（2004）The Long Summer: How Climate Changed Civilization, Cambridge, U. S. A.（東郷えりか訳『古代文明

と気候大変動——人類の運命を変えた二万年史』河出書房新社)。
(14) 三宅裕(二〇〇〇)「西アジア型農耕の西方展開」第三回歴博国際シンポジウム『東アジアにおける農耕社会の形成と文明への道』講演要旨集、国立歴史民俗博物館。
(15) Zohary, D. (1989) Pulse Domestication and Cereal Domestication: How Different are They? *Economic Botany* 43.
(16) Zohary, D. (1999) Monophyletic vs. polyphyletic origin of the crops on which agriculture was founded in the Near East, *Genetic Resources and Crop Evolution* 46.
(17) Harlan, J. R. (1975/1992, Second ed.) Crops & Man, American Society of Agronomy, Inc., Crop Science Society of America, Inc., Madison, Wisconsin, USA.
(18) Diamond, J. (1997, 2005) Guns, Germ, and Steel, The Fates of Human Societies, W. W. Norton & Company, N. Y. & London(倉骨彰訳『銃・病原菌・鉄——一万三〇〇〇年にわたる人類史の謎』(上・下)二〇〇〇年、草思社。)
(19) Weiss, E., M. E. Kislev, and A. Hartmann (2006) Autonomous cultivation before domestication, *Science* 312 (Zeder 2011 による)。
(20) Garfinkel, Y., M. E., Kuslev, and D. Zohary (1988) Lentil in the Pre-Pottery Neolithic B. Yiftha'el: additional evidence of its early domestication. *Israel Journal of Botany* 37 (Tanno *et al.* 2006, Zeder 2011 による)
(21) Willcox, G., S. Fornite, and L. Herveux (2008) (Zeder, 2011 による)
(22) Ben-Ze'ev, N. and D. Zohary (1973) Species relationships in the genus *Pisum* L., *Israel Journal of Botany* 22 (Abbo, S. *et al*. 2009 による)
(23) Abbo, S., Y. Saranga, Z. Peleg, Z. Kerem, S. Lev-Yadun, and A. Gopher (2009) Reconsidering Domestication of Legumes versus Cereals in The Ancient Near East, *The Quaterly Review of Biology* 84.

第三章　インドにおけるマメの文化

(1) 前田和美(一九七七)「インドにおける食用マメ類の栽培——その歴史と現況」『高知大学学術研究報告』26(『農学』2号)。

（２）前田和美（一九八一）「農業発展の諸条件——畑作農業とその特色」『インドの農業——現状と開発の課題』（第Ⅲ章）国際農林業協力協会。
（３）前田和美（一九八三）「インド・アンドラプラデシュ州の農業」『農耕の技術』６。
（４）前田和美（一九九一）『熱帯の主要マメ類——その作物的特性と栽培・利用』国際農林業協力協会。
（５）前田和美（二〇一一）『落花生』法政大学出版局。
（６）Om Prakash（1961）Food and Drinks in Ancient India, Munshi Ram Manohar Lal, Delhi.
（７）Munshi, K. M.（1964）Agriculture in Ancient India, Indian Council of Agricultural Research, New Delhi.
（８）Kosambi, D. D.（1970）The Cultute & Civilization of Ancient India in Historical Outline, Vikas Publishing House Pvt Ltd, New Delhi.（山崎利男訳『インド古代史』一九七三年、岩波書店）。
（９）Vishnu-Mittre（1974）Palaeobotanical evidence in India, In: Hutchinson, J. ed. Evolutionary Studies in World Crops, Diversity and change in the Indian Subcontinent, Cambridge, London.
（10）Randhawa, M. S., A History of Agriculture in India, Vol. I, 1980, Indian Council of Agricultural Research, New Delhi.
（11）前田専学（一九九二）「ヴェーダ時代」『南アジアを知る事典』平凡社。
（12）Nene, Y. L.（2006）Indian Pulses Through the Millennia, *Asian Agri-History* 10.
（13）Allchin, F. R.（1969）Early cultivated plants in India and Pakistan, In: Ucko, P. J. *et al*., ed. The Domestication and Exploitation of Plants and Animals, London.
（14）Fuller, D. Q. and E. L. Harvey（2006）The archaeology of Indian pulses: identification, processing and evidence for cultivation, *Environmental Archaeology* 11.
（15）Fuller, D. Q., N. Bolvin, and R. Korisettar（2007）Dating the Neolithic of South India: New radiometric evidence for key economic, social and ritual transformations, *Antiquity* 81.
（16）Fuller, D. Q.（2007）Contrasting Patterns in Crop Domestication and Domestication Rates: Recent Archaeological Insights from Old World, *Annals of Botany* 100.
（17）Fuller, D. Q.（2011）Finding Plant Domestication in the Indian Subcontinent, *Current Anthropology* 52(S4).

（18） Krishna, K. R. and K. D. Morrison（2010）History of South Indian Agriculture and Agroecosystems, In: Krishna, K. R. ed.（2010）Agroecosystems of South India, Nutrient Dynamics, Ecology and Productivity, Brown Walker Press, Boca, Raton, USA.

（19） De, D. N.（1974）Pigeonpea: In Hutchinson, J./ed., Evolutionary Studies in World Crops, Diversity and Change in the Indian Sub-continent, Cambridge University Press, London.

（20） van der Maesen, L. T. G.（1986）*Cajanus* DC and *Atylosia* W. & A.（*Leguminosae*）Agricultural University of Wageningen, Netherland, Papers 85(4).

（21） Mehra, K. L.（1997）Biodiversity and Subsistence Changes in India, Neolithic and Chacolithic Age, *Asian Agri-History* 1（Fuller *et al*. 2007 による）

（22） Arora, R. K., K. P. S. Chandel, and B. S. Joshi（1973）Morphological diversity in *Phaseolus sublobatus* Roxb., *Currrent Science* 42（宮崎一九八二による）。

（23） 宮崎尚時（一九八二）「リョクトウ類の類縁関係と分類群の推定」『農技研報告』D 35。

（24） Kaga, A., N. Tomooka, Y. Egawa, K. Hosaka, and O. Kamijima（1996）Species relationships in the subgenus *Ceretropis*（Genus *Vigna*）as revealed by RAPD analysis, *Euphyitica* 88.

（25） Paroda, R. S. and T. A. Thomas（1988）Genetic Resources of Mungbean（*Vigna radiate*（L.）Wilzeck）in India, Proceedings Second International Symposium, Asian Vegetable Research and Development Center, Shanhua, Taiwan.

（26） Tomooka, N., C. Lairungreang, P. Nakeeraks, Y. Egawa, and C. Thavarasook（1992）Center of genetic diversity and dissemination pathways in mungbean deduced from seed protein electlophoresis. *Theor. Appl. Genetics* 83.

（27） Takeya, M. and N. Tomooka（1997）The Illustrated Legume Genetic Resources Database on the World Wide Web, National Institute of Agricultural Resources, Tsukuba, Japan.

（28） Sangiri, C., A. Kaga, N. Tomooka, D. Vaughan, and P. Srinives（2007）Genetic diversity of the mungbean（*Vigna radiata*, Leguminosae）genepool on the basis of microsatellite analysis, *Australian Journal of Botany* 55.

（29） ベルウッド・P『農耕起源の人類史』長田俊樹ら監訳（二〇〇八）京都大学学術出版会。

（30） Achaya, K. T.（1994）INDIAN FOOD—A Historical Companion—, Oxford University Press, Delhi.
（31） 辻直四郎訳（一九七〇）『リグ・ヴェーダ讃歌』岩波書店。
（32） 吉岡司郎（一九九二）「ヴェーダ」『南アジアを知る事典』平凡社。
（33） チャクラヴァルティ・K・C著、橋本芳契・橋本契共訳（一九八四）『古代インドの文化と文明』東方出版。
（34） 菅沼晃編（一九八五）『インド神話伝説辞典』東京堂出版。
（35） 山崎元一（一九九二）「ヴェーダ時代」『南アジアを知る事典』平凡社。
（36） 小名康一（一九九二）「アーイーネ・アクバリー」『南アジアを知る事典』平凡社。
（37） van der Maesen, L. T. G.（1990）Pigeonpea: Origin, History, Evolution, and Taxonomy, In: Nene, Y. L., Susan D. Hall, and V. K. Sheila, eds.（1990）The Pigeonpea, C. A. B. International, U. K., International Crops Research Institute for the Semi-Arid Tropics, Patancheru, India.
（38） 鈴木八司監修（一九九六）『読んで旅する世界の歴史と文化　エジプト』新潮社。
（39） Cubero, J. I.（1981）Origin, Taxonomy and Domestication. In: Lentils, Webb, C. and Hawtin, G. eds., C. A. B. International, U. K., and The International Center for Agricultural Research in the Dry Areas（ICARDA）, Syria.
（40） 上村勝彦（一九九二）「辞書」『南アジアを知る事典』平凡社。
（41） 矢野道雄（一九九二）「アユール・ヴェーダ」『南アジアを知る事典』平凡社。
（42） Whistler, R. L. and T. Hymowitz（1979）Guar: Agronomy, Production, Industrial Use and Nutrition, Purdue University Press, West Lafayette.
（43） Vavilov, N. I.（1949–50）Phytogeographic Basis of Plant Breeding, *Chronica Botanica* 13.
（44） Zeven, A. C. and P. M. Zhukovsky（1975）Dictionary of cultivated plants and their centres of diversity, Centre for Agricultural Publishing and Documentation, Wageningen.
（45） Hymowitz, T.（1972）The Trans-Domestication Concept As Applied to Guar, *Economic Botany* 26.
（46） 前田和美（一九八六）「作付体系に関する術語とその概念」『農業技術』41。
（47） Pickering, C.（1879）Chronological History of Plants. Little, Brown and Company, Boston（Hymowitz, 1972による）

（48）Monier-Williams, M.（1956）A Sanskrit-English Dictionary, Clarendon Press, Oxford.（Hymowitz, 1972 による）
（49）Leslie, C.（1969）Modern India's ancient medicine, *Trans-action* 6（Hymowitz, 1972 による）
（50）辻直四郎（一九六七）『インド文明の曙――ヴェーダとウパニシャッド』岩波書店。
（51）アタヴァレー・V・B著、稲村芳江訳（一九八七）『アーユル・ヴェーダ日常と季節の過ごし方』平河出版社。
（52）Aykroid, W. R. and J. Doughty（1964）LEGUMES IN HUMAN NUTRITION, F. A. O., Rome.
（53）Hamid, M. A. and A. K. Kaul（1986）LATHYLISM IN BANGLADESH, An Agro-Economic Survey, Rajishahi University, BARC PRINTERS, Dhaka, Bangladesh.
（54）前田和美（一九八七）『マメと人間――その一万年の歴史』古今書院。

第四章　アフリカにおけるマメの文化

（1）Purseglove, J. W.（1976）The Origins and migrations of crops in tropical Africa. In: Harlan J. R. eds. Origins of African Plant Domestication. Mouton Publishers, The Hague・Paris.
（2）Murdock, G. P.（1959）Africa Its Peoples and Their Culture History, McGraw Hill Book Co.
（3）Millar, N. F. and W. Wetterstrom（2000）The Beginnings of Agriculture: The Ancient Near East and North Africa, In: Kiple, K. F.*et al*. eds., The Cambridge World History of Food, Vol. 2., Cambridge University Press.
（4）Harlan, J. R.（1971）Agricultural Origins: Centers and Noncenters, *Science* 174.
（5）Harlan, J. R., J. M. J. de Wet, and A. Stemler（1976）Plant Domestication and Indigenous African Agriculture, In: Harlan, J. R. *et al*. eds, Origins of African Plant Domestication, Mouton Publishers, The Hague・Paris.
（6）前田和美（一九九一）『熱帯の主要マメ類』国際農林業協力協会。
（7）前田和美（一九九八）「アフリカ農業とマメ科植物」高村泰雄・重田眞義編著『アフリカ農業の諸問題』京都大学学術出版会。
（8）前田和美（二〇一一）『落花生』法政大学出版局。
（9）ダヴィドソン・B、貫名美隆・宮本正興訳（一九六五）『アフリカ文明史　西アフリカの歴史＝一〇〇〇～一八〇〇年』理論社。
（10）佐藤一郎・長沢栄治（一九八四）「農業発展の方向」「農業発展の技術的諸問題」『エジプトの農業――現状と開発の課題』国際農林業協力協会。
（11）屋形貞亮・奴田原睦明（一九九九）「世界の歴史と文化　エジプト」鈴木八司監修、新潮社。
（12）Herodotos HISTORIAE（紀元前五世紀）松平千秋訳『ヘロドトス歴史』上、岩波書店（一九七一）。
（13）フーシェ・マックス（Fouchet, Max-Pol）酒井傳六訳／杉勇校閲（一九六九）『ヌビア――エジプト古代文明の遺跡』新潮社。
（14）鈴木八司（一九七〇）『エジプト　王と神とナイル』『沈黙の世界史2』新潮社。
（15）Darby, W. J., P. Ghalioungui, and L. Grivetti (1977) Food: The Gift of Osiris, Vol. 2. Academic Press, London & N. Y.
（16）松本弥（二〇〇〇）『物語　古代エジプト人』文芸春秋社。
（17）Willcocks, W. (1913) 鈴木弘明『エジプト近代灌漑史研究W・ウイルコックス論』（一九八六）アジア経済研究所。
（18）土屋巌（一九七二）「アフリカの気候」土屋巌ほか編『世界気候誌』第二巻、古今書院。
（19）友岡憲彦・入江憲治・小林裕三（二〇〇七）「ペナンのマメ類の食べ方」（分担・資料作成）『西アフリカにおけるマメ類の生産から流通まで』国際農林業協力・交流協会。

第五章　東アジアにおけるマメの文化

一　ダイズ

（1）呂世霖（一九七八）「関于我国栽培大豆原産地問題探討」『中国農業科学』一九七八年第四期。
（2）Hymowitz, T. (1970) On the Domestication of the Soybean, *Economic Botany* 24.
（3）李文濱・佐藤忠一（一九九〇）「中国における野生大豆の分布とその分類」『農業および園芸』66。
（4）李福山（一九九九）「中国野生大豆的地理的分布与生境」庄炳昌・主編『中国野生大豆生物学研究』科学出版社、北京。
（5）王連錚（一九八五）「大豆的起源演化和伝播」『大豆科学』一九八五年四期（郭文韜、一九九三による）

（6） 王玉民（一九九九）「中国野生大豆農芸性状的遺伝多様性研究」庄炳昌主編『中国野生大豆生物学研究』科学出版社、北京。
（7） 海妻矩彦・喜多村啓介（一九八〇）「ダイズの起源と分化」『育種学最近の進歩』第22集・第2部「食用豆類の起源と分化」養賢堂。
（8） 島本義也（二〇〇三）「ダイズ　起源と品種分化」海妻矩彦他編『食用マメ類の科学』養賢堂。
（9） 海妻矩彦・福井重郎（一九七四）「ツルマメの種子タンパク質および含硫アミノ酸含量の系統間差異とその育種的意義」『育種学雑誌』24。
（10） 任式楠（一九八二）、杉本良訳「太湖平原と杭州湾地区の新石器時代文化」中国社会科学院編著『新中国の考古学』関野雄・監訳（一九八八）平凡社。
（11） 甲元真之（二〇〇一）『中国新石器時代の生業と文化』中国書店、福岡市。
（12） 前田和美（二〇一一）『落花生』法政大学出版局。
（13） 郭文韜（一九九三）『中国大豆栽培史』渡部武訳（一九九八）農文協。
（14） 高煒（一九八八）「漢代農業考古新発見」（中国社会科学院編著『新中国の考古学』所収）
（15） 安在晧（二〇〇〇）「韓国における農耕社会の成立」第三回歴博国際シンポジウム講演要旨集、国立歴史民俗博物館。
（16） Ho, P. T.（1969）The Loess and the Origin of Chinese Agriculture, *American Historical Review* 75.
（17） Ho, P. T.（1977）The Indigenous Origins of Chinese Agriculture, In: Reed, C. A. ed. Origins of Agriculture: 413–484, Mouton Publishers, The Hague・Paris.
（18） Hymowitz, T. and C. A. Newell（1981）Taxonomy of the Genus *Glycine*, Domestication and Uses of Soybeans, *Economic Botany* 35.
（19） Keng, H.（1974）Economic Plants of Ancient North China As Mentioned in *Shih Ching*（Book of Poetry）, *Economic Botany* 28.
（20） 賈思勰撰（紀元六世紀）『斉民要術』西山武一校訂・訳注（一九六九）アジア経済研究会。
（21） 胡道静「試論我国古代農民対大豆根瘤的認識」『中華文史論叢』第三輯、一九六三年。『農書・農史論集』（一九八五）

農業出版社。北京。胡道静著・渡部武訳『中国古代農業博物誌考』農文協（一九九〇）に全訳「第五章　釈菽篇――中国古代農民の大豆根粒についての認識」所収。
(22) 郭沫若（一九六〇）「『拍』の文字についての一考察」『文芸評論』一九六〇年第一号（胡道静一九六三による）。
(23) 前田和美（一九八七b）『マメと人間――その一万年の歴史』古今書院。
(24) 前田和美（二〇〇三）「中国山東省半島部におけるラッカセイ栽培」『日本作物学会紀事』72。
(25) 唐啓宇編著（一九八六）『中国作物栽培史稿』農業出版社、北京。
(26) 長澤宏昌（一九九五）「山梨県における栽培植物の出土事例」『考古学ジャーナル』三八九号。
(27) 保坂康夫・野代幸和・長澤宏昌・中山誠二（二〇〇八）「山梨県酒呑場遺跡の縄文時代中期の栽培ダイズ Glycine max」『山梨県立考古博物館・同埋蔵文化財センター研究紀要』24。
(28) 中山誠二（二〇〇九）「縄文時代のダイズ属の利用と栽培に関する植物考古学的研究」『古代文化』六一。
(29) 小畑弘己・佐々木由香・仙波靖子（二〇〇七）「土器圧痕からみた縄文時代時代後・晩期における九州のダイズ栽培」『植生史研究』一五（2）（中山二〇〇九による）。
(30) 工藤雄一郎・国立歴史民俗博物館編（二〇一四）『ここまでわかった縄文人の植物利用』新泉社。
(31) 柳田国男（一九四一）「豆の葉と太陽」『定本柳田国男集』二一（一九六二）、筑摩書房。
(32) 早川孝太郎（一九五〇）「大豆のある生活――大豆の民俗学的考察」農林省農政局監修、雑穀奨励会編『大豆の研究』産業図書、に所収。
(33) 江原絢子・東四柳祥子（二〇一一）『日本の食文化史年表』吉川弘文館。
(34) 土居水也（清良）（一六二九～一六五四）『清良記』（『親民鑑月集』）日本農書全集一〇（翻刻、現代語訳・解題・松浦郁郎・徳永光俊）農文協。
(35) 宮崎安貞『農業全書』（一六九七）（解題・山田龍雄）『日本農書全集』一二、農文協。
(36) 著者不詳（年代不詳・幕末期？）『阿州北方農業全書』『日本農書全集』一〇、農文協。
(37) 著者不詳（天和年間？）『百姓伝記』『日本農書全集』一七、農文協。
(38) 砂川野水（一七二三）『農術鑑正記』『日本農書全集』一〇、農文協。

(39) 岡本高長（一七八七）『物紛』末永儀運編注、土佐史談会。
(40) 宮永正運（一七八九）『私家農業談』『日本農書全集』六、農文協。
(41) 小貫萬右衛門（一八〇八）『農家捷径考』『日本農書全集』二二。農文協。
(42) 稲葉光国（一八一七）『稼穡考』『日本農書全集』二二、農文協。
(43) 佐藤信淵（一八三二）『草木六部耕種法』牧野文庫蔵本。
(44) 福島貞雄（一八三九〜四二）『耕作仕様書』『日本農書全集』二二、農文協。
(45) 貝原益軒（一六九四）『和爾雅』牧野文庫蔵本。
(46) 貝原益軒（一七〇〇）『日本釋名』牧野文庫蔵本。
(47) 貝原益軒（一七一五）『大倭本草』牧野文庫蔵本。
(48) 木村茂光（二〇一〇）『日本農業史』吉川弘文館。
(49) 土屋又三郎『耕稼春秋』（一七〇七）『日本農書全集』四、農文協
(50) 九之助・善之助・太郎蔵（一八三〇）『北越新発田領農業年中行事』『日本農書全集』二五、農文協。
(51) 著者不詳（一八三〇〜一八四三）『郷鏡』『日本農書全集』一一、農文協。
(52) 大蔵永常（一八五九）『広益国産考』『日本農書全集』一四、農文協
(53) 加藤寛斎（一八六六）『菜園温古録』『日本農書全集』三、農文協。
(54) 前田和美（一九八六）「作付体系に関する術語とその概念」『農業技術』四一。
(55) 松岡智（一九八二）『むら　農耕と生活そして神々』熊本日日新聞社。
(56) 安室知（一九九七）「アゼ豆の村——稲作と畑作の交錯」横須賀市博物館研究報告（人文科学）第四二号。
(57) 岸本誠司（一九九九）「東北農耕文化とマメ——岩手県北地方を中心に」『民俗文化』第一一号。近畿大学民俗学研究所。
(58) 安室知（一九九九）「アゼ豆と女性——家計維持にみる主婦の役割」『歴博』九七号。
(59) 岸本誠司（二〇〇〇）「マメと女性——トジマメの意味について」『近畿民俗』一六〇・一六一合併号。
(60) 高知県誌刊行会編（一九三三）『高知県誌』高知県。

(61) 梶原子治（一九八一）『高知県の農業』高知市立市民図書館。
(62) 横川末吉（一九五二）「高知県の焼畑耕作」『人文地理』四。
(63) 佐藤省三（一九九四）「長曾我部地検帳に基づく四〇〇年前の高知県の切畑作物」『雑穀研究』第六号。
(64) 高知県立歴史民俗資料館編（二〇〇〇）『おばあちゃんの見た山村の八〇年――物部村岡の内の民具生活誌』展示解説資料。
(65) 広谷喜十郎（一九八三）「近世土佐救荒食物史考」『歴史手帖』11、名著出版。
(66) 春木次郎八繁則（一七七九）『寺川郷談』[本川村史編集委員会編（一九八〇）『本川村史』所収]。
(67) 桂井和雄（一九五五）『土佐山民俗誌』高知市立市民図書館。
(68) 前田和美（一九八六a）「西山間（檮原）の食、自然、農業」『聞き書　高知の食事』（松崎敦子らと共著）農文協。
(69) 前田和美（一九八六b）[土佐　食の散歩」一七〜二一、『高知新聞』六月二六日〜七月二日連載]。
(70) 久保佐土美・梶原子治・橋田龍一郎（一九五八）『水稲二期作の研究』高知市立市民図書館。
(71) 池上亘編著（一九八六）『高知県稲作技術史』自費出版。
(72) 池上亘（一九九八）「近代土佐における稲作の変容、二期作の盛衰」『土佐史談』二〇六号。
(73) 奥宮正俊・久保佐土美（一九五四）「水稲二期作　歴史とその発展性――物部川流域平野を中心として」。
(74) 大篠村編（一九三〇）『我等の郷土』高知県長岡郡大篠村。
(75) 川村季夫・池上亘（一九五三）『作付方式の変遷と現段階との比較研究』高知県農業試験場。
(76) 永田忠男（一九五六）『大豆編』養賢堂。
(77) 小松剛（一九五〇）「一山村経済の展開過程――高知県香美郡槇山村」昭和二四年度京都大学農林経済学科提出・卒業論文。
(78) 曳野亥三夫（一九八九）「丹波黒大豆の粒の大きさ」『マメ類栽培・育種通信』9号、および私信。
(79) 永田忠男（一九五三）「丹波黒大豆の栽培に関する二、三の考察」兵庫農科大学研究報告1。
(80) 岡光夫（一九六三）『封建村落の研究』有斐閣。
(81) 前田和美（一九九三）「マメ類」『遺伝』47（82に所収）。

(82) 前田和美（一九九六）『日本人が作りだした動植物――品種改良物語』（共著）裳華房。
(83) 尾松美鳥（二〇〇二）「マメと生活――丹波地方の特産黒大豆と大納言小豆の消費拡大への取組み」『豆類時報』27号。
(84) 島原作夫（二〇一三ａ）「丹波黒大豆の現況と食の歴史1」『豆類時報』71・72号。
(85) 島原作夫（二〇一三ｂ）「丹波黒大豆の現況と食の歴史2」『豆類時報』71・72号。
(86) ガスパール・ダ・クルス著（一五六九）日埜博司訳（一九八七）『一六世紀華南事物誌』明石書店。
(87) ゴンサーレス・デ・メンドーサ『シナ大王国誌』長南実訳／矢沢利彦訳・注『大航海時代叢書』VI（一九七三）。岩波書店。
(88) トメ・ピレス『東方諸国記』生田滋ほか訳・注『大航海時代叢書』V（一九六六）岩波書店。
(89) ジョアン・ロドリーゲス『日本教会史』（上）佐野泰彦ほか訳／土井忠生訳・注『大航海時代叢書』IX（一九六七）岩波書店。
(90) ヤン・ハイヘン・ファン・リンスホーテン『東方案内記』（一五九六）『大航海時代叢書』VIII・岩生成一ほか訳・注（一九六八）岩波書店。
(91) オランダ総督府（一六二四～三七）『バタヴィア城日誌』1・村上直次郎訳／中村孝志校注（一九七〇）平凡社。
(92) 西山松之助（一九七三）「ロドリーゲス『日本教会史』の文化史的価値」というエッセイ「大航海時代叢書月報」9、岩波書店。
(93) 菊池一徳（一九九四）『大豆産業の歩み――その輝ける軌跡』光琳。
(94) Burkill, L. H. (1966) A Dictionary of the Economic Products of the Malay Peninsula, Kuala Lumpur.
(95) Solosiak, T. (2000) Soybean, In: The Cambridge World Histroy of Food, Vol. 1, eds. K. F. Kiple and K. C. Ornelas, Cambridge University Press, Cambridge, UK.
(96) Smartt, J. (1970) Grain Legumes Evolution and Genetic Resources, Cambridge University Press, London, UK.
(97) Probst, A. H. and R. W. Judd (1973) Origin, U. S. History and Development, and World Distribution, In: Caldwell, B. E. *et al.* eds., SOYBEANS: Improvement, Production, and Uses, American Society of Agronomy, Madison, USA.
(98) 大場秀章（一九九七）『江戸の植物学』東京大学出版会。

二　アズキ

（1）Hutchinson, J. (1964) The Genera of Flowering Plants, Vol.1, Clarendon Press, Oxford.

（2）大井次三郎・大橋広好（一九六九）「アジアのアズキ類」『植物研究雑誌』44。

（3）大橋広好（一九八〇）「アズキ類――分類学上の位置と類縁」『育種学最近の進歩』第21集、啓学出版。

（4）Smartt, J. (1990) Grain Legumes Evolution and Genetic Resources, Cambridge University Press, Cambridge, UK.

（5）村田吉平・白井滋久・原正紀・千葉一美・足立大山・島田尚典・藤田正平・飯田修三・品田祐二（一九九五）「十勝農試における小豆の遺伝資源収集と特性調査（ネパール・ブータンを含む）」北海道立十勝農業試験場。

（6）吉崎昌一・椿坂恭代（二〇〇一）「先史時代の豆類について――考古植物学の立場から」『豆類時報』第二四号。

（7）矢野梓・吉崎昌一・佐藤洋一郎（二〇〇一）「ＤＮＡ分析による縄文時代マメの種判定」『日本人と日本文化』第一五号。

（8）友岡憲彦（二〇〇三）「アズキ」海妻矩彦・喜多村啓介・酒井真次編『食用マメ類の科学――現状と展望』第一章「起源と品種分化」養賢堂。

（9）山口裕文（二〇〇三）「照葉樹林が育んだ雑豆〝あずき〟と祖先種」山口裕文・河瀬眞琴編『雑穀の自然史――その起源と文化を求めて』北海道大学図書出版会。

（10）吉崎昌一「先史時代の雑穀：ヒエとアズキの考古植物学」山口裕文・河瀬眞琴編『雑穀の自然史――その起源と文化を求めて』北海道大学図書出版会。

（11）友岡憲彦・加賀秋人・伊勢村武久・ダンカン・ヴォーン（二〇〇八）「アズキの起源地と作物進化」『豆類時報』五一号。

（12）Yamaguchi, H. (1992) Wild and Weed Azuki Beans in Japan, *Economic Botany* 46.

（13）Xu, H. X., T. Jing, N. Tomooka, A. Kaga, T. Isemura, and D. A. Vaughan（2008）Genetic diversity of the azuki bean（*Vigna angularis*（Willd.）Ohwi & Ohashi）gene pool as assessed by SSR markers, *Genome* 51.

（14）Tateishi, Y. and N. Maxted（2002）New species and combinations in *Vigna* subgenus *Ceratotropis*（Piper）Verdcourt（*Leguminosae*, *Phaseoleae*）, *Kew Bull.* 57.（友岡二〇〇三による）。

(15) 加思勰『斉民要術』(五三三〜五四〇年ごろ) 西山武一・熊代幸雄訳注 (一九六九) アジア経済研究会。
(16) 氾勝之 (紀元前一世紀)『氾勝之書』石声漢編・岡島秀夫・志田容子訳 (一九八六) 農文協。
(17) 西山武一 (一九六九)「加思勰『斉民要術』解説」アジア経済研究会。
(18) 小野蘭山『本草綱目啓蒙』(一八〇三) 巻之二十穀之三。東洋文庫536 (一九九一) 平凡社。
(19) 盛永俊太郎・安田健編著 (一九八六)『江戸時代中期における諸藩の農作物——享保・元文　諸国産物帳から』日本農業研究所。
(20) 神宮司廳・官撰 (一九一一)『古事類苑』「植物部二」(一九七二) 吉川弘文館。
(21) 藤原忠平等奉勅撰 (九〇五〜九二七)『延喜式』(小泉丹一九四三・浅井敬太郎一九六四、日本学士院編『明治前日本農業技術史』日本学術振興会、による)。
(22) 杉山直儀 (一九九一)「延喜式の中の野菜」『農業および園芸』66。
(23) 松本重男 (二〇〇二)「日本豆類外史・余録帳 (8・9・10)『豆類時報』第二六・二七・二八号。
(24) 小泉丹 (一九四三)『日本科学史私攷　初輯』岩波書店。
(25) 深江 (根) 輔仁・撰 (九一八)『本草和名』下冊・寛政八年刊、牧野文庫蔵本。
(26) 源順 (九三一〜九三八)『和名類聚抄』巻一七稲穀部二十五、牧野文庫蔵本。
(27) 鋳方貞亮 (一九七七)『日本古代穀物史の研究』吉川弘文館。
(28) 加茂儀一 (一九七六)『日本畜産史　食肉・略農篇』法政大学出版局。
(29) 柳田国男 (一九四二)「アズキの話」『柳田国男集』一四巻、筑摩書房。
(30) 早川孝太郎 (一九五〇)「大豆のある生活——大豆の民俗学的考察」農林省農政局監修・雑穀奨励会編『大豆の研究』に所収、産業図書。
(31) 三浦貞栄治・森口多里・三崎一夫・今村泰子・月光義弘・和田文夫 (一九七五)『東北の歳時習俗』(青森県・岩手県・宮城県・秋田県・山形県・福島県・各分担共著) 明玄書房。
(32) 日本豆類基金協会 (一九八二)『東北地方における豆類・雑穀類等の郷土食慣行調査報告』同協会刊。
(33) 蔵王町編『村の生活史』(1)・(2) (一九八二・一九八三) (北部地区農村高齢者活動促進協議会・白石農業改良普

及所による計六四名の高齢者からの聞き取りによる、農業、村の暮らし、伝承行事、食べ物などについての記録）蔵王町刊。
(34) 古沢典夫・雨宮長昭・大森輝・及川桂子・中村エチ（一九八四）『聞き書 岩手の食事』農文協。
(35) 岸本誠司（一九九九）「東北農耕文化とマメ——岩手県北地方を中心に」『民俗文化』第一一号、近畿大学民俗学研究所。
(36) 岸本誠司（二〇〇四）「マメの民俗誌——中国山地における焼畑と年神祭祀をめぐって」『民俗文化』第一六号、近畿大学民俗学研究所。
(37) 野本寛一編（二〇一一）『食の民俗事典』柊風舎。
(38) 曾槃・白尾国柱編（一八〇四）『成形図説』国書刊行会（一九七四）。
(39) 三品彰英（一九七三）「古代祭政と穀霊信仰」『三品彰英論文集』第五巻、平凡社。
(40) 宋懍（守谷光都雄・訳注／布目潮渢・中村裕一補訂）（一九七八）『荊楚歳時記』東洋文庫324、平凡社。
(41) 熊谷治（一九八四）『東アジアの民俗と祭儀』雄山閣出版（既報三編を所収。「朝鮮半島におけるアズキに関する儀礼・習俗」『朝鮮学報』第九二輯（一九七九）・「中国古代におけるアズキによる儀礼・習俗」『えとのす』一三号（一九八〇）・「アズキに関する儀礼・習俗——日本における基層文化の一系譜」『えとのす』一九号（一九八一）。
(42) 嵐嘉一『日本赤米考』（一九七四）雄山閣。
(43) 応地利明・坪井洋文・渡部忠世・佐々木高明（一九八三）「赤米の文化史」『季刊人類学』14。
(44) 渡部忠世・深澤小百合（一九九八）『もち（糯・餅）』法政大学出版局。
(45) Sacks, F. M. (1977) Literature Review of Phaseolus anguralis-The Azuki Bean, *Economic Botany* 31.
(46) 松浦宗案（一六二九〜一六五四）『清良記』（『親民観月集』）朝日新聞社（一九四六）。
(47) 田中義則（二〇一一）「北海道の高品質豆類育種について・後編」『豆類時報』六二号。
(48) 野村信史（一九九一）「北海道におけるマメ類栽培の歴史」『北海道における豆類の品種』日本豆類基金協会。
(49) 村田吉平（二〇〇三）「北海道におけるアズキ栽培と品種育成の概括」海妻矩彦・喜多村啓介・酒井真次編『食用マメ類の科学——現状と展望』第三章「育種」養賢堂。

(50) 北海道アズキ物語出版委員会編（二〇〇五）『北海道アズキ物語――開拓とともに歩んだアズキの一二〇年史』同会刊。
(51) 寺島良安編（一七一二）『和漢三才図会』①『和漢三才図会畧』巻第百四菽豆類、正徳二年、大坂杏林堂刊、牧野文庫蔵本、②島田勇雄他訳注、『和漢三才図会』18『東洋文庫』532（一九九一）平凡社。
(52) 曳野亥三夫（二〇一〇）「兵庫県における小豆品種とその育種」『豆類時報』第五九号。
(53) 前田和美（一九九六）「日本の豆」『遺伝』四七号（『日本人が作り出した動植物――品種改良物語』（一九九六年、裳華房）に所収。
(54) 黒川玄逸（一六八六）（貞享三年）『雍州府志』牧野文庫蔵本。

三「緑豆」

(1) 藤森栄一（一九六七）『縄文農耕』学生社。
(2) 小山修三（一九八八）「縄文文化の成熟と植物栽培の意味」佐々木高明・松山利夫編『畑作文化の誕生――縄文農耕論へのアプローチ』269―288、日本放送出版協会。
(3) 小山修三（二〇〇〇）「採集と栽培のはざま」佐原真・都出比呂志編『古代史の論点』1「環境と食料生産」95―195、小学館。
(4) 前田和美（一九八七a）『マメと人間――その一万年の歴史』古今書院。
(5) 前田和美（一九八七b）「アジア農耕とマメ」『農耕の技術』第10号。
(6) 森川昌和・橋本澄夫（一九九四）『鳥浜貝塚　縄文のタイムカプセル』読売新聞社。
(7) 森脇勉（一九九八～九九）「モヤシ原料マメ――ブンドウとケツルアズキ」（1～12）『農業および園芸』73―74。
(8) 前田和美（一九九六）「マメ類」日本人が作りだした動植物企画委員会編『日本人が作りだした動植物――品種改良物語』裳華房。
(9) 前田和美（二〇〇〇）「江戸農書のリョクトウに関する記述」『農耕の技術と文化』23号。
(10) 深江（根）輔仁撰（九一八）『本草和名』下冊・第十九巻、多紀元簡校注、寛政八年序刊、江戸、和泉屋庄次郎刊、牧野文庫蔵本。
(11) 源順（九三一―九三八）『倭名類聚鈔』巻十七稲穀部二十五、寛文七年刊、牧野文庫蔵本。
(12) 林信勝（一六一二）『新刊多識編』巻之三穀部一、慶長一七年、京都上村次郎左衛門刊、牧野文庫蔵本。
(13) 向井玄升（一六七一）『庖厨備用倭名本草』（題簽『備用庖厨倭名本草』）貞享元年、小野善兵衛・梶川儀兵衛刊、牧野文庫蔵本。
(14) 新井君美（白石）（一七一七）『東雅』、明治三六年刊、東京、吉川半七、牧野文庫蔵本。
(15) 李時珍（一五九六）『本草綱目』穀部目録・第二十四巻・穀之三菽豆類①明萬暦三一年序刊、牧野文庫蔵本②『国釋本草綱目』木村康一・新訳序・一九七三、春陽堂書店刊。
(16) 曾槃・白尾国柱編（一八〇四）『成形図説』巻之十八、五穀部豆類（一九七四）国書刊行会。
(17) 苅谷望之（掖斎）（一八八三）『箋注倭名類聚鈔』①明治一六年、印刷局刊、牧野文庫蔵本②『古事類苑』。
(18) 氾勝之（紀元前一世紀）『氾勝之書』石声漢編、岡島秀夫・志田容子訳、一九八六年、農文協。
(19) 賈思勰撰（三八六―五三四）『斉民要術』上・下、校訂訳注・西山武一・熊代幸雄（一九六九）アジア経済出版会。
(20) 王禎撰（一三一三）『王禎農書』（神宮司廳官撰一九一一『古事類苑』吉川弘文館一九七二・郭一九九三『中国大豆栽培史』農文協一九九八による）
(21) 宋應星撰（一六三七）『天工開物』藪内清訳注、『東洋文庫』130（一九六九）平凡社。
(22) 徐光啓（一六三九）『農政全書』明・崇禎十二年、上海・太原氏重刊、牧野文庫蔵本。
(23) 大橋広好（一九八〇）「アズキ類――分類学上の位置と類縁」『育種学最近の進歩』21、啓学出版。
(24) 吉川祐輝（一九〇八）（一九一七）『改著食用作物各論』東京成美堂。
(25) 田中節三郎（一九〇一）『栽培各論』東京博文館。
(26) 高橋良直（一九〇九）「小豆の植物学的研究」『札幌農林学会報』第2―3号。
(27) 原寛（一九四六）「有用植物の分類学的研究Ⅱ・Ⅲアヅキ、ツルアヅキ及びヤエナリ」『資源科学研究所彙報』10号。
(28) 北海道立十勝農業試験場（一九九五）「十勝農試における小豆の遺伝資源収集と特性調査」十勝農試。
(29) 前田和美（二〇一一）『落花生』法政大学出版局。

(30) 兪宗本（貞木）唐・郭橐駝著・明・周履靖校（元代）『種樹書』巻之上・中・下①木活版・付活版『種樹書』民国二六年、長沙商務印書館刊、京都大学図書館蔵本、②唐・郭橐駝著、採珍堂木活本、大正八年、牧野富太郎写、牧野文庫蔵本 ③『新刻種樹書』元兪宗本（立庵）著・胡文煥（全庵）校寫、牧野文庫蔵本。

(31) 周之璵撰（明代）『農圃六書』小原八三郎寫、牧野文庫蔵本。

(32) 宮崎安貞（一六九七）『農業全書』巻之二五穀之類 ①天明再版、書堂柳枝軒蔵版、牧野文庫蔵本、②島野至訳、山田龍雄解題『日本農書全集』12、農文協。

(33) 貝原益軒（一七〇九）（一七一五）『大倭本草』巻之四穀類、正徳五〜宝永六年、京都、永田調兵衛刊、牧野文庫蔵本。

(34) 貝原益軒（一七〇四）『菜譜』（題簽『諸菜譜』）下巻穀類、文化十二年、京都平安瑞錦堂蔵（他異本二版）、牧野文庫蔵本。

(35) 岩崎常正（灌園）（一八三〇）『本草図譜』穀部四十・菽豆類 ①文政一三年。大正五〜一一年、「東京本草図譜刊行会」刊、牧野文庫蔵本。

(36) 佐藤信淵（一八三二）『草木六部耕種法』巻之十六需実第二編、明治七年、東京名山閣刊、牧野文庫蔵本。

(37) 小野蘭山（一八〇三）『本草綱目啓蒙』2、『東洋文庫』536（一九九一）、平凡社。

(38) 藤原忠平等・奉勅撰（九〇五〜九二七）『延喜式』①小泉丹（一九四三）『日本科学史攷』初輯岩波書店、②浅井敬太郎（一九六四）日本学士院編『明治前日本農業技術史』日本学術振興会、③杉山直儀（一九九一）『農業および園芸』66による。

(39) 土居（清良）水也（一六二九〜一六五四）『清良記』（『親民鑑月集』）①『日本科学古典全集』朝日新聞社②『日本農書全集』10・松浦郁郎・徳永光俊訳・解題（一九八〇）農文協。

(40) 佐藤省三（一九九四）「長曾我部地検帳に基づく四〇〇年前の高知県の切畑作物」『雑穀研究』6号。

(41) 岡本高長（一七八七）『物紛』末永儀運編注（一九九一）『土佐史談会選書』13号。

(42) 著者不詳（一八三六）「諸作物之事――付生業之事」（高知県『野市町史』による）。

(43) 宮地太仲（一八四〇）『農家須知』門脇昭、復刻編（一九八八）（株）協伸、南国市。

(44) 鋳方貞亮（一九七七）『日本古代穀物史の研究』第4章大豆・第5章小豆、吉川弘文館。

（45）岸本誠司（一九九九）「東北農耕文化とマメ――岩手県北地方を中心に」『民俗文化』第11号。
（46）安室知（一九九七）「アゼ豆の村――稲作と畑作の交錯」『横須賀市博物館研究報告』（人文科学）第四二号。
（47）安室知（一九九八）「アゼ豆と女性――家計維持に見る主婦の役割」『歴博』九七号。
（48）汪景貞等撰（一六二一）『佩文齊廣羣芳譜』巻十穀譜四　①清康熙四七年序刊、牧野文庫蔵本。
（49）人見必大（一六九五）『本朝食鑑』①元禄八年・摂陽、平野勝右衛門刊、牧野文庫蔵本　②島田勇雄訳注『東洋文庫』296（一九七六）平凡社。
（50）水野廣業（天保年間）『大和本草』巻之四穀類、牧野文庫蔵本。
（51）大場秀章（一九九七）『江戸の植物学』東京大学出版会。
（52）上野益三（一九七九）「農書著作の基礎にもなった本草学」『日本農書全集』6、月報、農文協。
（53）寺島良安編（一七一二）『和漢三才図会』①『和漢三才図会畧』巻第百四、菽豆類、正徳二年、大坂杏林堂刊、牧野文庫蔵本、②島田勇雄他訳注『東洋文庫』532（一九九一）平凡社。
（54）菊地秋雄（一九六四）「果樹園芸」第三編・日本学士院編『明治前日本農業技術史』日本学術振興会。
（55）田中芳男・小野職愨（一八九一）『有用植物図説』解説巻一・帝国博物館蔵版、大日本農会刊、牧野文庫蔵本。
（56）戸刈義次・菅六郎（一九七二）『食用作物』第18章「小豆及び緑豆」養賢堂。

四　「隠元豆」の由来と『隠元冠字考』

（1）気多艸介（一九八二）「隠元冠字考」（一・二）――抄注・時代的背景」『雑豆時報』15号。

第六章　東南アジアにおけるマメの文化

（1）Ochse, J. J. and R. C. Bakhuizen Van Den Brink（1931）Vegetables of the Dutch East Indies（Edible Tubers, Bulbs, Rhizomes and Spices Included）, Buitenzorg-Java, English Edition of "INDISCHE GROENTEN", 1980, Amsterdam.
（2）前田和美（一九八七）『マメと人間――その一万年の歴史』古今書院。
（3）永積昭（一九七一・二〇〇〇）『オランダ東インド会社』講談社。

（4）白石隆（二〇〇〇）『海の帝国　アジアをどう考えるか』中央公論社。
（5）大橋厚子（二〇〇一）「東インド会社のジャワ島支配――最初の人を最後に」『岩波講座・東南アジア史４・東南アジア近世国家群の展開――18世紀』岩波書店。
（6）横井勝彦（二〇〇四）『アジアの海と大英帝国』講談社。
（7）石井米雄・桜井由躬雄（一九八五）『東南アジア世界の形成』講談社。
（8）青山亨（二〇〇七）「インド化再考――東南アジアとインド文明との対話」『総合文化研究』10号、東京外国語大学総合文化研究所紀要。
（9）カーテイン・P・D著・田村愛理・中堂行政・山影進訳（二〇〇二）『異文化間の交易の世界史』ＮＴＴ出版。
（10）岩村忍（一九六六）『シルクロード――東西文化の溶炉』日本放送出版協会。
（11）増田精一（一九七〇）『砂に埋もれたシルクロード』新潮社。
（12）篠原陽一（一九八三）『帆船の世界史――イギリス人船員の証言』高文堂出版社。
（13）羽田正（二〇〇七）『東インド会社とアジアの海』「興亡の世界史」15、講談社。
（14）Burkill, I. H. (1966) A Dictionary of the Economic Products of the Malay Peninsula, Kuala Lumpur.
（15）前田和美（二〇一一）『落花生』法政大学出版局。
（16）Sadikin, Somaatmadja（1980）Kacang Tanah, Arachis hypogaea L., Jakarta.
（17）Dubard, M.（1906）De l'origine de l'arachide（Hammons, R. O., 1994, The origin and history of the groundnut, In: Smartt, J. ed. The Groundnut Crop, Chapman & Hall, London. による）
（18）デルヴェール・ジャン（Delvert, Jean（1967）Géographie de L'Asie du Sud-est）菊池一雅訳『東南アジアの地理』（一九六八）白水社。
（19）和田祐一（一九七〇）「東南アジアの言語分布」（図）梅棹忠夫・石井米雄監修『特集東南アジアの文化』『Ｅｎｅｒｇｙ』26（株）エッソ・スタンダード石油。
（20）落合秀男（一九七七）『スマトラの曠野から――ある農業技術者の発言』日本放送出版協会。
（21）崎山理（一九八六）「マレー語」『東南アジアを知る事典』平凡社。

(22) 別技篤彦（一九八六）「スマトラ（島）」・「スラウェシ（島）」石井米雄ほか監修『東南アジアを知る事典』平凡社。
(23) 柴田紀男（一九八六）「インドネシア語」『東南アジアを知る事典』平凡社。
(24) 関本照夫（一九八六）「インドネシア」『東南アジアを知る事典』平凡社。
(25) 倉田勇（一九八六）「ミナハサ族」『東南アジアを知る事典』平凡社。
(26) 高橋彰・監修（二〇〇〇）『最新・地図で知る東南・南アジア』平凡社。
(27) 菊澤律子（二〇〇七）「オーストロネシア語族の広がり——言語学から見たオセアニア文化」国立民族学博物館編『オセアニア　海の人類大移動』昭和堂。
(28) ベルウッド・P（一九七八／一九八九）『大平洋　東南アジアとオセアニアの人類史』植木武・服部研二訳、法政大学出版局。
(29) 田中耕司（一九九一）「マレー型稲作とその広がり」『東南アジア研究』29。
(30) 児玉望（一九九二）「ドラヴィダ語族」『南アジアを知る事典』平凡社。
(31) 重松伸司（一九九二）「ドラヴィダ民族」『南アジアを知る事典』平凡社。
(32) Anthony, R. (1988) An IBAN-ENGLISH DICTIONARY, Penerbit Fajar Bakti SDN, BHD, Petaling Jaya, Malaysia/Oxford University Press. London.
(33) 福井勝義（一九七一）「エチオピアの栽培植物の呼称の分類とその史的考察——雑穀類をめぐって」『季刊人類学』2。
(34) 福井勝義（一九七二）「エチオピアにおけるマメ類の呼称の分類とその史的考察」『東京外国語大学アジア・アフリカ言語文化研究』5。
(35) Om Prakash（1961）Food and Drinks in Ancient India（From Earliest Times to C. 1200 A. D.）Munshi Ram Manohar Lal, New Delhi.
(36) Nene, Y. L. (2006) Indian Pulses Through the Millennia, *Asian Agri-History* 10.
(37) 浜下武志（一九九一）「中国と東南アジア」矢野暢・石井米雄編『講座東南アジア学四・東南アジアの歴史』弘文堂。
(38) 菅谷成子（二〇〇一）「島嶼部華僑社会の成立」『岩波講座　東南アジア史〈4〉東南アジア近世国家群の展開——18世紀』岩波書店。

（1）サンダース・W・T、マリノ・J・J、大貫良夫訳（一九七〇）『新大陸の先史学』鹿島出版会。
（2）寺田和夫（一九七三）『人類文化史』I人類創世記・第3部「農耕の開始と古代文明の夜明け」講談社。
（3）Harlan, J. R.（1992）Crops & Man, American Society of Agronomy, Inc., and Crop Science Society of America, Inc.
（4）Cow, M., D. Snow, and E. Benson（1986）Atlas of ANCIENT AMERICA, Equinox, Oxford, Ltd., 寺田和夫監訳『古代のアメリカ図説世界文化地理大百科』朝倉書店（一九八九）。
（5）前田和美（二〇一一）『落花生』法政大学出版局。
（6）Pickersgill, B.（2007）Domestication of Plants in the Americas: Insights from Mendelian and Molecular Genetics, *Annals of Botany* 100.
（7）Crosby, A. W.（1972）The Columbian Exchange. Biological and cultural consequences of 1492, Westport, Conn., By: Messer, E., B. B. Haber, J. Toomre, and B. Wbeaton, Culinary History, In: The Cambridge World History of Food, Vol. Two, Cambridge University Press, UK.
（8）フォード・R、西村正雄訳（一九八六）「北米先史時代における植物性食料の生産過程」、スチュアート・ヘンリ編著『世界の農耕起源』所収、雄山閣。
（9）Merrill, E. D.（1938）Domestication of Plants in Relation to the Diffusion of Culture, *The Botanical Review* 4.
（10）Jett, S. C.（2000）Confessions of a Cultural Diffusionist（http://sites.maxwell.syr.edu/dag/yearbook2000/jett.pdf）
（11）古田武彦訳著、ライリー・C・L他編（一九七七）『倭人も太平洋を渡った――コロンブス以前の「アメリカ発見」』創世記。
（12）ダニエル・G（一九六八）坂本完春訳『文明の起源と考古学』社会思想社。
（13）ハイエルダール・T（一九六〇）水口志計夫訳「コン・ティキ号探検記」中野好夫ら編『世界ノンフィクション全集』1、筑摩書房。
（14）ベルウッド・P（一九八九）植木武・服部研二訳　『太平洋　東南アジアとオセアニアの人類史』法政大学出版局。
（15）Johannessen, C. L.（2001）Voyaging Between Early Civilization Rewakened,（http://www.archivesofculturalexchanges.

org/forums/viewtopic.php?f=3&t=4）
（16） Sorenson, J. L. and C. L. Johannessen（2004）Scientific Evidence for Pre-Columbian Transoceanic Voyages to and from The Americas, V. H. Mair, ed., Pt. 1~3, NEAL MAXWELL INSTITUTE, Provo, Utah.（V. H. Mair, ed., SINO-PLATONIC PAPERS, 133. University of Pennsylvania, Philadelphia）（http://www.sino-platonic.org）
（17） Sorenson, J. L.（2008）Ancient Voyages Across the Ocean to America: No Longer Impossible, Book of Mormon Archaeological Forum（http://www.bmaf.org/node/200）
（18） Wolters, B.（2001）Dissemination of American Economic Plants on Pre-Columbian Sea Routes by Amerindians, *Migration & Diffusion* 1（http:www.migration-diffusion.info/pdfdownload.php?id=518file=）
（19） Uchibayashi, M.（2005）Maize in Pre-Columbian-China, *YAKUGAKU ZASSHI* 125.
（20） 内林政夫（二〇〇六ａ）「コロンブス以前の中国のトウモロコシ――中国本草書『本草品彙精要』より」*YAKUGAKU ZASSHI* 126.
（21） 内林政夫（二〇〇六ｂ）「コロンブス以前にあったトウモロコシ――回想」*YAKUGAKU ZASSHI* 126.
（22） 河原太八（二〇〇七）「コロンブス以前の新旧両大陸の栽培植物・馴化動物の交流」（http://www.2.ocn.ne.jp/~pgpins/Kawahara/seminar14.htm）
（23） Pratt, D.（2009）The Ancient Americas: migrations, contacts, and Atlantis, Part 1（http://www.davidpratt.info/americas1.htm）
（24） Anderson, Edger（1952）Plants, Man and Life, Ames, O.（1939）Economic Annuals and Human Cultures. Cambridge, Mass.（Krapovickas 1969 による）
（25） Krapovickas, A.（1969）The origin, variability and spread of the groundnut（Arachis hypogaea）; In: Ucko, P. J. and G. W. Dimbley eds., The domestication and exploitation of plants and animals, Gerald Duckworth & Co., London.
（26） Hammons, R. O.（1973）Early history and origin of the peanut, In: Peanut-Culture and Uses, A Symposium, American Peanut Research and Education Association, Inc., Stillwater, OK.
（27） Dubouck, D. G.（1999）Biodiversity, ecology and genetic resources of *Phaseolus* beans-Seven answered and unanswered

questions, In: Proceedings of The Seventh MAFF, Japan International Workshop on Genetic Resources, Pt. 1, Wild Legumes, Tsukuba, Ibaraki, Japan. 1999.

(28) Broughton, W. J., G. Hernandez, M. Blair, S. Beebe, P. Gepts, and J. Vanderleyden（2003）Beans（Phaseolus spp.）-model food legumes, *Plant and Soil* 252.

(29) Kaplan, L.（1981）What is the origin of the Common bean? *Econ. Bot*. 35.

(30) Gepts, P., T. C. Osborn, K. Tashaka, and F. A. Bliss（1986）Phaseolin-protein Variability in Wild Forms and Landraces of the Common Bean（*Phaseolus vulgaris* L.）: Evidence for Multiple Centers of Domestication, *Econ. Bot.* 40.

(31) Singh, S.P., P. Gepts, and D. G. Debouck（1991）Races of Common Bean（*Phaseolus vulgaris, Fabaceae*）, *Econ. Bot*. 45.

(32) Sonnante, G., T. Stockman, R.R. Nodari, V. L. Becerra Velasquez, and P. Gepts（1994）Evolution of genetic diversity during the domestication of common-bean（*Phaseolus vulgaris* L.）, *Theoritical Applied Genetics* 89.

(33) Beebe, S., J. Rengifo, E. Gaiten, M. C. Duque, and J. Tohme（2001）Diversity and origin of Andean Landraces of Common Bean, *Crop Sci*. 41.

第八章　精神生活のなかのマメ

一　「神話」のマメ

（１）大林太良（一九七三）『稲作の神話』弘文堂。

（２）Price, D.（1989）Before the Bulldozer The Nambiquara Indians & The World Bank, Seven Rocks Press, Washington, D. C.［斎藤正美訳（一九九一）『世界銀行とナンビクワラ・インディオ　ブルドーザーが来る前に』三一書房がある］

（３）前田和美（二〇一一）『落花生』法政大学出版局。

（４）吉田敦彦（一九七四）『ギリシャ神話と日本神話――比較神話学の試み』みすず書房。

（５）伊藤清司（一九九一）『昔話　伝説の系譜――東アジアの比較説話学』第一書房。

（６）工藤隆（二〇〇六）『古事記の起源――新しい古代像を求めて』中央公論社。

（７）吉田敦彦（一九七六）『小さ子とハイヌウェレ――比較神話学の試み２』みすず書房。

（8）オドリクール・A－G／L・エダン著、小林真紀子訳（一九九三）『文明を支えた植物』八坂書房。
（9）H・W・ロングフェロー著、三宅一郎訳（一九九三）『The Song of Hiawatha　ハイアワサの歌』（付録・英語原文・横須賀孝弘『森林インディアン・オジブワ族の世界』、荒このみ『白い人「ハイアワサ」』作品社。
（10）澤田總清（一九四四）『全譯古事記精解』健文社。
（11）上田正昭（一九七〇）『日本神話』岩波書店。
（12）直木孝次郎（一九七〇）「日本神話と古代の天皇」朝日新聞「文化」欄、八月二〇日付。
（13）前田和美（二〇〇三）「中国山東省半島部におけるラッカセイ栽培」『日本作物学会紀事』72。

二　「信仰」とタブーのマメ――ソラマメ

（1）Smartt, J.（1990）Grain Legumes Evolution and Genetic Resources, Cambridge University Press, Cambridge.
（2）Ladizinsky, G.（1975）Seed protein electrophoresis of the wild and cultivated species of section *Faba* of *Vicia*, *Euphytica* 24.
（3）Potokina, E., D. Vaughan, N. Tomooka, and S. Bulyntzev（1999）*Vicia faba* L. and related species: Gentic diversity and evolution, In: Wild legumes, MAFF International Workshop on Genetic Resources, MAFF & NIAR, Tsukuba, Japan.
（4）Cubero, J. I.（1974）On the Evolution of *Vicia faba* L., *Theor. Appl. Genet*. 45（Potokina *et al*. 1999 による）
（5）Cubero, J. I.（1984）Taxonomy, Distribution and Evolution of the Faba Bean and Its Wild Relatives, In: Witcomb, J. R. *et al*. eds. Genetic Resources and Their Exploitation—Chickpea, Faba Bean and Lentils, Hague.
（6）De Candle, A.（1886）Origin of Cultivated Plants, Second ed., Hafner Publishing Co., N. Y. & London. 加茂儀一訳注『ドゥ・カンドル　栽培植物の起源』下、一九五八年、岩波書店。
（7）寺田寅彦（一九三四）「豆と哲人――ピタゴラスの最期」（東京毎日新聞七月一六日付夕刊）。随筆集『触媒』所収。『寺田寅彦全集文学編』第五巻、一九九二年、岩波書店。
（8）Katz, S. H. and J. Schall（1979）Fava bean consumption and biocultural evolution, *Medical Anthropology* 3（Abst.）（および Newkirk, C., 2003 による）

(9) Newkirk, C. (2003) Are We What We Eat?: The Fava Bean Taboo, Biocultural Evolution and Anthropological Theory, Human Adaptability, Dr. Bindon Text and Bibliography.
(10) Andrews, A. C. (1949) The Bean and Indo-European Totemism, *American Anthropologist* 51.
(11) Darby, W. P., P. Ghalioungui and L. Grivetti (1977) FOOD: The Gift of Osiris, Academic Press, London & N. Y..
(12) 風間喜代三（一九九二）「インド・ヨーロッパ語族」『南アジアを知る事典』平凡社。
(13) Simoons, F. J. (1998) Plants of Life, Plants of Death, The Wisconsin University Press, Madison.
(14) 前田和美（二〇一一）『落花生』法政大学出版局。
(15) Freudenburg, K. (2006) Playing at Lyric's Boundaries: Dreaming Forward in Book Two of Horace's Sermones, *Dictynna* 3 (http://dictynna.revues.org/228)
(16) 加藤憲市（一九七六）『英米文学　植物民俗誌』冨山房。
(17) 前田和美（一九八七）『マメと人間――その一万年の歴史』古今書院。
(18) von Shroeder, L. (1901) Das Bohnenverbot bei Pythagoras und im Veda, Wiener Zeitschrift für Kunde des Morgenländs 15.
(19) 浅井治海（二〇〇八）『魔法の植物のお話――ヨーロッパに伝わる民話・神話を集めて』フロンティア出版。
(20) Belsey, M. A. (1973) The Epidemiology of Favism, Bull. Org. Mond. Sante Bull. W. H. O., Rome.

三　民話とマメ――英国民話「ジャックとマメの茎」

(1) 木下順二訳「ジャックと豆のつる」（一九六七）『イギリス民話選　ジャックと豆のつる』岩波書店（第一三刷、二〇〇〇年）。
(2) *Anonym*. The History of Jack and The Beanstalk (http://www.cts.dmu.ac.Uk/AnaServer?hockliffe+2290; hoccview.anv.)
(3) Ashliman, D. L. (2002–10) Jack and the Beanstalk, eight versions of an English fairy tale (Aarne-Thompson-Uther Type 328 (http://www.pitt.Edu/~dash/type0328jack.html.)
(4) Askjeves Encyclopedia (http://uk.ask.com/wiki/Jack-and-the -Beanstalk)

（5） Desmonde, W. H.（1951）Jack and the Beanstalk, AMERICAN IMAGICO 8（http://www.pep-web.org/document.php?id=AIM. 008.0287A）
（6） http://en.wikipedia.org./wiki/Jack-and-theBeanstlak.
（7） Goldberg, C.（2001）The Composition of "Jack and the Beanstalk", *Marvels & Tales* 15, Wayne State University Press（http://muse.jhu.edu/journals/mat/summary/vols5/15.goldbeg.thml）
（8） 木下順二訳（一九九二）『ジャックと豆のつる』「世界みんわ絵本」。絵・田島征三、ほるぷ出版。
（9） 山室静訳（一九七六）「ジャックと豆の木」山室静編著『新編世界むかし話集』I、イギリス編。社会思想社。
（10） 柳田国男（一九四三）「天の南瓜」『昔話覚書』三省堂、所収。
（11） 石川偉子（二〇〇八）「中河与一作品年譜大正四年～昭和三年」一橋大学機関リポジトリ――HERMES―IR,（http://hdl.hanndle.net/10086/16512）
（12） Newkirk, C.（2003）Are We What We Eat?: The Faba Bean Taboo, Biocultural Evolution and Anthropological Theory, Human Adaptability, Dr. Bindon Text and Bibliography.
（13） 山下正男（一九七七）『植物と哲学』中央公論社。
（14） ルルカー・マンフレート著（一九六〇）林捷訳『シンボルとしての樹木――ボッスを例として』（一九九四）法政大学出版局。
（15） 谷口幸男（一九七六）『エッダとサガ――北欧古典への案内』新潮社。
（16） P・ヒューズ著（一九五二）早乙女忠訳『呪術――魔女と異端の歴史』（一九六八）筑摩書房。
（17） 野本寛一（二〇一〇）『地霊の復権――自然と結ぶ民俗を探る』岩波書店。

四　身体装飾とマメ

（1） H・&A・モルデンケ著、奥本裕昭編訳（一九八一）『聖書の植物』八坂書房。
（2） 満久崇麿（一九九五）『仏典の植物』八坂書房。
（3） Issacs, J.（1987）Bush Food, Aboriginal Food and Herbal Medicine, Weldon International, NSW, Australia.

（４） 浅井治海（二〇〇八）『魔法の植物の話――ヨーロッパに伝わる民話・新名を集めて』フロンティア出版。
（５） 前田和美（一九八七）『マメと人間――その一万年の歴史』古今書院。
（６） 大給近達（一九七七）「ボディ・ペインティング」『文化人類学事典』ぎょうせい。
（７） 小松和彦（一九七七）「身体装飾」（ボディ・デコレーション）『文化人類学事典』ぎょうせい。
（８） *Anonym*. (2000) Modern Primitives: The Research Ritual of Adornment, The Institute for Cultural Research, *Monograph Ser*. No. 37.
（９） *Anonym*. Body painting (http://en.wikipedia.org./wiki/Body-Painting.
（10） *Anonym*. The earliest known forms of human adornment, c132.000BCE-98,000BCE (http://www.historyofinformation.com/expanded.php?id=2979)
（11） Francis, P., Jr. (1984) Plants as Human Adornment in India, *Econ. Bot.* 38.
（12） Armstrong, W. P. (1998) Botanical Jewelry Necklaces and bracelets made from plants, Original Article, *Terra* 30, 1992 (http://waynesword.palomar.edu/ww0901.htm)
（13） Armstrong, W. P. (1998) Magical Seeds From India: Manjudikaru (http://waynesword.palomar.edu/ww0901.htm)

第九章　虚構の主役になったマメ――エンドウ

（１） Turner, J. H. (1933) The Viability of Seeds, *Bull. Miscellaneous Information, Royal Botanic Gardens, Kew*, No. 6.
（２） Barton, L. V. (1961) Seed Preservation and Longevity. Leonald Hill [Books] Limited.
（３） Priestley, D.A. (1986) SEED AGING Implication for seed storage and resistance in the soil. Cornell Univ. Press.
（４） Compton, R. H. (1911) The Anatomy of the Mummy Pea, *New Phytologist* 10.（本文＊３）
（５） 纐纈理一郎（一九四九）『生理植物学』明文堂。
（６） 安田貞雄（一九四九）『種子生産学』養賢堂。
（７） Quick, C. R. (1961) How long can a seed remain alive? In: The Yearbook of Agriculture, U. S. D. A.
（８） Renfrew, J. M. (1973) Paleoethnobotany The prehistric food plants of the Near East and Europe, Columbia Univ. Press.

（9）Hepper, F. N.（1990）Pharaoh's Flowers: The Botanical Treasures of Tutankhamun, HMSO.
（10）Carter, H.（1923, 1927, 1933）The Tomb of Tutankhamen, 1-3 vols., Cassell & Company, 酒井伝六・熊田亨訳『ツタンカーメン発掘記』（一九七一）筑摩書房。
（11）Murray, H. and M. Nuttall（1963）A Handlist to Howard Carter's Catalogue of Objects in TUTANKHAMŪN'S Tomb, Oxford Univ. Press.
（12）Reeves, N.（1990）The Complete Tutankhamun, Thames and Hudson Ltd., London, 近藤二郎訳（一九九三）『図説　黄金のツタンカーメン　悲劇の少年王と輝ける財宝』原書房。
（13）Siliotti, A.（1995）EGYPT, Edizione White Star, Vercelli, Italia. 鈴木八司訳『エジプト驚異の古代文明』（一九九五）新潮社。
（14）Dawson, W. R.（1950）Percy Edward Newberry, *Jour. Ezyptian Archaeology* 36.
（15）De Vartavan, C.（1990）Contaminated plant-foods from the tomb of Tu-tankh-amun: A new interpretative system, *Jour. Archaeological Science* 17.
（16）Desmond, R.（1995）KEW: The History of The Royal Botanic Gardens, Harvill Press with Royal Botanic Gardens, Kew.
（17）Miller, N. F. and W. Wilma（2000）The Beginnings of Agriculture: The Ancient Near East and North Africa, In: Kiple, K. F. and K. C. Ornelas eds., The Cambridge World History of Food, Vol. 2, Cambridge Univ. Press.
（18）上地ちず子（一九八七）『のびろ　のびろ！　ツタンカーメンのえんどう』耀辞舎。
（19）相馬暁・松川勲（二〇〇〇）「エンドウ」渡辺篤二監修『豆の事典――その加工と利用』幸書房。
（20）前田和美（二〇〇三）「ツタンカーメンのエンドウについて――作物学の立場から」『農耕の技術と文化』26号。
（21）Duvel, J. W. T.（1904）The vitality and germination of seeds. *U. S. Dept. Agr. Bur. Plant Ind. Bull.* 83, In: Priestley, D. A. *et al.* 1986.
（22）角屋重樹・後藤良秀・石井雅幸編（二〇〇二）『子どもが感じ考え実感する・理科の授業と評価・5年』教育出版。

（1）Issacs, J.（1987）BUSH FOOD Aboriginal Food and Herbal Medicine, Sydney.

（2）前田和美（一九九三）「マメの作物学余録（3）採集・狩猟民の野生植物食料とマメ科植物」『雑豆時報』59号、雑豆輸入基金協会。

（3）松山利夫（一九九四）『ユーカリの森に生きる――アボリジニの生活と神話から』日本放送出版協会。

（4）Brand, J. C., V. Cherikoff and A. S. Truswell（1983）The nutritioanl composition of Australian Aboriginal bushfoods. 1, *Food Technology in Australia* 35.

（5）Brand, J. C., V. Cherikoff and A. S. Truswell（1985）The nutritional composition of Australian Aboriginal bushfoods 3. Seeds and nuts, *Food Technology in Australia* 37.

（6）新保満（一九八八）『悲しきブーメラン――アボリジニの悲劇』未来社。

（7）サーリンズ・M著、山内昶訳（一九八四）『石器時代の経済学』法政大学出版局。

（8）田中二郎（一九七一）『ブッシュマン――生態人類学的研究』思索社。

（9）小山修三（一九八四）『縄文時代――コンピューター考古学による復元』中央公論社。

（10）五島淑子（一九八一）「アボリジニの食事と栄養――マニングリダ・マーケットの調査」「民族学博物館研究報告」別冊号。

（11）Harlan, J. R.（1975・1992）Crops and Man, American Society of Agronomy and Crop Science Society of America, Madison, Wisconsin.

（12）前田和美（一九九〇）「わが国における野生植物の栽培化および新作物の導入に関わる諸問題」（2）「マメ科未利用種の導入と利用の可能性」（日本学術会議農学研究連絡委員会シンポジウム）『農業および園芸』65。

（13）Norris, D. O.（1958）Lime in Relation to the Nodulation of Tropical Legumes, Hallsworth, E. G., ed. Nutrition of of the Legumes, London.

（14）Allen, O. N. and E. K. Allen（1981）THE LEGUMINOSAE A Source Book of Characteristics, Uses and Nodulation, The University of Wisconsin Press, Madison, U. S. A.

(15) Tame, T.（1992）ACACIAS of Southeast Australia, Kenthurst, Australia.
(16) Saxon, E. C.（1981）Tuberous Legumes: Preliminary Evaluation of Tropical Australian and Introduced Species as Fuel Crops, *Econom. Bot*. 35.
(17) Liener, I.（1975）Antitryptic and other Antinutritional Factors in Legumes, In: Milner, M. ed. Nutritional Improvement of Food Legumes by Breeding, John Wiley & Sons, New York and London.
(18) Duke, J. A.（1981）Handbook of Legumes of World Economic Importance, Prenum Press, London & New York.
(19) Murdock, G. P.（1959）Africa: Its Peoples and their Culture History, Mc Graw Hill Book Co., N. Y.
(20) 前田和美（二〇一一）『落花生』法政大学出版局。
(21) 川田順三（一九七九）『サバンナの博物誌』新潮社。
(22) Achi, O. K.（2005）Traditional fermented protein condiments in Nigeria, *Africn Jour. of Biotechnology* 4（http://www.academic journals.org/AJB, pdf）
(23) Sadiku, O. A.（2010）Processing methods influence to the quality of fermented African Locusut Bean（*Illu/ogiri/dadawa*）*Parkia biglibosa, Jour. of Applied Sciences Research* 6.
(24) 原敏夫（一九九〇）「納豆のルーツを求めて」『化学と生物』28。
(25) 加藤清昭（一九九〇）「納豆アフリカを行く——西アフリカの納豆ダワダワをたずねて」『食の科学』一四四号。
(26) Gernah, D. I., Atolagbe, M. O. and Echegwo（2007）Nutritional composition of the African locust bean（*Parkia biglobosa*）fruit pulp, *Nigerian Food Journal* 25（Bioline International）.
(27) Om Prakash（1961）Food and Drinks in Ancient India, Munshi Ram Manohar Lal, Oriental Booksellers & Publishers, Nai Sarak, Delhi.
(28) Rao, Sivaji and Shalini Devi Holker（1975）Cooking of the Maharajas The Royal Recipes of India, The Viking Press, New York.
(29) アローラ・レヌ（一九八三）『私のインド料理』柴田書店。
(30) Achaya, K. T.（1994）INDIAN FOOD—A Historical Companion, Oxford University Press, Delhi.

（31）アタヴァレー・V・B著、稲村晃江訳『アーユルヴェーダ・日常と季節の過ごし方』平河出版社、一九八七年（原著 V. B. Athavale, Ayurveda Science of Life Daily and Seasonal Regimen. 出版社・出版年不詳）
（32）ヨギ・ヴィダルダス／S・ロバーツ著、谷沢由起訳（一九六八／一九七一）『ヨガの料理手帖』白揚社。
（33）ガンジー・M・K著、丸山博監修／岡芙三子訳（一九八二）『ガンジーの健康論』編集工房ノア。
（34）戸沢行夫（一九八五）「もやし初物考——江戸市民の〝食〟の社会史」『飲食史林』第六号。
（35）前田和美（一九八六）『聞き書き高知の食事』（共著）農文協。
（36）セルマン・ペール／ギッタ・セルマン／山梨幹子（一九八一）『もやしの本』文化出版局。
（37）Pohlman, J. M. (1991) The Mungbean, Oxford & IBH Publishing Co. Pvt. Ltd., New Delhi.
（38）前田和美（一九八七）『マメと人間——その一万年の歴史』古今書院。
（39）李時珍編（一五七八・五九〇・五九六）『本草綱目』穀部・穀の三「菽豆類十四種」（木村康一訳『国譯本草綱目』一九七三年、春陽堂）。
（40）吉野裕子（一九八六）『陰陽五行と童児祭祀』人文書院。
（41）郭文韜著、渡部武訳（一九九三）『中国大豆栽培史』農文協。
（42）張志華・曉琳（一九九九）『豆類養生食譜』中国安徽省科学技術出版社。
（43）田中静一（一九八二）「中国の料理書」『週刊朝日百科』「世界の食べもの7・中国13食事文化史」朝日新聞社。
（44）寺島良安（一七一二）島田勇雄・竹島淳夫・樋口元巳訳注『和漢三才図会』18東洋文庫532（一九九一）、平凡社。
（45）曾槃・白尾国柱編著（一八〇四）『成形図説』国書刊行会版（一九七四）。
（46）兪宗本『種樹書』長沙商務印書館版（一九三七）。
（47）神宮司廳蔵版（一八九六〜一九一四）『古事類苑』植物部第二刷、吉川弘文館。
（48）Burkill, I. H. (1966) A Dictionary of the Economic Products of the Malay Penninsula, Two Vols., Government of Malaysia & Singapore, Kuala Lumpur.
（49）Ochse, J. J. (1931) Vegetables of the Dutch East Indies, English ed., Amsterdam (1980).
（50）Del Mundo, P. B. (1987) Non Pork Cookery, National Book Store, Manila, Philippines.

(51) Singh, U. (1991) The Role of Pigeonpea in Human Nutrition, Uses of Tropical Grain Legumes, Proceedings of a Consultants Meeting,1989, ICRISAT.
(52) Lumpkin, T. A. and D. C. McClary (1994) Adzuki Bean Botany, Production and Uses, C. A. B., International, U. K.
(53) 賈思勰撰（六世紀）西山武一・熊代幸雄校訂・訳注『斉民要術』上・下（一九六九）アジア経済出版会。
(54) 青木正児（一九四九／一九八四）『華国風味』岩波書店。
(55) 永井威三郎（一九四九）『実験作物栽培各論』第二巻、養賢堂。
(56) Council of Science and Industrial Research of India (1950) THE WEALTH OF INDIA, Raw Materials, Vol. II., Cajanus, DHAL-Preparation and Uses, CSIRI, New Delhi.
(57) Kurien, P.P., H. S. R. Desikachar, and H. A. B. Parpia (1972) Processing and utilization of grain legumes in India, Proceedings of a Symposium on (Food Legumes) Tropical Agriculture Researches, 12–14, September, 1972, TARC, Tokyo.
(58) Faris, D. G. and U. Singh (1990) Nutrition and Products, In: Nene, Y. L., S. D. Hall and V. K. Sheila ed., The Pigeonpea, C.A.B. International and ICRISAT.
(59) Singh, U. and R. Jambunathan (1990) Postharvest Technology, In: Nene, Y. L., S. D. Hall and V. K. Sheila, ed., The Pigeonpea, C. A. B. International and ICRISAT.
(60) 三輪茂雄（一九七八）『臼（うす）』法政大学出版局。
(61) 中尾佐助（一九七二）『料理の起源』日本放送出版協会。
(62) 于景譲（一九七二）篠田統『豆腐考』「訳者付記」林海音主編（一九七二）『中国豆腐』純文学出版社、台北市。
(63) 篠田統（一九七四）『中国食物史』柴田書店。
(64) 青木正児（一九五九／一九九八）『中華名物考』平凡社。
(65) 袁翰青（訳注・鈴木博）（一九八四）「豆腐の起源について」『飲食史林』第五号。
(66) 市野尚子・竹井恵美子（一九八五）「東アジアの豆腐づくり」石毛直道編『論集――東アジアの食事文化』平凡社。
(67) 林春隆（一九三五）『新撰豆腐百珍』（一九八二年中央公論社版）。
(68) 岡本奨（一九七六）「ゆば」『食の科学』29号。

(69) 花岡譲一（一九八七／二〇〇一）「大豆タンパク・フィルム・湯葉」亀和田光男監修『食品素材の開発』シーエムシー出版。
(70) 金子喜正（一九七五）「アンの歴史」鈴木繁男監修／武井仁ほか編『餡ハンドブック』光琳書院。
(71) 武井仁・的場研二（一九七五）「生アン」鈴木繁男監修／武井仁ほか編『餡ハンドブック』光琳書院。
(72) 鈴木繁男監修／武井仁ほか編『餡ハンドブック』光琳書院。
(73) 藪光生（二〇〇三）「餡は和菓子の命である」『豆類時報』三三号。
(74) （株）カジワラ（二〇一一）『現場で役立つ製あんノート』（株）カジワラ。
(75) 早川幸男・的場研二（二〇〇〇）「豆の利用」渡辺篤二監修『豆の事典――その加工と利用』幸書房。
(76) 俣野敏子（二〇〇二）『そば学大全　日本と世界のソバ食文化』平凡社。
(77) 鄭大聲（一九八四）『朝鮮の食べもの』築地書館。
(78) 宋應星撰（一九七三）『天工開物』籔内清訳注、東洋文庫版、平凡社。
(79) 青木睦夫（二〇〇〇）「はるさめ」渡辺篤二監修『豆の事典――その加工と利用』幸書房。
(80) Yee, K. and C. Gordon (1993) Thai Hawker Food, Pranom Supavimolpun, Bangkok.
(81) 西田孝太郎（一九四九）『農産製造講義』養賢堂。
(82) 平野雅章（一九九〇）「納豆文化考」『食の科学』一四四号。
(83) 高尾彰一（一九九〇）「納豆菌研究の近代史」『食の科学』一四四号。
(84) 星野龍夫（一九八一）「タイの料理」『週刊朝日百科』「世界の食べもの26・東南アジア2」朝日新聞社。
(85) 小崎道雄・内村泰（一九九〇）「東南アジアの発酵食品」『食の科学』一四四号。
(86) 前田和美（一九九三）「ミャンマー」『アジア・畑作技術指導マニュアル――応用技術編』全国農業改良普及協会。
(87) 吉田集而（一九八三）「カビがつくる食べもの――インドネシアの発酵食品」『季刊民族学』25。
(88) 童江明（一九九四）「中国における大豆発酵食品について」『大豆時報』一九三号。
(89) 前田利家（一九八六）『味噌のふるさと』古今書院。
(90) 石田喜久男・小林甲喜（一九七六）「新作物グァールの導入と栽培法確立に関する研究」『岡山県農試研究報告』1。

（91）前田和美・木下陽一・奥田美津次・浜田保典（一九七八ａ）「インド亜大陸産マメ類の栽培的特性に関する研究（予報）Ⅳ　グアルの導入系統の栄養成長特性」『日本作物学会四国支部紀事』第14号。
（92）前田和美・木下陽一・奥田美津次・浜田保典（一九七八ｂ）「同」Ｖ「グアルの導入系統の開花・結実特性」同。
（93）前田和美（一九九一）『熱帯の主要マメ類』国際農林業協力協会。
（94）Smith, F. and R. Montgomery（1959）The Chemistry of Plant Gums and Mucilages and Some Related Polysaccharides, Reinhold Publishing Corp., N. Y.
（95）Whistler, R. L. and T. Hymowitz（1979）Guar: Agronomy, Production, Industrial Use and Nutrition, Purdue University Press, West Lafayette.
（96）Arora, S. K.（1983）Chemistry and Biochemistry of Legume, Oxford & IBH Publishing Co., New Delhi.
（97）Mishra, P.（2013）Guar Gum Futures Trading in India Resumes on Record Harvest（http://www.bloomberg-com/news/2013-05-14/india-resumes-futures-tradinginguar-gum）
（98）Undersander, D. J., D. H. Putnam, A. R. Kaminski, K. A. Kelling, J. D. Doll, E. S. Oplinger, and J. L. Gunsolus（2013）Guar, Alternative Field Crops Manual（http://www.hort.purdue.edu/newcrop/afcm/guar.html）
（99）高阪和久（一九七六）「ダイズ蛋白の畜肉加工への利用」『食の科学』二九号。
（100）小島善子（一九七六）「アメリカにおけるダイズ蛋白の開発」『食の科学』二九号。
（101）五十部誠一郎（一九八七／二〇〇一）「タンパク新素材」亀和田光男監修『食品素材の開発』シーエムシー出版。
（102）藤井豊（一九七六）「ダイズ蛋白の水産練り製品への利用」『食の科学』二九号。
（103）安松克治・三崎勝（一九七六）「新ダイズ蛋白食品の一般加工処理」『食の科学』二九号。
（104）Pirie, A.（1971）Leaf Protein: Its Agronomy, Preparation, Quality and Use, Blackwell Scientific Publishing, Oxford.
（105）木暮秩・大島光昭（一九九一）「体構造区分分画法による作物の有効利用に関する研究Ⅰ」『香川大学農学部学術報告』43。
（106）坂井和男（一九八七／二〇〇一）「緑葉タンパク」亀和田光男監修『食品素材の開発』シーエムシー出版。

〔資料〕　マメ料理関係参考書

・日本豆類基金協会編（一九七五）『世界の豆料理』（第1集・第二集）
・千葉県農家生活改善研究会編（一九七八）『房総のふるさと料理』千葉県農業改良協会。
・小川忠彦（一九八一）「小川忠彦のヨーロッパ豆料理」『暮しの設計』一三七号・中央公論社。
・大原照子・酒見フジコ・大里成子（一九八三）『豆・豆１００珍ＮＯＷ』柴田書店。
・古沢典夫・雨宮長昭・大森輝・及川桂子・中村エチ編（一九八四）『聞き書　岩手県の食事』農文協。
・浅田峰子（一九八六）『豆クッキング』マイライフ・シリーズ208・グラフ社。
・ヌアラナントうめ子・安武律（一九九一）『タイ家庭料理入門』農文協。
・吉田よし子（二〇〇〇）『マメな豆の話──世界の豆食文化をたずねて』平凡社。
・小林裕三（二〇〇七）「主なマメ科作物を用いた加工食品の事例」『西アフリカにおけるマメ類の生産から流通まで』国際農林業協力・交流協会。
・Lal, Premila（1970）Indian Cooking for Pleasure, The Hamlyn Publishing Group Limited, London, New York, Sydney, Toronto.（ヒラマメ・エンドウ・ヒヨコマメなど）
・Aziz, Khalid（1974）Step by Step Guide to Indian Cooking, The Hamlyn Publishing Group Limited, London, New York, Sydney, Toronto.（ヒラマメが主だが、マメの名前に混同が見られる〉
・Hubert, M. L. ed.（1984）Peanut A Southern Tradition, A Collection of Peanut Recipes, Georgia Peanut Commission.
・Roden, Claudia（1968・1986）A New Book of Middle Eastern Food, Penguin Books, Auckland, New Zealand.（マメを使ったスープのレシピが多い）
・Vatcharin Bhumichitr（1988）The Taste of THAILAND, Pavillion Books, London.
・Indra Majupuria（1997）Joys of Nepalese Cooking, Craftsman Press, Bangkok.
・Kabir, Siddiqua（1984）Bangladeshi Curry Cook Book, Bula Publication, Dhaka.（マメのレシピなど一一二品）
・Harris, J. B.（1998）THE AFRICA COOKBOOK, Tastes of a Continent, Simon & Schuster Paperbacks, New York, London, Tronto, Sydney.

・Mehdawy, M. and A. Hussein（2010）The Pharaoh's Kitchen, Receipes from Ancient Egypt's Enduring Food Traditions. The American University Press, Cairo & New York.（古代エジプト関係）

あとがき

最近、機能性食品としてマメが再認識されているが、世界では、とくに開発途上国における「飢餓」の問題とともに、「プロテイン・ギャップ」、すなわち、タンパク質摂取量不足の問題が深刻である。アフリカ・サヘル地域で一〜三歳の幼児に多発する、慢性的なタンパク質栄養不足による「クワシオコル症」は、病気に対する抵抗力を弱めて、三〇もの名前で呼ばれる様々な症状の病気を併発して、五歳までの死亡率が二〇〜五〇%と高いことの原因となっている。先住民たちの間では、マメは消化が悪いので二歳になるまでは食べさせないという「正当な」理由もあるが、家族の食事では食べる順位で大人が優先されて、子どもたちは残りしか食べられない。また、ミルクや卵など栄養のある食べものを与えると、子どもの成長に有害だとか、性格の悪い人間になるという迷信やタブーが母親たちの間にある。栄養状態の悪い女性が妊娠すると、産みやすくするために食べる量を抑えるので、母乳の分泌が早く止まって、乳幼児の栄養が不足し身体だけでなく知能の発育も妨げられる。これらの地域では、タンパク質栄養におけるマメ依存度が高いが、母親たちに対するマメの食べ方や調理法の教育が、子どもたちの栄養不良の改善に大きく役立つことが指摘されている。この問題は、先進国にあっても、食べものが穀物の炭水化物に偏しがちな、子供たちの必須アミノ酸の補完にマメ食を摂り入れることの大切さに通ずる。

わが国では、近年、食品の原料の流通や消費の構造が変ってきたが、経営規模の拡大を阻んできた農地の零細性や急激な農村労働力の減少、そして、コメ重視の食糧政策などの要因が、畑作の減退を招いている。ムギとともに畑作物の代表であったダイズが、輸入の完全自由化（一九六一年）で姿を消してからもう久しいが、食用マメ類も、その多くが輸入に大きく依存している。伝統的な産地では生産維持の努力が続けられているが、マメの栽培関係の研究者が少なくなった。

二〇一三年一二月に、二〇一六年を「国際マメ年 International Year of Pulses, IYOP」とすることが国連で決議された。これは、とくに発展途上国において果たしている健康や栄養における役割が大きいマメ（ラッカセイとダイズを除くインゲンマメ・エンドウ・ヒヨコマメなど一二種）の持続的な生産と利用を、改良品種の導入や栽培技術の改善によって促進し、世界の食料安全保障の確立に寄与しようという、「国際マメ類貿易産業連合」（本部、アラブ首長国連合）のFAOへの働きかけが実現したものである（http://www.iyop.net/en）。わが国のマメ関係業界では、一〇月一三日を「豆の日」、一〇月を「豆月間」と定めて、マメに関する普及、啓発活動、小学校を対象にした食育プロジェクトなどを行っているが、世界のマメたちの生まれ故郷や歴史などにも関心が高まることが望まれる。

本書の執筆には内外の多くの先賢の知見に負うところが大きいが、筆者のマメ研究への端緒を与えて頂いた、恩師故井上重陽先生に感謝します。そして、約一〇年前、前著『落花生』と本書の上梓をお勧め頂き、以来、励ましと多くのご教示を頂いた、塩谷格博士（三重大学名誉教授）、編集者の松永辰郎氏、法政大学出版局編集部の奥田のぞみ両氏に心よりお礼を申し上げます。

二〇一五年九月

前田和美

著者略歴

前田和美（まえだ・かずみ）

1931年京都市生まれ。三重農林専門学校農学科（現・三重大学生物資源学部）卒業。京都大学農学博士。高知大学名誉教授。国際半乾燥熱帯作物研究所客員主任研究員（1978〜1980），JICA「バングラデシュ農業大学院計画」（1994〜1995），「東部タイ農地保全計画」（1993, 1996〜1998）の短・長期専門家。1971年〜2003年，インド，東南アジア，アフリカ，ブラジル，アルゼンチン，中国などのラッカセイ・マメ類の栽培利用と伝統農業について研究・調査。著書：『食用作物学概論』（1977）（共著），『落花生——その栽培から利用まで』（1982），『インドにおける耕地利用と食糧生産の課題』（1984）（共著），『聞き書き　高知の食事』（共著）（1986），『マメと人間——その一万年の歴史』（1987），『新編食用作物学』（1988）（共著），『熱帯の主要マメ類』（1991），『日本人が作り出した動植物』（1996）（共著），『落花生』（2011）。「アフリカ農業とマメ科植物」（1998）ほか論文多数。「落花生栽培品種の系統分類および理想生育型」，「熱帯地域におけるマメ類の栽培利用に関する研究」などにより，「日本作物学会賞」（1977），「日本熱帯農業学会賞」（1992），「日本農学賞」および「読売農学賞」（2002）を受賞。

ものと人間の文化史　174・豆（まめ）

2015年11月30日　初版第1刷発行

著　者　©前　田　和　美

発行所　一般財団法人　法政大学出版局

〒102-0071　東京都千代田区富士見2-17-1

電話03（5214）5540／振替00160-6-95814

印刷／三和印刷　製本／誠製本

Printed in Japan

ISBN978-4-588-21741-8

ものと人間の文化史

★第9回梓会出版文化賞受賞

人間が〈もの〉とのかかわりを通じて営々と築いてきた暮らしの足跡を具体的に辿りつつ文化・文明の基礎を問いなおす。手づくりの〈もの〉の記憶が失われ、〈もの〉離れが進行する危機の時代におくる豊穣な百科叢書。

1 **船** 須藤利一編

海国日本では古来、漁業・水運・交易はもとより、大陸文化も船によって運ばれた。本書は造船技術、航海の模様の推移を中心に、漂流、船霊信仰、伝説の数々を語る。四六判３６８頁 '68

2 **狩猟** 直良信夫

人類の歴史は狩猟から始まった。本書は、わが国の遺跡に出土する獣骨、猟具の実証的考察をおこないながら、狩猟をつうじて発展した人間の知恵と生活の軌跡を辿る。四六判２７２頁 '68

3 **からくり** 立川昭二

〈からくり〉は自動機械であり、驚嘆すべき庶民の技術的創意がこめられている。本書は、日本と西洋のからくりを発掘・復元・遍歴し、埋もれた技術の水脈をさぐる。四六判４１０頁 '69

4 **化粧** 久下司

美を求める人間の心が生みだした化粧―その手法と道具に語らせた人間の欲望と本性、そして社会関係。歴史を遡り、全国を踏査して書かれた比類ない美と醜の文化史。四六判３６８頁 '70

5 **番匠** 大河直躬

番匠はわが国中世の建築工匠。地方・在地を舞台に開花した彼らの造型・装飾・工法等の諸技術、さらに信仰と生活等、職人以前の独自で多彩な工匠的世界を描き出す。四六判２８８頁 '71

6 **結び** 額田巌

〈結び〉の発達は人間の叡知の結晶である。本書はその諸形態および技法を作業・装飾・象徴の三つの系譜に辿り、〈結び〉のすべてを民俗学的・人類学的に考察する。四六判２６４頁 '72

7 **塩** 平島裕正

人類史に貴重な役割を果たしてきた塩をめぐって、発見から伝承・製造技術の発展過程にいたる総体を歴史的に描き出すとともに、その多彩な効用と味覚の秘密を解く。四六判２７２頁 '73

8 **はきもの** 潮田鉄雄

田下駄・かんじき・わらじなど、日本人の生活の礎となってきた伝統的はきものの成り立ちと変遷を、二〇年余の実地調査と細密な観察・描写によって辿る庶民生活史 四六判２８０頁 '73

9 **城** 井上宗和

古代城塞・城柵から近世代名の居城として集大成されるまでの日本の城の変遷を辿り、文化の各領野で果たしてきたその役割を再検討。あわせて世界城郭史に位置づける。四六判３１０頁 '73

10 **竹** 室井綽

食生活、建築、民芸、造園、信仰等々にわたって、竹と人間との交流史は驚くほど深く永い。その多岐にわたる発展の過程を個々に辿り、竹の特異な性格を浮彫にする。四六判３２４頁 '73

11 **海藻** 宮下章

古来日本人にとって生活必需品とされてきた海藻をめぐって、その採取・加工法の変遷、商品としての流通史および神事・祭事での役割に至るまでを歴史的に考証する。四六判３３０頁 '74

12 絵馬　岩井宏實

古くは祭礼における神への献馬にはじまり、民間信仰と絵画のみごとな結晶として民衆の手で描かれ祀り伝えられてきた各地の絵馬を豊富な写真と史料によってたどる。四六判302頁 '74

13 機械　吉田光邦

畜力・水力・風力などの自然のエネルギーを利用し、幾多の改良を経て形成された初期の機械の歩みを検証し、日本文化の形成における科学・技術の役割を再検討する。四六判242頁 '74

14 狩猟伝承　千葉徳爾

狩猟には古来、感謝と慰霊の祭祀がともない、人獣交渉の豊かで意味深い歴史があった。狩猟用具、巻物、儀式具、またけものたちの生態を通して語る狩猟文化の世界。四六判346頁 '75

15 石垣　田淵実夫

採石から運搬、加工、石積みに至るまで、石垣の造成をめぐって積み重ねられてきた石工たちの苦闘の足跡を掘り起こし、その独自な技術の形成過程と伝承を集成する。四六判224頁 '75

16 松　高嶋雄三郎

日本人の精神史に深く根をおろした松の伝承に光を当て、食用、薬用等の実用の松、祭祀・観賞用の松、さらに文学・芸能・美術に表現された松のシンボリズムを説く。四六判342頁 '75

17 釣針　直良信夫

人と魚との出会いから現在に至るまで、釣針がたどった一万有余年の変遷を、世界各地の遺跡出土物を通して実証しつつ、漁撈によって生きた人々の生活と文化を探る。四六判278頁 '76

18 鋸　吉川金次

鋸鍛冶の家に生まれ、鋸の研究を生涯の課題とする著者が、出土遺品や文献・絵画により各時代の鋸を復元・実験し、庶民の手仕事にみられる驚くべき合理性を実証する。四六判360頁 '76

19 農具　飯沼二郎／堀尾尚志

鍬と犂の交代・進化の歩みとして発達したわが国農耕文化の発展経過を世界史的視野において再検討しつつ、無名の農民たちによる驚くべき創意のかずかずを記録する。四六判220頁 '76

20 包み　額田巌

結びとともに文化の起源にかかわる〈包み〉の系譜を人類史的視野において捉え、衣・食・住をはじめ社会・経済史、信仰、祭事などにおけるその実際と役割とを描く。四六判354頁 '77

21 蓮　阪本祐二

仏教における蓮の象徴的位置の成立と深化、美術・文芸等に見る人間とのかかわりを歴史的に考察。また大賀蓮はじめ多様な品種とその来歴を紹介しつつその美を語る。四六判306頁 '77

22 ものさし　小泉袈裟勝

ものをつくる人間にとって最も基本的な道具であり、数千年にわたって社会生活を律してきたその変遷を実証的に追求し、歴史の中で果たしてきた役割を浮彫りにする。四六判314頁 '77

23-I 将棋I　増川宏一

その起源を古代インドに、我国への伝播の道すじを海のシルクロードに探り、また伝来後一千年におよぶ日本将棋の変化と発展を盤、駒、ルール等にわたって跡づける。四六判280頁 '77

23-Ⅱ 将棋Ⅱ 増川宏一

わが国伝来後の普及と変遷を貴族や武家・豪商の日記等に博捜し、遊戯者の歴史をあとづけると共に、中国伝来説の誤りを正し、将棋宗家の位置と役割を明らかにする。四六判３４６頁 '85

24 湿原祭祀 第2版 金井典美

古代日本の自然環境に着目し、各地の湿原聖地を稲作社会との関連において捉え直して古代国家成立の背景を浮彫にしつつ、水と植物にまつわる日本人の宇宙観を探る。四六判４１０頁 '77

25 臼 三輪茂雄

臼が人類の生活文化の中で果たしてきた役割を、各地に遺る貴重な民俗資料・伝承と実地調査にもとづいて解明。失われゆく道具のなかに、未来の生活文化の姿を探る。四六判４１２頁 '78

26 河原巻物 盛田嘉徳

中世末期以来の被差別部落民が生きる権利を守るために偽作し護り伝えてきた河原巻物を全国にわたって踏査し、そこに秘められた最底辺の人びとの叫びに耳を傾ける。四六判２２６頁 '78

27 香料 日本のにおい 山田憲太郎

焼香供養の香から趣味としての薫物へ、さらに沈香木を焚く香道へと変遷した日本の「匂い」の歴史を豊富な史料に基づいて辿り、我国風俗史の知られざる側面を描く。四六判３７０頁 '78

28 神像 神々の心と形 景山春樹

神仏習合によって変貌しつつも、常にその原型＝自然を保持してきた日本の神々の造型を図像学的方法によって捉え直し、その多彩な形象に日本人の精神構造をさぐる。四六判３４２頁 '78

29 盤上遊戯 増川宏一

祭具・占具としての発生を『死者の書』をはじめとする古代の文献にさぐり、形状・遊戯法を分類しつつその〈進化〉の過程を考察。〈遊戯者たちの歴史〉をも跡づける。四六判３２６頁 '78

30 筆 田淵実夫

筆の里・熊野に筆づくりの現場を訪ねて、筆匠たちの境涯と製筆の由来を克明に記録しつつ、筆の発生と変遷、種類、製筆法、さらには筆塚、筆供養にまで説きおよぶ。四六判２０４頁 '78

31 ろくろ 橋本鉄男

日本の山野を漂移しつづけ、高度の技術文化と幾多の伝説とをもたらした特異な旅職集団＝木地屋の生態を、その呼称、地名、伝承、文書等をもとに生き生きと描く。四六判４６０頁 '79

32 蛇 吉野裕子

日本古代信仰の根幹をなす蛇巫をめぐって、祭事におけるさまざまな蛇の「もどき」や各種の蛇の造型・伝承に鋭い考証を加え、忘れられたその呪性を大胆に暴き出す。四六判２５０頁 '79

33 鋏（はさみ） 岡本誠之

梃子の原理の発見から鋏の誕生に至る過程を推理し、日本鋏の特異な歴史的位置を明らかにするとともに、刀鍛冶等から転進した鋏職人たちの創意と苦闘の跡をたどる。四六判３９６頁 '79

34 猿 廣瀬鎮

嫌悪と愛玩、軽蔑と畏敬の交錯する日本人とサルとの関わりあいの歴史を、狩猟伝承や祭祀・風習、美術・工芸や芸能のなかに探り、日本人の動物観を浮彫りにする。四六判２９２頁 '79

35 **鮫** 矢野憲一

神話の時代から今日まで、津々浦々につたわるサメの伝承とサメをめぐる海の民俗を集成し、神饌、食用、薬用等に活用されてきたサメと人間のかかわりの変遷を描く。四六判２９２頁 '79

36 **枡** 小泉袈裟勝

米の経済の枢要をなす器として千年余にわたり日本人の生活の中に生きてきた枡の変遷をたどり、記録・伝承をもとにこの独特な計量器が果たした役割を再検討する。四六判３２２頁 '80

37 **経木** 田中信清

食品の包装材料として近年まで身近に存在した経木の起源を、こけら経や塔婆、木簡、屋根板等に遡って明らかにし、その製造・流通に携った人々の労苦の足跡を辿る。四六判２８８頁 '80

38 **色** 染と色彩 前田雨城

わが国古代の染色技術の復元と文献解読をもとに日本色彩史を体系づけ、赤・白・青・黒等におけるわが国独自の色彩感覚を探りつつ日本文化における色の構造を解明。四六判３２０頁 '80

39 **狐** 陰陽五行と稲荷信仰 吉野裕子

その伝承と文献を渉猟しつつ、中国古代哲学＝陰陽五行の原理の応用という独自の視点から、謎とされてきた稲荷信仰と狐との密接な結びつきを明快に解き明かす。四六判２３２頁 '80

40-Ⅰ **賭博Ⅰ** 増川宏一

時代、地域、階層を超えて連綿と行なわれてきた賭博。――その起源を古代の神判、スポーツ、遊戯等の中に探り、抑圧と許容の歴史を物語る。全Ⅲ分冊の〈総説篇〉。四六判２９８頁 '80

40-Ⅱ **賭博Ⅱ** 増川宏一

古代インド文学の世界からラスベガスまで、賭博の形態・用具・方法の時代的特質を明らかにし、夥しい禁令に賭博の不滅のエネルギーを見る。全Ⅲ分冊の〈外国篇〉. 四六判４５６頁 '82

40-Ⅲ **賭博Ⅲ** 増川宏一

聞香、闘茶、笠附等、わが国独特の賭博を中心にその具体例を網羅し、方法の変遷に賭博の時代性を探りつつ禁令の改廃に時代の賭博観を追う。全Ⅲ分冊の〈日本篇〉。四六判３８８頁 '83

41-Ⅰ **地方仏Ⅰ** むしゃこうじ・みのる

古代から中世にかけて全国各地で作られた無銘の仏像を訪ね、素朴で多様なノミの跡に民衆の祈りと地域の願望を探る。宗教の伝播、文化の創造を考える異色の紀行。四六判２５６頁 '80

41-Ⅱ **地方仏Ⅱ** むしゃこうじ・みのる

紀州や飛騨を中心に草の根の仏たちを訪ねて、その相好と像容の魅力を探り、技法を比較考証して仏像彫刻史に位置づけつつ、中世地域社会の形成と信仰の実態に迫る。四六判２６０頁 '97

42 **南部絵暦** 岡田芳朗

田山・盛岡地方で「盲暦」として古くから親しまれてきた独得の絵解き暦を詳しく紹介しつつその全体像を復元する。その無類の生活暦は、南部農民の哀歓をつたえる。四六判２８８頁 '80

43 **野菜** 在来品種の系譜 青葉高

蕪、大根、茄子等の日本在来野菜をめぐって、その渡来・伝播経路、品種分布と栽培のいきさつを各地の伝承や古記録をもとに辿り、畑作文化の源流とその風土を描く。四六判３６８頁 '81

44 つぶて　中沢厚

弥生投弾、古代・中世の石戦と印地の様相、投石具の発達を展望しつつ、願かけの小石、正月つぶて、石こづみ等の習俗を辿り、石塊に託した民衆の願いや怒りを探る。四六判338頁　'81

45 壁　山田幸一

弥生時代から明治期に至るわが国の壁の変遷を壁塗＝左官工事の側面から辿り直し、その技術的復元・考証を通じて建築史・文化史における壁の役割を浮き彫りにする。四六判296頁　'81

46 箪笥（たんす）　小泉和子

近世における箪笥の出現＝箱から抽斗への転換に着目し、以降近現代に至るその変遷を社会・経済・技術の側面からあとづける。著者自身による箪笥製作の記録を付す。四六判378頁　'82

47 木の実　松山利夫

山村の重要な食糧資源であった木の実をめぐる各地の記録・伝承を集成し、その採集・加工における幾多の試みを実地に検証しつつ、稲作農耕以前の食生活文化を復元。四六判384頁　'82

48 秤（はかり）　小泉袈裟勝

秤の起源を東西に探るとともに、わが国律令制下における中国制度の導入、近世商品経済の発展に伴う秤座の出現、明治期近代化政策による洋式秤受容等の経緯を描く。四六判326頁　'82

49 鶏（にわとり）　山口健児

神話・伝説をはじめ遠い歴史の中の鶏を古今東西の伝承・文献に探り、特に我国の信仰・絵画・文学等に遺された鶏の足跡を追って、鶏をめぐる民俗の記憶を蘇らせる。四六判346頁　'83

50 燈用植物　深津正

人類が燈火を得るために用いてきた多種多様な植物との出会いと個個の植物の来歴、特性及びはたらきを詳しく検証しつつ「あかり」の原点を問いなおす異色の植物誌。四六判442頁　'83

51 斧・鑿・鉋（おの・のみ・かんな）　吉川金次

古墳出土品や文献・絵画をもとに、古代から現代までの斧・鑿・鉋を復元・実験し、労働体験によって生まれた民衆の知恵と道具の変遷を蘇らせる異色の日本木工具史。四六判304頁　'84

52 垣根　額田巖

大和・山辺の道に神々と垣との関わりを探り、各地に垣の伝承を訪ねて、寺院の垣、民家の垣、露地の垣など、風土と生活に培われた生垣の独特のはたらきと美を描く。四六判234頁　'84

53-Ⅰ 森林Ⅰ　四手井綱英

森林生態学の立場から、森林のなりたちとその生活史を辿りつつ、産業の発展と消費社会の拡大により刻々と変貌する森林の現状を語り、未来への再生のみちをさぐる。四六判306頁　'85

53-Ⅱ 森林Ⅱ　四手井綱英

森林と人間との多様なかかわりを包括的に語り、人と自然が共生するための森や里山をいかにして創出するか、森林再生への具体的な方策を提示する21世紀への提言。四六判308頁　'98

53-Ⅲ 森林Ⅲ　四手井綱英

地球規模で進行しつつある森林破壊の現状を実地に踏査し、森と人が共存する日本人の伝統的自然観を未来へ伝えるために、いま何が必要なのかを具体的に提言する。四六判304頁　'00

54 海老（えび） 酒向昇

人類との出会いからエビの科学、漁法、さらには調理法を語り、めでたい姿態と色彩にまつわる多彩なエビの民俗を、地名や人名、詩歌・文学、絵画や芸能の中に探る。四六判４２８頁 '85

55-Ⅰ 藁（わら）Ⅰ 宮崎清

稲作農耕とともに二千年余の歴史をもち、日本人の全生活領域に生きてきた藁の文化を日本文化の原型として捉え、風土に根ざしたそのゆたかな遺産を詳細に検討する。四六判４００頁 '85

55-Ⅱ 藁（わら）Ⅱ 宮崎清

床・畳から壁・屋根にいたる住居における藁の製作・使用のメカニズムを明らかにし、日本人の生活空間における藁の役割を見なおすとともに、藁の文化の復権を説く。四六判４００頁 '85

56 鮎 松井魁

清楚な姿態と独特な味覚によって、日本人の目と舌を魅了しつづけてきたアユ――その形態と分布、生態、漁法等を詳述し、古今のアユ料理や文芸にみるアユにおよぶ。四六判２９６頁 '86

57 ひも 額田巖

物と物、人と物とを結びつける不思議な力を秘めた「ひも」の謎を追って、民俗学的視点から多角的なアプローチを試みる。『結び』、『包み』につづく三部作の完結篇。四六判２５０頁 '86

58 石垣普請 北垣聰一郎

近世石垣の技術者集団「穴太」の足跡を辿り、各地城郭の石垣遺構の実地調査と資料・文献をもとに石垣普請の歴史的系譜を復元しつつ石工たちの技術伝承を集成する。四六判４３８頁 '87

59 碁 増川宏一

その起源を古代の盤上遊戯に探ると共に、定着以来二千年の歴史を時代の状況や遊び手の社会環境との関わりにおいて跡づける。逸話や伝説を排して綴る初の囲碁全史。四六判３６６頁 '87

60 日和山（ひよりやま） 南波松太郎

千石船の時代、航海の安全のために観天望気した日和山――多くは忘れられ、あるいは失われた船舶・航海史の貴重な遺跡を追って、全国津々浦々におよんだ調査紀行。四六判３８２頁 '88

61 篩（ふるい） 三輪茂雄

臼とともに人類の生産活動に不可欠な道具であった篩、箕(み)、笊(ざる)の多彩な変遷を豊富な図解入りでたどり、現代技術の先端に再生するまでの歩みをえがく。四六判３３４頁 '89

62 鮑（あわび） 矢野憲一

縄文時代以来、貝肉の美味と貝殻の美しさによって日本人を魅了し続けてきたアワビ――その生態と養殖、神饌としての歴史、漁法、螺鈿の技法からアワビ料理に及ぶ。四六判３４４頁 '89

63 絵師 むしゃこうじ・みのる

日本古代の渡来画工から江戸前期の菱川師宣まで、時代の代表的絵師の列伝で辿る絵画制作の文化史。前近代社会における絵画の意味や芸術創造の社会的条件を考える。四六判２３０頁 '90

64 蛙（かえる） 碓井益雄

動物学の立場からその特異な生態を描き出すとともに、和漢洋の文献資料を駆使して故事・習俗・神事・民話・文芸・美術工芸にわたる蛙の多彩な活躍ぶりを活写する。四六判３８２頁 '89

65-Ⅰ 藍（あい）Ⅰ 風土が生んだ色　竹内淳子

全国各地の〈藍の里〉を訪ねて、藍栽培から染色・加工のすべてにわたり、藍とともに生きた人々の伝承を克明に描き、風土と人間が生んだ〈日本の色〉の秘密を探る。四六判４１６頁 '91

65-Ⅱ 藍（あい）Ⅱ 暮らしが育てた色　竹内淳子

日本の風土に生まれ、伝統に育てられた藍が、今なお暮らしの中で生き生きと活躍しているさまを、手わざに生きる人々との出会いを通じて描く。藍の里紀行の続篇。四六判４０６頁 '99

66 橋　小山田了三

丸木橋・舟橋・吊橋から板橋・アーチ型石橋まで、人々に親しまれてきた各地の橋を訪ねて、その来歴と築橋の技術伝承を辿り、土木文化の伝播・交流の足跡をえがく。四六判３１２頁 '91

67 箱　宮内悊

日本の伝統的な箱（櫃）と西欧のチェストを比較文化史の視点から考察し、居住・収納・運搬・装飾の各分野における箱の重要な役割とその多彩な文化を浮彫りにする。四六判３９０頁 '91

68-Ⅰ 絹Ⅰ　伊藤智夫

養蚕の起源を神話や説話に探り、伝来の時期とルートを跡づけ、記紀・万葉の時代から近世に至るまで、それぞれの時代・社会・階層が生み出した絹の文化を描き出す。四六判３０４頁 '92

68-Ⅱ 絹Ⅱ　伊藤智夫

生糸と絹織物の生産と輸出が、わが国の近代化にはたした役割を描くと共に、養蚕の道具、信仰や庶民生活にわたる養蚕と絹の民俗、さらには蚕の種類と生態におよぶ。四六判２９４頁 '92

69 鯛（たい）　鈴木克美

古来「魚の王」とされてきた鯛をめぐって、その生態・味覚から漁法、祭り、工芸、文芸にわたる多彩な伝承文化を語りつつ、鯛と日本人とのかかわりの原点をさぐる。四六判４１８頁 '92

70 さいころ　増川宏一

古代神話の世界から近現代の博徒の動向まで、さいころの役割を各時代・社会に位置づけ、木の実や貝殻のさいころから投げ棒型や立方体のさいころへの変遷をたどる。四六判３７４頁 '92

71 木炭　樋口清之

炭の起源から炭焼、流通、経済、文化にわたる木炭の歩みを歴史・考古・民俗の知見を総合して描き出し、独自で多彩な文化を育んできた木炭の尽きせぬ魅力を語る。四六判２９６頁 '93

72 鍋・釜（なべ・かま）　朝岡康二

日本をはじめ韓国、中国、インドネシアなど東アジアの各地を歩きながら鍋・釜の製作と使用の現場に立ち会い、調理をめぐる庶民生活の変遷とその交流の足跡を探る。四六判３２６頁 '93

73 海女（あま）　田辺悟

その漁の実際と社会組織、風習、信仰、民具などを克明に描くとともに海女の起源・分布・交流を探り、わが国漁撈文化の古層としての海女の生活と文化をあとづける。四六判２９４頁 '93

74 蛸（たこ）　刀禰勇太郎

蛸をめぐる信仰や多彩な民間伝承を紹介するとともに、その生態・分布・捕獲法・繁殖と保護・調理法などを集成し、日本人と蛸との知られざるかかわりの歴史を探る。四六判３７０頁 '94

75 **曲物**（まげもの） 岩井宏實

桶・樽出現以前から伝承され、古来最も簡便・重宝な木製容器として愛用された曲物の加工技術と機能・利用形態の変遷をさぐり、手づくりの「木の文化」を見なおす。 四六判３１８頁 '94

76-Ⅰ **和船Ⅰ** 石井謙治

江戸時代の海運を担った千石船（弁才船）について、その構造と技術、帆走性能を綿密に調査し、通説の誤りを正すとともに、海難と信仰、船絵馬等の考察にもおよぶ。 四六判４３６頁 '95

76-Ⅱ **和船Ⅱ** 石井謙治

造船史から見た著名な船を紹介し、遣唐使船や遣欧使節船、幕末の洋式船における外国技術の導入について論じつつ、船の名称と船型を海船・川船にわたって解説する。 四六判３１６頁 '95

77-Ⅰ **反射炉Ⅰ** 金子功

日本初の佐賀鍋島藩の反射炉と精錬方＝理化学研究所、島津藩の反射炉と集成館＝近代工場群を軸に、日本の産業革命の時代における人と技術を現地に訪ねて発掘する。 四六判２４４頁 '95

77-Ⅱ **反射炉Ⅱ** 金子功

伊豆韮山の反射炉をはじめ、全国各地の反射炉建設にかかわった有名無名の人々の足跡をたどり、開国か攘夷かに揺れる幕末の政治と社会の悲喜劇をも生き生きと描く。 四六判２２６頁 '95

78-Ⅰ **草木布**（そうもくふ）**Ⅰ** 竹内淳子

風土に育まれた布を求めて全国各地を歩き、木綿普及以前に山野の草木を利用して豊かな衣生活文化を築き上げてきた庶民の知られざる知恵のかずかずを実地にさぐる。 四六判２８２頁 '95

78-Ⅱ **草木布**（そうもくふ）**Ⅱ** 竹内淳子

アサ、クズ、シナ、コウゾ、カラムシ、フジなどの草木の繊維から、どのようにして糸を採り、布を織っていたのか——聞書きをもとに忘れられた技術と文化を発掘する。 四六判２８２頁 '95

79-Ⅰ **すごろくⅠ** 増川宏一

古代エジプトのセネト、ヨーロッパのバクギャモン、中近東のナルド、中国の双陸などの系譜に日本の盤雙六を位置づけ、遊戯・賭博としてのその数奇なる運命を辿る。 四六判３１２頁 '95

79-Ⅱ **すごろくⅡ** 増川宏一

ヨーロッパの鵞鳥のゲームから日本中世の浄土双六、近世の華麗な絵双六、さらには近現代の少年誌の附録まで、絵双六の変遷を追って時代の社会・文化を読みとる。 四六判３９０頁 '95

80 **パン** 安達巖

古代オリエントに起ったパン食文化が中国・朝鮮を経て弥生時代の日本に伝えられたことを史料と伝承をもとに解明し、わが国パン食文化二〇〇〇年の足跡を描き出す。 四六判２６０頁 '96

81 **枕**（まくら） 矢野憲一

神さまの枕・大嘗祭の枕から枕絵の世界まで、人生の三分の一を共に過す枕をめぐって、その材質の変遷を辿り、伝説と怪談、俗信と民俗、エピソードを興味深く語る。 四六判２５２頁 '96

82-Ⅰ **桶・樽**（おけ・たる）**Ⅰ** 石村真一

日本、中国、朝鮮、ヨーロッパにわたる厖大な資料を集成してその豊かな文化の系譜を探り、東西の木工技術史を比較しつつ世界史的視野から桶・樽の文化を描き出す。 四六判３８８頁 '97

82-Ⅱ **桶・樽**（おけ・たる）**Ⅱ**　石村真一

多数の調査資料と絵画・民俗資料をもとにその製作技術を復元し、東西の木工技術を比較考証しつつ、技術文化史の視点から桶・樽製作の実態とその変遷を跡づける。　四六判３７２頁 '97

82-Ⅲ **桶・樽**（おけ・たる）**Ⅲ**　石村真一

樹木と人間とのかかわり、製作者と消費者とのかかわりを通じて桶樽と生活文化の変遷を考察し、木材資源の有効利用という視点から桶樽の文化史的役割を浮彫にする。　四六判３５２頁 '97

83-Ⅰ **貝Ⅰ**　白井祥平

世界各地の現地調査と文献資料を駆使して、古来至高の財宝とされてきた宝貝のルーツとその変遷を探り、貝と人間とのかかわりの歴史を「貝貨」の文化史として描く。　四六判３８６頁 '97

83-Ⅱ **貝Ⅱ**　白井祥平

サザエ、アワビ、イモガイなど古来人類とかかわりの深い貝をめぐって、その生態・分布・地方名、装身具や貝貨としての利用法などを豊富なエピソードを交えて語る。　四六判３２８頁 '97

83-Ⅲ **貝Ⅲ**　白井祥平

シンジュガイ、ハマグリ、アカガイ、シャコガイなどをめぐって世界各地の民族誌を渉猟し、それらが人類文化に残した足跡を辿る。参考文献一覧／総索引を付す。　四六判３９２頁 '97

84 **松茸**（まつたけ）　有岡利幸

秋の味覚として古来珍重されてきた松茸の由来を求めて、稲作文化と里山（松林）の生態系から説きおこし、日本人の伝統的生活文化の中に松茸流行の秘密をさぐる。　四六判２９６頁 '97

85 **野鍛冶**（のかじ）　朝岡康二

鉄製農具の製作・修理・再生を担ってきた農鍛冶の歴史的役割を探り、近代化の大波の中で変貌する職人技術の実態をアジア各地のフィールドワークを通して描き出す。　四六判２８０頁 '98

86 **稲**　品種改良の系譜　菅　洋

作物としての稲の誕生、稲の渡来と伝播の経緯から説きおこし、明治以降主として庄内地方の民間育種家の手によって飛躍的発展をとげたわが国品種改良の歩みを描く。　四六判３３２頁 '98

87 **橘**（たちばな）　吉武利文

永遠のかぐわしい果実として日本の神話・伝説に特別の位置を占めて語り継がれてきた橘をめぐって、その育まれた風土とかずかずの伝承の中に日本文化の特質を探る。　四六判２８６頁 '98

88 **杖**（つえ）　矢野憲一

神の依代としての杖や仏教の錫杖に杖と信仰とのかかわりを探り、人類が突きつつ歩んだその歴史と民俗を興味ぶかく語る。多彩な材質と用途を網羅した杖の博物誌。　四六判３１４頁 '98

89 **もち**（糯・餅）　渡部忠世／深澤小百合

モチイネの栽培・育種から食品加工、民俗、儀礼にわたってそのルーツと伝承の足跡をたどり、アジア稲作文化という広範な視野からこの特異な食文化の謎を解明する。　四六判３３０頁 '98

90 **さつまいも**　坂井健吉

その栽培の起源と伝播経路を跡づけるとともに、わが国伝来後四百年の経緯を詳細にたどり、世界に冠たる育種と栽培・利用法を築いた人々の知られざる足跡をえがく。　四六判３２８頁 '99

91 珊瑚（さんご） 鈴木克美

海岸の自然保護に重要な役割を果たす岩石サンゴから宝飾品として知られる宝石サンゴまで、人間生活と深くかかわってきたサンゴの多彩な姿を人類文化史として描く。 四六判３７０頁 '99

92-Ⅰ 梅Ⅰ 有岡利幸

万葉集、源氏物語、五山文学などの古典や天神信仰に表れた梅の足跡を克明に辿りつつ日本人の精神史に刻印された梅を浮彫にし、梅と日本人の二〇〇〇年史を描く。 四六判２７４頁 '99

92-Ⅱ 梅Ⅱ 有岡利幸

その植生と栽培、伝承、梅の名所や鑑賞法の変遷から戦前の国定教科書に表れた梅まで、梅と日本人との多彩なかかわりを探り、桜との対比において梅の文化史を描く。 四六判３３８頁 '99

93 木綿口伝（もめんくでん） 第２版 福井貞子

老女たちからの聞書を経糸とし、厖大な遺品・資料を緯糸として、母から娘へと幾代にも伝えられた手づくりの木綿文化を掘り起し、近代の木綿の盛衰を描く。増補版 四六判３３６頁 '00

94 合せもの 増川宏一

「合せる」には古来、一致させるの他に、競う、闘う、比べる等の意味があった。貝合せや絵合せ等の遊戯・賭博を中心に、広範な人間の営みを「合せる」行為に辿る。 四六判３００頁 '00

95 野良着（のらぎ） 福井貞子

明治初期から昭和四〇年までの野良着を収集・分類・整理し、それらの用途と年代、形態、材質、重量、呼称などを精査して、働く庶民の創意にみちた生活史を描く。 四六判２９２頁 '00

96 食具（しょくぐ） 山内昶

東西の食文化に関する資料を渉猟し、食法の違いを人間の自然に対するかかわり方の違いとして捉えつつ、食具を人間と自然をつなぐ基本的な媒介物として位置づける。 四六判２９２頁 '00

97 鰹節（かつおぶし） 宮下章

黒潮からの贈り物・カツオの漁法から鰹節の製法や食法、商品としての流通までを歴史的に展望するとともに、沖縄やモルジブ諸島の調査をもとにそのルーツを探る。 四六判３８２頁 '00

98 丸木舟（まるきぶね） 出口晶子

先史時代から現代の高度文明社会まで、もっとも長期にわたり使われてきた刳り舟に焦点を当て、その技術伝承を辿りつつ、森や水辺の文化の広がりと動態をえがく。 四六判３２４頁 '01

99 梅干（うめぼし） 有岡利幸

日本人の食生活に不可欠の自然食品・梅干をつくりだした先人たちの知恵に学ぶとともに、健康増進に驚くべき薬効を発揮する、その知られざるパワーの秘密を探る。 四六判３００頁 '01

100 瓦（かわら） 森郁夫

仏教文化と共に中国・朝鮮から伝来し、一四〇〇年にわたり日本の建築を飾ってきた瓦をめぐって、発掘資料をもとにその製造技術、形態、文様などの変遷をたどる。 四六判３２０頁 '01

101 植物民俗 長澤武

衣食住から子供の遊びまで、幾世代にも伝承された植物をめぐる暮らしの知恵を克明に記録し、高度経済成長期以前の農山村の豊かな生活文化を愛惜をこめて描き出す。 四六判３４８頁 '01

102 **箸**（はし）　向井由紀子／橋本慶子

そのルーツを中国、朝鮮半島に探るとともに、日本人の食生活に不可欠の食具となり、日本文化のシンボルとされるまでに洗練された箸の文化の変遷を総合的に描く。　四六判３３４頁　'01

103 **採集**　ブナ林の恵み　赤羽正春

縄文時代から今日に至る採集・狩猟民の暮らしを復元し、動物の生態系と採集生活の関連を明らかにしつつ、民俗学と考古学の両面から山に生かされた人々の姿を描く。　四六判２９８頁　'01

104 **下駄**　神のはきもの　秋田裕毅

古墳や井戸等から出土する下駄に着目し、下駄が地上と地下の他界を結ぶ聖なるはきものであったという大胆な仮説を提出、日本の神々の忘れられた側面を浮彫にする。　四六判３０４頁　'02

105 **絣**（かすり）　福井貞子

膨大な絣遺品を収集・分類し、絣産地を実地に調査して絣の技法と文様の変遷を地域別・時代別に跡づけ、明治・大正・昭和の手づくりの染織文化の盛衰を描き出す。　四六判３１０頁　'02

106 **網**（あみ）　田辺悟

漁網を中心に、網に関する基本資料を網羅して網の変遷と網をめぐる民俗を体系的に描き出し、網の文化を集成する。「網に関する小事典」「網のある博物館」を付す。　四六判３１６頁　'02

107 **蜘蛛**（くも）　斎藤慎一郎

「土蜘蛛」の呼称で畏怖される一方「クモ合戦」など子供の遊びとしても親しまれてきたクモと人間との長い交渉の歴史をその深層に遡って追究した異色のクモ文化論。　四六判３２０頁　'02

108 **襖**（ふすま）　むしゃこうじ・みのる

襖の起源と変遷を建築史・絵画史の中に探りつつその用と美を浮彫にし、衝立・障子・屏風等と共に日本建築の空間構成に不可欠の建具となるまでの経緯を描き出す。　四六判２７０頁　'02

109 **漁撈伝承**（ぎょろうでんしょう）　川島秀一

漁師たちからの聞き書きをもとに、寄り物、船霊、大漁旗など、漁撈にまつわる〈もの〉の伝承を集成し、海の道によって運ばれた習俗や信仰の民俗地図を描き出す。　四六判３３４頁　'03

110 **チェス**　増川宏一

世界中に数億人の愛好者を持つチェスの起源と文化を、欧米における膨大な研究の蓄積を渉猟しつつ探り、日本への伝来の経緯から美術工芸品としてのチェスにおよぶ。　四六判２９８頁　'03

111 **海苔**（のり）　宮下章

海苔の歴史は厳しい自然とのたたかいの歴史だった――採取から養殖、加工、流通、消費に至る先人たちの苦難の歩みを史料と実地調査によって浮彫にする食物文化史。　四六判１７２頁　'03

112 **屋根**　檜皮葺と柿葺　原田多加司

屋根葺師一〇代の著者が、自らの体験と職人の本懐を語り、連綿として受け継がれてきた伝統の手わざを体系的にたどりつつ伝統技術の保存と継承の必要性を訴える。　四六判３４０頁　'03

113 **水族館**　鈴木克美

初期水族館の歩みを創始者たちの足跡を通して辿りなおし、水族館をめぐる社会の発展と風俗の変遷を描き出すとともにその未来像をさぐる初の〈日本水族館史〉の試み。　四六判２９０頁　'03

114　**古着**（ふるぎ）　朝岡康二

仕立てと着方、管理と保存、再生と再利用等にわたり衣生活の変容を近代の日常生活の変化として捉え直し、衣服をめぐるリサイクル文化が形成される経緯を描き出す。　四六判２９２頁　'03

115　**柿渋**（かきしぶ）　今井敬潤

染料・塗料をはじめ生活百般の必需品であった柿渋の伝承を記録し、文献資料をもとにその製造技術と利用の実態を明らかにして、忘れられた豊かな生活技術を見直す。　四六判２９４頁　'03

116-Ⅰ　**道Ⅰ**　武部健一

道の歴史を先史時代から説き起こし、古代律令制国家の要請によって駅路が設けられ、しだいに幹線道路として整えられてゆく経緯を技術史・社会史の両面からえがく。　四六判２４８頁　'03

116-Ⅱ　**道Ⅱ**　武部健一

中世の鎌倉街道、近世の五街道、近代の開拓道路から現代の高速道路網までを通観し、道路を拓いた人々の手によって今日の交通ネットワークが形成された歴史を語る。　四六判２８０頁　'03

117　**かまど**　狩野敏次

日常の煮炊きの道具であるとともに祭りと信仰に重要な位置を占めてきたカマドをめぐる忘れられた伝承を掘り起こし、民俗空間の壮大なコスモロジーを浮彫りにする。　四六判２９２頁　'04

118-Ⅰ　**里山Ⅰ**　有岡利幸

縄文時代から近世までの里山の変遷を人々の暮らしと植生の変化の両面から跡づけ、その源流を記紀万葉に描かれた里山の景観や大和・三輪山の古記録・伝承等に探る。　四六判２７６頁　'04

118-Ⅱ　**里山Ⅱ**　有岡利幸

明治の地租改正による山林の混乱、相次ぐ戦争による山野の荒廃、エネルギー革命、高度成長による大規模開発など、近代化の荒波に翻弄される里山の見直しを説く。　四六判２７４頁　'04

119　**有用植物**　菅　洋

人間生活に不可欠のものとして利用されてきた身近な植物たちの来歴と栽培・育種・品種改良・伝播の経緯を平易に語り、植物と共に歩んだ文明の足跡を浮彫にする。　四六判３２４頁　'04

120-Ⅰ　**捕鯨Ⅰ**　山下渉登

世界の海で展開された鯨と人間との格闘の歴史を振り返り、「大航海時代」の副産物として開始された捕鯨業の誕生以来四〇〇年にわたる盛衰の社会的背景をさぐる。　四六判３１４頁　'04

120-Ⅱ　**捕鯨Ⅱ**　山下渉登

近代捕鯨の登場により鯨資源の激減を招き、捕鯨の規制・管理のための国際条約締結に至る経緯をたどり、グローバルな課題としての自然環境問題を浮き彫りにする。　四六判３１２頁　'04

121　**紅花**（べにばな）　竹内淳子

栽培、加工、流通、利用の実際を現地に探訪して紅花とかかわってきた人々からの聞き書きを集成し、忘れられた〈紅花文化〉を復元しつつその豊かな味わいを見直す。　四六判３４６頁　'04

122-Ⅰ　**もののけⅠ**　山内昶

日本の妖怪変化、未開社会の〈マナ〉、西欧の悪魔やデーモンを比較考察し、名づけ得ぬ未知の対象を指す万能のゼロ記号〈もの〉をめぐる人類文化史を跡づける博物誌。　四六判３２０頁　'04

122-Ⅱ **もののけⅡ** 山内昶

日本の鬼、古代ギリシアのダイモン、中世の異端狩り・魔女狩り等々をめぐり、自然＝カオスと文化＝コスモスの対立の中で〈野生の思考〉が果たしてきた役割をさぐる。四六判２８０頁 '04

123 **染織**（そめおり） 福井貞子

自らの体験と厖大な残存資料をもとに、糸づくりから織り、染めにわたる手づくりの豊かな生活文化を見直す。創意にみちた手わざのかずかずを復元する庶民生活誌。四六判２９４頁 '05

124-Ⅰ **動物民俗Ⅰ** 長澤武

神として崇められたクマやシカをはじめ、人間にとって不可欠の鳥獣や魚、さらには人間を脅かす動物など、多種多様な動物たちと交流してきた人々の暮らしの民俗誌。四六判２６４頁 '05

124-Ⅱ **動物民俗Ⅱ** 長澤武

動物の捕獲法をめぐる各地の伝承を紹介するとともに、全国で語り継がれてきた多彩な動物民話・昔話を渉猟し、暮らしの中で培われた動物フォークロアの世界を描く。四六判２６６頁 '05

125 **粉**（こな） 三輪茂雄

粉体の研究をライフワークとする著者が、粉食の発見からナノテクノロジーまで、人類文明の歩みを〈粉〉の視点から捉え直した壮大なスケールの〈文明の粉体史観〉 四六判３０２頁 '05

126 **亀**（かめ） 矢野憲一

浦島伝説や「兎と亀」の昔話によって親しまれてきた亀のイメージの起源を探り、古代の亀卜の方法から、亀にまつわる信仰と迷信、鼈甲細工やスッポン料理におよぶ。四六判３３０頁 '05

127 **カツオ漁** 川島秀一

一本釣り、カツオ漁場、船上の生活、船霊信仰、祭りと禁忌など、カツオ漁にまつわる漁師たちの伝承を集成し、黒潮に沿って伝えられた漁民たちの文化を掘り起こす。四六判３７０頁 '05

128 **裂織**（さきおり） 佐藤利夫

木綿の風合いと強靭さを生かした裂織の技と美をすぐれたリサイクル文化として見なおす。東西文化の中継地・佐渡の古老たちからの聞書をもとに歴史と民俗をえがく。四六判３０８頁 '05

129 **イチョウ** 今野敏雄

「生きた化石」として珍重されてきたイチョウの生い立ちと人々の生活文化とのかかわりの歴史をたどり、この最古の樹木に秘められたパワーを最新の中国文献にさぐる。四六判３１２頁〔品切〕 '05

130 **広告** 八巻俊雄

のれん、看板、引札からインターネット広告までを通観し、いつの時代にも広告が人々の暮らしと密接にかかわって独自の文化を形成してきた経緯を描く広告の文化史。四六判２７６頁 '06

131-Ⅰ **漆**（うるし）**Ⅰ** 四柳嘉章

全国各地で発掘された考古資料を対象に科学的解析を行ない、縄文時代から現代に至る漆の技術と文化を跡づける試み。漆が日本人の生活と精神に与えた影響を探る。四六判２７４頁 '06

131-Ⅱ **漆**（うるし）**Ⅱ** 四柳嘉章

遺跡や寺院等に遺る漆器を分析し体系づけるとともに、絵巻物や文学作品の考証を通じて、職人や産地の形成、漆工芸の地場産業としての発展の経緯などを考察する。四六判２１６頁 '06

132 **まな板** 石村眞一

日本、アジア、ヨーロッパ各地のフィールド調査と考古・文献・絵画・写真資料をもとにまな板の素材・構造・使用法を分類し、多様な食文化とのかかわりをさぐる。 四六判３７２頁 '06

133-Ⅰ **鮭・鱒**（さけ・ます）**Ⅰ** 赤羽正春

鮭・鱒をめぐる民俗研究の前史から現在までを概観するとともに、原初的な漁法から商業的漁法にわたる多彩な漁法と用具、漁場と社会組織の関係などを明らかにする。 四六判２９２頁 '06

133-Ⅱ **鮭・鱒**（さけ・ます）**Ⅱ** 赤羽正春

鮭漁をめぐる行事、鮭捕り衆の生活等を聞き取りによって再現し、人工孵化事業の発展とそれを担った先人たちの業績を明らかにするとともに、鮭・鱒の料理におよぶ。 四六判３５２頁 '06

134 **遊戯** その歴史と研究の歩み 増川宏一

古代から現代まで、日本と世界の遊戯の歴史を概説し、内外の研究者との交流の中で得られた最新の知見をもとに、研究の出発点と目的を論じ、現状と未来を展望する。 四六判２９６頁 '06

135 **石干見**（いしひみ） 田和正孝編

沿岸部に石垣を築き、潮汐作用を利用して漁獲する原初的漁法を日・韓・台に残る遺構と伝承の調査・分析をもとに復元し、東アジアの伝統的漁撈文化を浮彫りにする。 四六判３３２頁 '07

136 **看板** 岩井宏實

江戸時代から明治・大正・昭和初期までの看板の歴史を生活文化史の視点から考察し、多種多様な生業の起源と変遷を多数の図版をもとに紹介する〈図説商売往来〉。 四六判２６６頁 '07

137-Ⅰ **桜Ⅰ** 有岡利幸

そのルーツと生態から説きおこし、和歌や物語に描かれた古代社会の桜観から「花は桜木、人は武士」の江戸の花見の流行まで、日本人と桜のかかわりの歴史をさぐる。 四六判３８２頁 '07

137-Ⅱ **桜Ⅱ** 有岡利幸

明治以後、軍国主義と愛国心のシンボルとして政治的に利用されてきた桜の近代史を辿るとともに、日本人の生活と共に歩んだ「咲く花、散る花」の栄枯盛衰を描く。 四六判４００頁 '07

138 **麹**（こうじ） 一島英治

日本の気候風土の中で稲作と共に育まれた麹菌のすぐれたはたらきの秘密を探り、醸造化学に携わった人々の足跡をたどりつつ醗酵食品と日本人の食生活文化を考える。 四六判２４４頁 '07

139 **河岸**（かし） 川名登

近世初頭、河川水運の隆盛と共に物流のターミナルとして賑わい、船旅や遊廓などをもたらした河岸（川の港）の盛衰を河岸に生きる人々の暮らしの変遷としてえがく。 四六判３００頁 '07

140 **神饌**（しんせん） 岩井宏實／日和祐樹

土地に古くから伝わる食物を神に捧げる神饌儀礼に祭りの本義を探り、近畿地方主要神社の伝統的儀礼をつぶさに調査して、豊富な写真と共にその実際を明らかにする。 四六判３７４頁 '07

141 **駕籠**（かご） 櫻井芳昭

その様式、利用の実態、地域ごとの特色、車の利用を抑制する交通政策との関連から駕籠かきたちの風俗までを明らかにし、日本交通史の知られざる側面に光を当てる。 四六判２９４頁 '07

142 追込漁（おいこみりょう） 川島秀一

沖縄の島々をはじめ、日本各地で今なお行なわれている沿岸漁撈を実地に精査し、魚の生態と自然条件を知り尽した漁師たちの知恵と技を見直しつつ漁業の原点を探る。四六判３６８頁 '08

143 人魚（にんぎょ） 田辺悟

ロマンとファンタジーに彩られて世界各地に伝承される人魚の実像をもとめて東西の人魚誌を渉猟し、フィールド調査と膨大な資料をもとに集成したマーメイド百科。四六判３５２頁 '08

144 熊（くま） 赤羽正春

狩人たちからの聞き書きをもとに、かつては神として崇められた熊と人間との精神史的な関係をさぐり、熊を通して人間の生存可能性にもおよぶユニークな動物文化史。四六判３８４頁 '08

145 秋の七草 有岡利幸

『万葉集』で山上憶良がうたいあげて以来、千数百年にわたり秋を代表する植物として日本人にめでられてきた七種の草花の知られざる伝承を掘り起こす植物文化誌。四六判３０６頁 '08

146 春の七草 有岡利幸

厳しい冬の季節に芽吹く若菜に大地の生命力を感じ、春の到来を祝い新年の息災を願う「七草粥」などとして食生活の中に巧みに取り入れてきた古人たちの知恵を探る。四六判２７２頁 '08

147 木綿再生 福井貞子

自らの人生遍歴と木綿を愛する人々との出会いを織り重ねて綴り、優れた文化遺産としての木綿衣料を紹介しつつ、リサイクル文化としての木綿再生のみちを模索する。四六判２６６頁 '09

148 紫（むらさき） 竹内淳子

今や絶滅危惧種となった紫草（ムラサキ）を育てる人びとと、伝統の紫根染を今に伝える人びとを全国にたずね、貝紫染の始原を求めて吉野ヶ里におよぶ「むらさき紀行」。四六判３２４頁 '09

149-Ⅰ 杉Ⅰ 有岡利幸

その生態、天然分布の状況から各地における栽培・育種、利用にいたる歩みを弥生時代から今日までの人間の営みの中で捉えなおし、わが国林業史を展望しつつ描き出す。四六判２８２頁 '10

149-Ⅱ 杉Ⅱ 有岡利幸

古来神の降臨する木として崇められるとともに生活のさまざまな場面で活用され、絵画や詩歌に描かれてきた杉の文化をたどり、さらに「スギ花粉症」の原因を追究する。四六判２７８頁 '10

150 井戸 秋田裕毅（大橋信弥編）

弥生中期になぜ井戸は突然出現するのか。飲料水など生活用水ではなく、祭祀用の聖なる水を得るためだったのではないか。目的や構造の変遷、宗教との関わりをたどる。四六判２６０頁 '10

151 楠（くすのき） 矢野憲一／矢野高陽

語源と字源、分布と繁殖、文学や美術における楠から医薬品としての利用、キューピー人形や樟脳の船まで、楠と人間の関わりの歴史を辿りつつ自然保護の問題に及ぶ。四六判３３４頁 '10

152 温室 平野恵

温室は明治時代に欧米から輸入された印象があるが、じつは江戸時代半ばから「むろ」という名の保温設備があった。絵巻や小説、遺跡などより浮かび上がる歴史。四六判３１０頁 '10

153 檜《ひのき》　有岡利幸

建築・木彫・木材工芸に最良の材としてわが国の〈木の文化〉に重要な役割を果たしてきた檜。その生態から保護・育成・生産・流通・加工までの変遷をたどる。　四六判３２０頁 '11

154 落花生　前田和美

南米原産の落花生が大航海時代にアフリカ経由で世界各地に伝播していく歴史をたどるとともに、日本で栽培を始めた先覚者や食文化との関わりを紹介する。　四六判３１２頁 '11

155 イルカ（海豚）　田辺悟

神話・伝説の中のイルカ、イルカをめぐる信仰から、漁撈伝承、食文化の伝統と保護運動の対立までを幅広くとりあげ、ヒトと動物との関係はいかにあるべきかを問う。　四六判３３０頁 '11

156 輿《こし》　櫻井芳昭

古代から明治初期まで、千二百年以上にわたって用いられてきた輿の種類と変遷を探り、天皇の行幸や斎王群行、姫君たちの輿入れにおける使用の実態を明らかにする。　四六判２５２頁 '11

157 桃　有岡利幸

魔除けや若返りの呪力をもつ果実として神話や昔話に語り継がれ、近年古代遺跡から大量出土して祭祀との関連が注目される桃。日本人との多彩な関わりを考察する。　四六判３２８頁 '12

158 鮪《まぐろ》　田辺悟

古文献に描かれ記されたマグロを紹介し、漁法・漁具から運搬と流通・消費、漁民たちの暮らしと民俗・信仰までを探りつつ、マグロをめぐる食文化の未来にもおよぶ。　四六判３５０頁 '12

159 香料植物　吉武利文

クロモジ、ハッカ、ユズ、セキショウ、ショウノウなど、日本の風土で育った植物から香料をつくりだす人びとの営みを現地に訪ね、伝統技術の継承・発展を考える。　四六判２９０頁 '12

160 牛車《ぎっしゃ》　櫻井芳昭

牛車の盛衰を交通史や技術史との関連で探り、絵巻や日記・物語等に描かれた牛車の種類と構造、利用の実態を明らかにして、読者を平安の「雅」の世界へといざなう。四六判２２４頁 '12

161 白鳥　赤羽正春

世界各地の白鳥処女説話を博捜し、古代以来の人々が抱いた〈鳥への想い〉を明らかにするとともに、その源流を、白鳥をトーテムとする中央シベリアの白鳥族に探る。四六判３６０頁 '12

162 柳　有岡利幸

日本人との関わりを詩歌や文献をもとに探りつつ、容器や調度品に、治山治水対策に、火薬や薬品の原料に、さらには風景の演出用に活用されてきた歴史をたどる。　四六判３２８頁 '13

163 柱　森郁夫

竪穴住居の時代から建物を支えてきただけでなく、大黒柱や鼻っ柱などさまざまな言葉に使われている柱。遺跡の発掘でわかった事実や、日本文化との関わりを紹介。　四六判２５２頁 '13

164 磯　田辺悟

人間はもとより、動物たちにも多くの恵みをもたらしてきた磯——その豊かな文化をさぐり、東日本大震災以前の三陸沿岸を軸に磯漁の民俗を聞書きによって再現する。四六判４５０頁 '14

165 タブノキ　山形健介

南方から「海上の道」をたどってきた列島文化を象徴する樹木について、中国・台湾・韓国も視野に収めて記録や伝承を掘り起こし、人々の暮らしとの関わりを探る。　四六判３１６頁　'14

166 栗　今井敬潤

縄文人が主食とし栽培していた栗。建築や木工の材、鉄道の枕木といった生活に密着した多様な利用法や、品種改良に取り組んだ技術者たちの苦闘の足跡を紹介する。　四六判２７２頁　'14

167 花札　江橋崇

法制史から文学作品まで、厖大な文献を渉猟して、その誕生から現在までを辿り、花札をその本来の輝き、自然を敬愛して共存する日本の文化という特性のうちに描く。　四六判３７２頁　'14

168 椿　有岡利幸

本草書の刊行や栽培・育種技術の発展によって近世初期に空前の大ブームを巻き起こした椿。多彩な花の紹介をはじめ、椿油や木材の利用、信仰や民俗まで網羅する。　四六判３３６頁　'14

169 織物　植村和代

人類が初めて機械で作った製品、織物。機織り技術の変遷を世界史的視野で見直し、古来より日本と東南アジアやインド、ペルシアの交流や伝播があったことを解説。　四六判３４６頁　'14

170 ごぼう　冨岡典子

和食に不可欠な野菜ごぼうは、焼畑農耕から生まれ、各地の風土のなか固有の品種や調理法が育まれた。そのルーツを稲作以前の神饌や祭り、儀礼に探る和食文化誌。　四六判２７６頁　'15

171 鱈（たら）　赤羽正春

漁場開拓の歴史と漁法の変遷、漁民たちのくらしを跡づけ、戦時の非常食としての役割を明らかにしつつ、「海はどれほどの人を養えるか」についても考える。　四六判３３６頁　'15

172 酒　吉田元

酒の誕生から、世界でも珍しい製法が確立しブランド化する近世までの長い歩みをたどる。飢饉や幕府の規制をかいくぐり、いかにその香りと味を生みだしたのか。　四六判２５６頁　'15

173 かるた　江橋崇

外来の遊技具でありながら二百年余の鎖国の間に日本の美術・文芸・芸能を幅広く取り入れ、和紙や和食にも匹敵する存在として発展した〈かるた〉の全体像を描く。　四六判３５８頁　'15

174 豆　前田和美

ダイズ、アズキ、エンドウなど主要な食用マメ類について、その栽培化と作物としての歩みを世界史的視野で捉え直し、食文化に果たしてきた役割を浮き彫りにする。　四六判３７０頁　'15

175 島　田辺悟

日本誕生神話に記された島々の所在から南洋諸島の巨石文化まで、島をめぐる数々の謎を紹介し、残存する習俗の古層を発掘して島の精神性にもおよぶ島嶼文化論。　四六判３０６頁　'15